空调供暖系统全工况数字优化

艾为学　杨同球　著

中国建筑工业出版社

图书在版编目（CIP）数据

空调供暖系统全工况数字优化 / 艾为学，杨同球著
. — 北京：中国建筑工业出版社，2023.12
ISBN 978-7-112-29372-8

Ⅰ. ①空… Ⅱ. ①艾… ②杨… Ⅲ. ①建筑-空气调
节系统-系统优化②建筑-供热系统-系统优化 Ⅳ.
①TU83

中国国家版本馆 CIP 数据核字（2023）第 233448 号

本书根据国内外研究成果和现行规范、手册，提出了控制简便的全工况
（全天候/全年/全过程）舒适节能"恒扩展恒体感温度"空调供暖，提出并应
用特性指数法、宏观相似原理、分布式准则等，给出了常用设备的能耗特性指
数和调节特性指数等，使各种调节系统（如调节阀、互补三通调节阀，恒流/
定压（差）/自适应变压（差）/变流变温/分布式热源，分户热计量调控与集
中优化控制系统，多热源优化调度，表冷器热湿交换等）的全工况实际能耗分
析和调节特性优化等实现了数字化和简化，从而也有利于空调供暖控制系统的
优化和简化。

本书可供暖通/建环、给水排水、热能、热工控制等专业的师生和设计与
研究人员参考。

责任编辑：张文胜
责任校对：芦欣甜
校对整理：张志雯

空调供暖系统全工况数字优化

艾为学 杨同球 著

*

中国建筑工业出版社出版、发行（北京海淀三里河路 9 号）
各地新华书店、建筑书店经销
北京鸿文瀚海文化传媒有限公司制版
建工社（河北）印刷有限公司印刷

*

开本：787 毫米×1092 毫米 1/16 印张：16½ 字数：409 千字
2023 年 12 月第一版 2023 年 12 月第一次印刷
定价：65.00 元
ISBN 978-7-112-29372-8
（42011）

前　言

石兆玉教授（我们大学时期的辅导员/班主任老师）曾指出：实现冷热量"按需分配"，从而克服"冷热不均"是实现空调供暖舒适节能优化的重要方向。他对水力平衡、热力平衡、运行调节与控制、分布式输配系统、多热源优化运行调度……，进行了毕生的研究[1,23]。

2023年2月在以"数字引领绿色发展"为主题的第二届中国数字碳中和（成都）高峰论坛上，江亿院士提出：通过精准调控来实现节能降耗是实现低碳的重大举措。利用信息化技术，通过对各个与能源有关环节的精准控制，可以有效减少或者避免各种损失，从而得到能源的全面有效利用……。

2023年2月，中共中央、国务院印发《数字中国建设整体布局规划》指出：建设数字中国是数字时代推进中国式现代化的重要引擎，是构筑国家竞争新优势的有力支撑……推动数字技术和实体经济深度融合，在农业、工业、金融、医疗、交通、教育能源等重点领域，加快数字技术创新应用。

以上都为空调供暖舒适节能优化指明了目标、路径和方法，应采用信息化、数字化和智能化手段，实现"精准调控"，达到冷热量"按需分配"。

空调供暖全工况（全天候/全年/全过程）舒适节能数字优化的内容非常广泛，本书着重介绍空调供暖与自动控制之间往往被忽视的"盲区"，例如：空调供暖房间及子系统的目标参数优化、工艺和调节方案优选，以及运行参数、调节特性、能耗等的优化设计和调适，并使其有利于空调供暖控制系统的简化和优化。

本书仍立足于传统设计模式，根据空调供暖工程现状，应用现行规范，介绍了空调供暖全工况舒适节能数字优化的初级阶段的有关内容。显然，只有开发空调供暖（包括设计在内的全工况）智能设计软件，并且实现智能控制，才能真正"轻松"地实现空调供暖系统全工况数字优化。本书介绍的特性指数法、多种相似原理、初始优化模型及初始优化参数等，可以提高智能设计软件与智能控制软件的开发速度。笔者寄希望于暖通空调工程业界的年轻朋友实现有关目标！

笔者有幸在空调供暖领域耕耘了五十余载，心得良多，本书意在抛砖引玉，期盼对业者有一定的启迪。

最后，我们谨以本书：怀念母校暖通空调专业的老前辈王兆霖先生；祝老前辈吴增菲先生98岁华诞；庆祝清华大学暖通空调专业（建筑环境与能源应用工程专业）成立71周年。祝读者朋友们健康、成功、快乐！

由于水平所限，书中不当之处，欢迎大家批评、指正！

目 录

主要符号说明[①]

A——绝对增益/面积

B——背压

$B' = B + [P]$——当量背压

B_r——处理介质与源流体热容量比

C——比热容

C_p——空气的定压比热容

C_v——调节阀流通能力

d——干空气含湿量（kg）

$E_t = (t_1 - t_2)/(t_1 - t_{wl})$——干工况传热效率

$E_i = (i_1 - i_2)/(i_1 - i_{wl})$——湿工况热湿交换焓效率

$E_s = (t_{sl} - t_{s2})/(t_{sl} - t_{wl})$——湿工况热湿交换湿球温度效率

$E_o = (i_1 - i_2)/(i_1 - i_o)$——湿工况热湿交换外表面接触效率

f——负载率

F_b——分布式系统的分布性准则

$g = L/L_s = G/G_s$——相对流量

G——质量流量

H——泵/风机的扬程

h——焓

j_n——节能率

K——传热系数，放大系数

K_a——安全系数

L——体积流量

m、m_1、m_2——放热系数特性指数

n_c、n_z、n_v、n_o、n_t、n_x——分别表示控制器、执行器、调节机构、控制对象、传感器、系统的调节特性指数

n_b、n_d、n_p、n_r——分别表示变频器损耗率、电机效率、能耗、转速的特性指数

n_n——中高比转速额定工况实际效率特性指数

n_s——水泵比转速（各国单位制不同）

NTU——换热器传热单元数

P——功率

P_v——阀权度

[①]　参数＝标志符＋后缀。例：P_{zs} 表示设计工况轴功率值。计算时请注意单位的统一！

$[P]$——最不利用户压头

$q＝Q/Q_s$——控制对象相对输出

Q——热量，控制对象输出

$[Q]$——对象的设计输出

r——转速

R——调节范围/热容量比

Re——雷诺数

$[R_o]$——对象的设计调节范围

s——设计工况（后缀）

S——阻力系数/损耗

t——温度/时间

t_a——室内空气温度

t_g——扩展体感温度

t_{op}——体感温度

T——时间常数/绝对温度

v——风速

w——水流速

W——水量

$x＝(r-r_o)/(r_s-r_o)$——相对转速/行程

α——放热系数

$\beta＝B'/H_{so}$——相对当量背压

η——效率

τ——滞后时间

τ_c——纯（传递）滞后时间

ρ——容重

$\beta＝B'/H_{so}$——相对当量背压

ϕ——相对湿度

η——效率

ρ——密度

ΔP——阻力/差压

$[\Delta P]$——允许差压

Δt_d——湿度影响增量

Δt_o——内外温差产生的相对体感温度

Δt_q——群体热效应影响增量

Δt_r——热辐射影响增量

Δt_s——光、色、景等影响增量

Δt_v——风速影响增量

Δt_z——自然风产生的动态体感

下标

b——变频器

c——控制器，干工况

d——电机

1/2（或 j/c）——进/出口

$_{100}$＝100％

$_{50}$＝50％

$_{0}$＝o——0 点

e——额定工况

f——分布式

r——任意

s——设计工况

o——调节对象，室外

t——调节，传感器

u——有效

v——调节机构

w——水

y——用户

z——轴，执行器

x——系统

第1章　空调供暖系统的特点、现状及全工况数字优化概述

本书中的"全工况"是指"全天候/全年/全过程"（因此"全工况"也可称为"全程"）——这就是本书与传统"设计工况"的最大差别。但是，本书又是在传统设计工况的基础上，利用现行规范、手册、资料和国内外研究成果进行空调供暖系统的全工况舒适节能数字优化——这就是本书与传统"设计工况"的内在联系。同时，当数字优化遇到计算机，问题也就相应简化，如果能够开发智能设计软件，就更加简便了。

1.1　空调供暖系统的特点、现状和全工况舒适节能的重要性

1.1.1　空调供暖系统的特点

空调供暖系统具有许多特点，例如：对人体舒适健康影响大、影响人体舒适度的因素众多且变化大；能耗大、影响设备、系统性能的因素多，加上建筑的使用功能和投运时间的不断变化，导致设计误差大、普遍存在"大马拉小车"的现象，所以空调供暖系统在实际工程中节能潜力大；应适应全工况（或者称为全程）干扰因素多且变化大的现状。上述特点不但给空调供暖设计、控制与运行出了难题，也提供了空调供暖系统持续提升发展的任务。

（1）对人体舒适健康影响大

现代人约有80%以上的时间在室内度过，室内环境对人体舒适健康影响大。空调供暖的实质目标就是为人们创造舒适健康的室内空气环境。然而，因为空调供暖系统设计运行不当（例如：空气过于干燥或湿度过大，温度过高或过低，室内外温差过大，新风量过少等），往往会引起空调病（建筑病综合征）。

（2）能耗大

《公共建筑节能设计标准》GB 50189—2015的条文说明4.2.1条表述"建筑能耗占我国能源总消费的比例已达27.5%，在建筑能耗中，暖通空调系统和生活热水系统耗能比例接近60%。"

《中国建筑节能年度发展报告2022（公共建筑专题）》写到："从2010—2020年，建筑能耗总量及其中电力消耗量均大幅增长，……，2020年建筑运行的总商品能耗10.6亿tce，约占全国能源消费总量的21%"。

各种资料表明：空调供暖系统的能耗现在已经成为全国能源消费总量的重要组成部分。在保证人员在室环境质量的前提下，实现空调供暖系统的节能减排成为业者的光荣使命。

近几年夏季，在华北地区、长江中下游地区和南方地区出现长期酷热天气，电力紧张则是明证。在北方居民住宅住户供暖的费用通常比该住户当年水电费之和还高！

　　江亿院士在《中国建筑能耗现状和途径》的报告中指出了当前非住宅建筑建设的特点：高档建筑在新建建筑中的比例迅速增加，普通办公建筑通过大修升级为高档建筑。同样功能的建筑，高档建筑能耗比普通建筑高 3～5 倍……，然而"高档建筑通常并不能提供更舒适健康的环境"。

　　另外，根据第三次全国工业普查统计资料，我国水泵与风机装机总功率已达 1.59 亿 kW（其中水泵 1.1 亿 kW），年总耗电量 3200 亿 kWh，约占当年全国电力消耗总量的 1/3 以上，占工业用电总量的 40%。水泵与风机是空调供暖系统的重要能耗设备，所以，水泵与风机的节能同样具有普遍意义。

　　（3）影响因素多，设计误差大

　　影响因素多，计算复杂，因此设计误差不可能不大，过多的设备选型冗余，导致用能更多的浪费。

　　就传统的设计工况而言，影响热负荷、传热设备和系统性能等的因素众多（表 1.1-1），计算复杂，有的设备（如泵与风机）的实际性能必须解联立方程或通过专用软件计算才能求解，此类求解做法未能在设计过程中被采纳，因此设计误差不可能不大。同时，处于设计阶段任何一栋功能建筑，不能穷其投运后的全部工况，公共建筑的功能变动、改动是常态，因而，设备设施的选型与运行组合难以适应公共建筑全生命周期的运行实际需求。

影响空调供暖室内温度动态变化的因素分析　　　表 1.1-1

影响因素	影响因素分析(有些因素是综合因素,可细分)
室外温度的变化	自然变化,干扰
围护结构的特性	影响传热量和滞后时间
室内人员/电器/阳光等变化	反应快
冷/热源的干扰	温度、流量、管道特性等
室内温度调节对象的特性	与调节方案、控制策略,以及调节机构、换热器、房间、传感器等的特性有关
其他用户的调节干扰	对多用户系统

　　根据《公共建筑节能设计标准》GB 50189—2015 的 4.1.1 条规定，公共建筑必须进行热负荷计算和逐项逐时的冷负荷计算，该标准的 4.1.1 条条文说明提出："为防止有些设计人员错误地利用设计手册中供方案设计或初步设计时估算用的单位建筑面积冷、热负荷指标，直接作为施工图设计阶段确定空调的冷、热负荷的依据，特规定此条为强制要求。用单位建筑面积冷、热负荷指标估算时，总负荷计算结果偏大，从而导致了装机容量偏大、管道直径偏大、水泵配置偏大、末端设备偏大的'四大'现象。其直接结果是初投资增高、能量消耗增加，给国家和投资人造成巨大损失"。因此，大量早期建成的空调供暖工程设计工况冷（热）负荷和设备容量设计偏高的现象普遍存在。

　　现有的泵或风机，绝大多数由于容量偏大、压头偏高或者不经常满负荷运行，不得不依靠闸阀或风门进行节流调节，浪费掉大量宝贵的电力。笔者还见过多个空调、供暖循环泵系统容量过大，导致调试时或无法启动或普遍处于小温差大流量运行工况（例如，夏季供冷期间冷水供回水温差长期处于 2℃左右）。

　　除了冷热源高效产品的不断推出外，空调供暖系统中的输送系统、末端系统的优化节能同样具有十分重要的现实意义，相应又会带来冷热源设施的运行节能。空调供暖系统中的输送系统的驱动设施——泵与风机的优化节能更有普遍意义。

（4）节能潜力大

前文已经介绍，建筑空调供暖系统能耗大，加上传统设计工况的设备选型放大、运行调节缺失，因此节能潜力巨大。

江亿院士在《中国建筑能耗现状和途径》的报告中对北方城镇供暖的潜力表述为：通过"热改"实现分户室温可调，节能20%；扩大CHP（热电联产）从目前的30%～50%，节能10%；CHP热源效率的进一步提高，把剩下的小型燃煤锅炉替换为高效的大型燃煤锅炉，节能7%；改善保温不良的围护结构，节能10%；上述措施全部实现，可节能40%～45%。

随着北方地区的煤改电技术的发展和应用，加上太阳能、风能发电以及空气源热泵技术的应用，将为降碳减排会做出巨大的贡献。

如果考虑全工况运行节能、分户计量收费等，运行节能潜力就更大了。

（5）全工况（全天候/全年/全过程）干扰多且变化大，必须采用自动控制，而且必须采用数字控制

例如，室外温度、阳光、风速的变化，室内人员、电器等热负荷的变化，冷热源（流量、温度等）的变化等，都会对室内相关参数产生影响；特别是冬、夏季的变化，就必须将供暖切换为空调制冷。所以，为确保给人们提供全工况舒适节能的室内空气环境，就必须采用自动控制。从实质上说，如果没有干扰，则不需要自动控制了。

因此，空调供暖设备具有多重功能——既是工艺设备，同时也是控制系统的环节。例如：泵/风机和调节阀既是暖通空调、给水排水、热能、化工、灌溉等系统的重要工艺（动力）设备，又是控制系统最常用的流量调节机构；各种空气处理设备和空调供暖房间同时也是控制（调节）对象。因此，暖通空调及其调节方案的目的就是：使设备的实际性能除满足设计工况的要求外，还必须进行全工况优化设计，并且要有利于控制系统的简化和优化，从而给控制系统提供良好"基因"。然而，工程的现实是控制/调节特性往往被边缘化或被忽视，成为设计盲区；或仅仅是控制专业人员基于不了解暖通空调运行特点的控制设计，因此，造成资源乱费和控制系统失调甚至失败的事例屡见不鲜！

常规的做法是空调供暖系统的自动控制完全交给自动控制专业或专业控制公司完成。然而，正如许多控制专家说："控制工程师不了解控制对象是万万不能的！"知乎网的网友关于自动控制的讨论很有意义："我们要对某生产线实施自动控制，我们要理解被控对象的工作原理，要吃透它的机械原理及结构特征，还要明确它的输入输出关系，这样，才能实现相对准确的自动控制"。

同时，有人宣传智能控制能够克服各种设计误差，能够自动实现全工况优化，就不需要优化设计和调适了。实质上，对于空调供暖系统专业，只有自动实现全工况优化节能，才能称为智能控制！智能优化也必须有一定的数字化模型，也需要初始运行参数，积累数据后才能进一步优化。计算机、互联网、大数据、数字化、人工智能等都是工具，不能说采用了计算机、互联网、大数据、数字化就是"智能控制"，就万事大吉。

2023年2月25日的《每日经济》新闻报道：以"数字引领绿色发展"为主题的第二届中国数字碳中和高峰论坛在四川省成都市拉开帷幕。江亿院士指出：通过精准调控来实现节能降耗是实现低碳的重大举措。利用信息化技术，通过对各个与能源有关环节的精准控制，可以有效减少或者避免各种损失，从而实现能源的全面有效利用，这里当然要依靠

各环节的创新性改造，使其有可能提高效率，避免损耗。但在很多情况下，又离不开精准和自动的调控，以及系统的全面协调和融合，传统的模式，很多能源耗散是难以避免的，而信息化、AI 以及大数据技术却可以使得我们的很多设想成为现实，很多不可能转变为可能，这就是信息化助力低碳发展。新型电子系统的建设将是零碳能源系统最重要的任务。

所以，在研究和实施自动控制系统时，要实现"精准调控"，工艺与自动控制专业人员必须互相尊重、互相学习、互创条件、紧密结合、"融合创新"；空调供暖专业人员，不但要搞好全工况舒适节能的工艺优化设计，还要为自动控制系统的简化和优化创造条件。总之，在"双碳"目标下，特别需要"人工智能＋X 专业"的复合型人才。

（6）增加空调供暖调节控制难度的另外两点

1）空调供暖系统与供电、供水等系统差别大（详见第 6 章）

首先，不同物理量的传输速度差别特别大：电、光、辐射的传输速度为 300000km/s；压力、流量传输速度为波速（水中约为 1500m/s，空气中约为 300m/s）；流体（热量、浓度）的传输速度为 m/s 级；温度传输速度还与其通道特性（如管道与房间空间就有很大差别）有关。可见，热量、温度的传输速度比电、流体的传输速度低得多，相应热量、温度的传递滞后时间和热惰性比电、流体的有关参数大得多，因此供水、供电成功的控制/计量方法通常不能简单用于空调供暖系统。供水、供电的路径可受约束，而热量、温度的传递遵循热力学第二定律，其传递路径难以约束（通常称之为能量损失），这也是温度控制和分户热量计量问题多的重要原因之一。可以说，如果没有滞后和惰性，控制理论也会变得非常简单。

其次，间歇运行的空调供暖系统的工作环境比连续运行的供水、供电系统差得多，同时间歇运行的空调供暖系统工况特点又对设计提出了更高的要求。

2）影响人体舒适度的因素多且变化大

生活常识和长期的研究都告诉我们：人对环境的感受不单与温度有关，而是与空气温度、湿度，热辐射，风速，以及人的衣着、代谢率、地域习惯、心情等多因素有关，还与清洁度——$PM_{2.5}$、CO_2、负氧离子、含尘量、细菌菌落数等的含量有关。

例如，当空气温度一定时，即使对同一个人的体感也有所不同，夏季的湿度越高，越感到闷热，风速越高越感到凉快，热辐射越大感到越热，而且室外参数、颜色、气氛等都对热感觉有影响。所以，恒温（即设定温度为定值）空调供暖不能给人们提供全工况舒适节能的室内环境。

然而，因为技术、造价等限制，要全工况满足这么多因素非常困难，即便是仅仅实现恒温恒湿，成本也相当高，难度也很大。所以，人们通常简化采用恒温空调供暖方式，这样做既不能给人们提供全工况舒适节能的室内环境，往往还会引起"空调病"，同时造成了资源浪费。

总之，影响人体舒适度的因素很多，若不能得到充分反映，难以提升室内人员的舒适感。空调供暖系统运行的现实是能耗普遍偏大，但不能给人们提供全工况满意的舒适度。空调供暖设备和系统的实际调节特性与全工况能耗等，不但与建筑及其功能固有特性有关，而且与系统结构、调节方案、管道系统等有关；系统优化设计与调适还涉及对象特性、控制方案和目标、控制原理等。长期以来，由于没有简单实用的方法，只能采用定性分析，即使对传统设计工况也只能进行有效功率比较等。所以，在当前专业细分时，全工况舒适节能与调节特性优化往往属于缺失的事项，被边缘化，甚至被忽视，成为盲区，造成资源浪费与控制系统失调甚至失败。

1.1.2 空调供暖系统设计与调适的盲区

《北京市大型公共建筑机电系统调适导则》[6] 明确指出了"往往被忽视"的盲区："我国目前机电系统建设主要采用的是以各种施工验收规范为依据的验收机制，主要由施工单位根据国家相关施工验收规范的要求，在竣工阶段前进行建筑机电系统调试工作，调试工作的重点是保证施工质量和主要设备的正常启动运转，而设备与系统的实际性能、不同设备和系统之间的匹配性以及自控功能的验证往往被忽视"，形成了"盲区"。这些"被忽视"的设计和调适的盲区如图 1.1-1 的虚线框内所示，主要内容是：工艺（空调供暖房间及子系统）目标参数优化，工艺和调节方案优选，运行参数、调节特性、能耗等的优化设计和调适。实质上，这些"被忽视"的设计和调适的盲区就是本书讨论的主要内容。

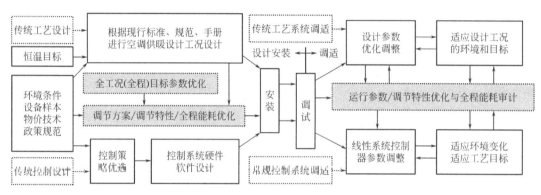

图 1.1-1 因习惯和专业分工造成的设计和调适盲区（阴影框）

汽车驾驶员的盲区是产生事故的重要原因，空调供暖系统优化设计和调适的盲区同样也是造成资源浪费与控制系统失调甚至失败的重要原因。例如，《自动调节系统故障的分析及处理 100 例》[7] 指出：在采用调节阀的系统中，"根据调查，现场调节系统的故障，有 70% 来自调节阀"。现在，许多变频泵/风机调节系统的现状也类似，有不少空调冷（热）水循环泵虽然安装的变频控制，依旧是采用人工手动变频，即表明许多故障来自变频泵/风机系统设计不当。

1.1.3 空调供暖系统设计与调适的误区举例

如前所述，空调供暖系统优化设计与调适通常成为盲区，再加上影响实际特性的因素多，又没有简单实用的方法，也就产生了许多习惯性误区。例如，有些文章和广告通常根据有效功率计算或特例测试，不分应用条件，用非常漂亮的效果图进行宣传，从而产生以下误区：

（1）有的舒适性空调机广告：能够达到精度 0.1℃。
（2）空调变频可以实现 1Hz，泵/风机只要采用变频调速就一定显著节能。
（3）分布式系统（用变频泵/风机取代调节阀）就一定显著节能。
（4）并联水泵的流量与台数成正比，或者说随台数增加，流量的增量必定显著减少。

（5）有人不管电、水、气、汽、热等过程的差别，将电、水、气、汽的传送、调节、控制、计量的方法简单用于空调供暖系统。例如供暖分户热计量，许多地方采用开关控制温度，采用热量＝水量×温差的计量方法，然而，温差的反应滞后非常大，水量和温差测量结果不能同步，其热量测量的结果就难以符合实际。又如，将电站锅炉的控制简化用于供暖锅炉，结果通常只能做为摆设。所以，必须研究空调供暖设备/控制对象特性，进行工艺、调节、控制、计量的配套优化设计和调适。有关内容详见本书第 6 章和第 7 章。

（6）空调过冷、供暖过热通常无人提意见，因为无分户计量收费，开窗即可。但是，空调不冷或供暖不热，人们就投诉，往往会加大供水流量（或降低（夏季）/提高（冬季）供水温度）。实际上，空调供暖系统最大的浪费是不平衡，即冷热不均，简单加大供水流量或提高/降低供水温度，可能会导致更大的不平衡！

（7）对树枝状多建筑用户调节阀系统，许多设计通常对各大致相同的建筑用户都习惯性采用相同直径的调节阀，结果是资用压力特别高的用户泄漏量很大，以至于无法调节！同时，会使调节阀的调节特性也向快开特性靠拢。

（8）甚至有人认为：只要加装一个电插座，安装一个空调器（空调机组）就能够实现空调供暖，没有什么值得研究的。实质上，同样必须根据应用条件进行空调器的全工况优化节能设计，而且因为空调器的性能必须由使用条件和制冷机、蒸发器、冷凝器的热平衡计算才能确定（详见 6.6 节），全工况优化节能设计也更有特色。

1.1.4 数字化是解决复杂问题的基本方法

因为影响系统和设备实际性能的因素众多，通常不能单独确定，要进行全工况优化，必须考虑的因素就更多了。

独立的个人不可能经历或实测各种实际系统，为防止经验主义，就必须运用基本原理和实验数据进行全面的数字化分析。特别是对复杂系统与多变量系统，数字化分析更可防止经验主义，因此更加重要。伽利略曾指出："考问大自然，必须用数学的方法"。

《中华人民共和国国民经济和社会发展第十四个五年规划和 2035 年远景目标纲要》提出：迎接数字时代，激活数据要素潜能，……以数字化转型整体驱动生产方式、生活方式和治理方式变革。所以，数字化是实现空调供暖全工况舒适节能的重要方法。同时，计算机（特别是单片计算机）、5G 通信、变频技术等的普及，给空调供暖系统全工况舒适节能与调节特性数字优化设计、控制提供了简单、便宜且实用的工具。逐步实现优化设计和调适的数字化是必然趋势。

例如：为确保全工况舒适节能，并有利控制系统简化及优化，从而实现"精准调控"。本书根据国内外百年来研究成果与现行国家规范、标准，提出了"扩展体感温度"及控制/操作简便的全工况舒适节能恒扩展体感温度空调供暖系统方案，并利用分离变量法和数字化处理，使扩展体感温度将多参数系统变成了可实际落地的单参数控制系统，用户操作与传统恒温空调供暖一样简便（见第 2 章）。

笔者根据现行设计规范的资料，提出并且采用特性指数法（包括调节特性指数法，见1.3 节）和宏观相似原理（见第 4 章）等，利用现有设计手册和现行规范，使全工况舒适节能和调节特性的优化能够实现简化、数字化和实用化。

需要说明的是，本书介绍的空调供暖全工况舒适节能数字优化，是根据现状提出的数字优化的初级阶段，而且是采用人工计算方式，如果能够开发计算机程序，就会更加简便。当然，要完全实现全工况舒适节能数字优化，就必须进行智能优化设计，并采用智能控制，使用也就简便了！（详见第9章）。工程中采用本书介绍的特性指数法、多种相似原理、初始优化模型及初始优化参数等，也可加快智能设计软件与智能控制软件的开发与应用。

这样，空调供暖系统就能充分利用飞速发展的计算机、互联网、数字化及人工智能技术，实现空调供暖全工况舒适节能的优化目标。

1.2 空调供暖设备的多重功能和全工况优化的内容简介

1.2.1 空调供暖设备的多重功能

因为室内外条件的变化大，为确保给人们提供全工况舒适节能的室内空气环境，就必须采用自动控制。所以空调供暖设备同时成为控制系统的重要环节；各种空气处理设备和空调供暖房间同时也是控制（调节）的对象。它们的实际性能应该包括工艺特性和调节特性，既要满足工艺设计工况及全工况的要求，也要有利于控制系统的优化。

有关空调供暖设备的主要功能：

1) 第一功能是工艺（如暖通空调、热工热能等）的重要设备。必须满足工艺要求如流量、热量、温度、压力等。

2) 第二功能是作为自动控制系统的重要环节，如调节机构和对象等，调节范围和调节特性等必须有利于控制系统的优化和简化。

3) 其他功能。例如，在加油机、液体加料系统和"热量分户计量调控装置"（详见第7章）中，采用容积泵同时实现加压输送、流量调节和计量（作为流量的传感器，采用容积法直接计量，简单稳定可靠）功能。此时，容积泵除满足前面两个要求外，还必须满足有关计量的要求（详见第7.7节）。

最常用的基本反馈控制系框图见图1.2-1（图中的参数见表1.2-1），由控制器、执行器、调节机构、调节对象、传感器（变送器）等组成。其中各组成部分称为控制环节。有时，也将执行器和调节机构合称为调节机构，例如，变频器＋电动机＋泵体可以合并为变频泵＋调节机构；也可将执行器和调节阀体合并简称为调节阀。为分析方便，本书采用图1.2-1表示的控制环节。

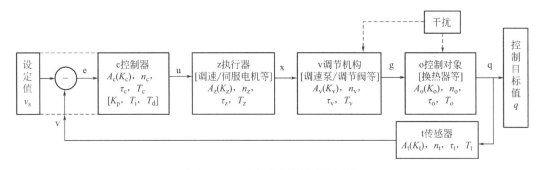

图 1.2-1 基本反馈控制系统框图

典型控制环节/系统的调节特性

表 1.2-1

项目	名称 c 控制器（初始静态特性）	z 执行器（放大器/执行器等）	v 调节机构（变频泵/风机、调节阀）	o 控制对象（换热器等）	t 传感器（变送器）	x 系统（开环特性）
功能特点	信号变换环节	信号变换环节	实体控制环节	实体控制环节	信号变换计量	开环
绝对输入 IN	误差 $E=V-V_0$	控制输出 U	转速 r/阀位 X	流量 L	压力/温/热……Q	误差 $E=V-V_x$
绝对输出 OUT	控制输出 U	转速或阀位 X	流量 L	压力/温/热……Q	电量 V	电量 V
绝对增益 $A=\mathrm{d}(OUT)/\mathrm{d}(IN)$	控制器 $A_c=\mathrm{d}U/\mathrm{d}E$	执行器 $A_z=\mathrm{d}X/\mathrm{d}U$	调节机构 $A_v=\mathrm{d}L/\mathrm{d}X$	调节对象 $A_o=\mathrm{d}Q/\mathrm{d}L$	传感器 $A_t=\mathrm{d}V/\mathrm{d}Q$	系统 $A_x=\mathrm{d}V/\mathrm{d}E=A_c\times A_z\times A_v\times A_o\times A_t$
相对输入 $in=(IN-IN_0)/(IN_{100}-IN_0)$	相对误差 $e=(E-E_0)/(E_{100}-E_0)$	$u=(U-U_0)/(U_{100}-U_0)$	$x=(X-X_0)/(X_{100}-X_0)$ 泵风机 $X=r$ 转速；调节阀:X 行程	$g=(L-L_0)/(L_{100}-L_0)=(g-g_0)/(1-g_0)$	$q=(Q-Q_0)/(Q_{100}-Q_0)=(q-q_0)/(1-q_0)$	相对误差 $e=(E-E_0)/(E_{100}-E_0)$
相对输出 out，$out_r=in_r^n$	$u=U/U_{100}$	$x=X/X_{100}$	$g=L/L_{100}$	$q=Q/Q_{100}$		
无泄漏环节输出与相对增益 out·$out_r=0$ 增益 $k=\mathrm{d}(out)/\mathrm{d}(in)$ $k=\mathrm{d}(out_r)/\mathrm{d}(in_r)$	可调 0 点，使 $u_0=0$，使 $u_r=e_r^{nc}=(U-U_0)/(U_{100}-U_0)$ $nc=1$ 或已知	可调 0 点，使 $x_0=0$，$x=u^{nz}$ $x_r=u_r^{nz}=(X-X_0)/(X_{100}-X_0)$ $n_z=1$ 或已知	泵（风机）通常 $g_0=0$，$g=x^{nv}$ $g_r=x_r^{nv}=(L-L_0)/(L_{100}-L_0)=(g-g_0)/(1-g_0)$	$q_0=0,R_o=\infty$ $q=g^{no}$ $k_o=\mathrm{d}q/\mathrm{d}g$ *$q_r=g_r^{no'}=(Q-Q_0)/(Q_{100}-Q_0)=(q-q_0)/(1-q_0)$	可调 0 点使 $v_0=0,v_r=q_r^{nt}$ $k_t=\mathrm{d}v/\mathrm{d}q$ $=(V-V_0)/(V_{100}-V_0)$	系统无泄漏 $k_x=\mathrm{d}v/\mathrm{d}e$ $n_x=n_c\times n_z\times n_v\times n_o\times n_t$ $s_r=e_r^{nx}=(V-V_0)/(V_{100}-V_0)$ $n_x=n_c\times n_z\times n_v\times n_o'\times n_t$ $k_x=\mathrm{d}v_r/\mathrm{d}e_r=k_c\times k_z\times k_v\times k_o\times k_t$
有泄漏环节：可调相对输入输出增益 k	$k_c=\mathrm{d}u_r/\mathrm{d}e_r$ $k_c=1$ 或已知	$k_z=\mathrm{d}x_r/\mathrm{d}u_r$ $k_z=1$ 或已知	$k_v=\mathrm{d}g_r/\mathrm{d}x_r$ 调节阀 $g_0>0$	$k_o=\mathrm{d}q_r/\mathrm{d}g_r$ $R_o=(1/g_0)^{no'}$	$k_t=\mathrm{d}v_r/\mathrm{d}q_r$ $k_t=1$ 或已知	$k_x=\mathrm{d}v_r/\mathrm{d}e_r$ $k_x=k_c\times k_z\times k_v\times k_o\times k_t$
调节特性指数 n	$n_c=1$ 或已知	$n_z=1$ 或已知	调节阀 $g_0>0$ f（阀/管路阻力）	$n_o'=f(n_o,g_o)$，$g_o=0$ 则 $n_o'=n_o$	$n_t=1$ 或已知	优化 $n_x=1$ 优化补偿 $n_c'=1/n_x$
能耗特性[指数]		电动 0、气动 >0	泵（风机）功率		泵（风机）功率	
纯(传递)滞后 τ_c	通常 $\tau_c=0$	电动 0、气动 >0	电动 0、气动 >0	通常 $\tau_c>0$	电动 $\tau_c=0$	通常 $\tau_c>0$

注：1. 结合图1.2-1；大写为绝对值，小写为相对值；下标100，0为100%，0%；粗线框内的"实体控制节"为本书重点；

2. K为放大系数；$\tau_c=\tau_r+\tau_r$ 为传递后，τ_r 为纯（传递）滞后时间，τ_c 为容积滞后时间；T 为时间常数；

3. K_p、T_i、T_d 为PID控制器动态优化整定参数，即比例增益、积分时间、微分时间（详控制原理）。

基本反馈控制系统的工作过程为：控制器把控制对象的输出信号取回来（称为反馈），与所要求的设定值 v_s 进行比较，控制器根据比较得到的误差进行自动操作，消除偏差（称为定值控制）或使控制对象输出跟踪需要的规律变化（称为随动控制）。这种"反馈"就形成了一个闭环，因此反馈控制系统是闭环控制系统。如果将 e/v/vs 断开即为等效开环系统。

还有许多其他控制方案，例如对干扰进行开环补偿的前馈控制系统，前馈补偿＋反馈控制系统，例如蒸汽锅炉水位三冲量控制系统＝蒸汽量变化前馈补偿＋蒸汽压力变化前馈补偿＋水位反馈控制。

可见：变频泵（风机）、调节阀、热交换器等的第二功能是作为自动调节系统中的流量调节机构；各种换热器的第二功能为自动控制系统中的调节对象。锅炉是一个复杂的调节对象，可以分解为水位、燃烧和出力（对蒸汽锅炉为汽压和产汽量，对热水锅炉为流量和水温）、炉膛负压等多个调节对象。"供暖分户计量调控装置"的容积泵既是工艺加压设备，又是调节机构，还是容积式流量传感器。

因此，在自动控制系统中，调节阀、泵（风机）、换热器等工艺设备同时是控制环节，其特性还必须满足控制系统的要求，这种控制系统要求的特性称为调节特性，并且分为静态特性和动态特性。静态调节特性及系统静态特性优化和全工况能耗分析将在各章介绍；动态调节特性及系统的动态特性等将在第6章介绍。

自动控制系统中的调节阀、泵（风机）等工艺设备具有多重功能。对于长期运行的系统，必须考虑全工况调节和节能进行优化设计。这样，人们不但必须研究设备和系统的设计工况，而且必须研究其全工况/全工况运行的调节特性和能耗。对于具有商品计量功能的计量泵等还必须按有关计量器具进行强制性认证和管理。

1.2.2 空调供暖系统全工况优化的内容简介

除进行传统设计工况优化和由控制专业完成的控制系统软硬件设计与控制参数动态优化外，空调供暖系统还必须进行全工况优化，本书内容简介汇总见表1.2-2。

由于信号变换环节的控制器、执行器、传感器通常为线性环节或者特性已知，所以重点就变成了研究实体环节——调节机构（如泵（风机）和调节阀等）和控制对象（如换热器等）的调节特性。而且必须进行工艺、调节、控制、计量的配套优化设计和系统调适。

以上调节系统优化设计和调适往往是被忽略的内容，同时，也是本书介绍的内容。它与通常的传统设计工况设计既有联系，又有差别。利用本书介绍的特性指数法按优化理论也能够方便地进行优化设计（见1.7节和优化原理）。但是，本书不打算走这条"标准"的道路，而是合理应用现行设计规范进行快捷优化。

"优化，需要设计师创造性地解读和理解规范，而不是死板地在规范束缚下做出不合理高耗能的建筑"。清华大学消防科学技术研究所所长李振锁认为"辩证地理解规范，不是超越规范，而恰恰是弥补了空白"。

实际上，根据实际情况合理应用现行设计规范，往往也能很快地取得比较好的优化效果。例如，目前设备价格降低，特别是计算机（控制器）等电子产品价格降低更快，而能源紧张、价格上升，所以进行设计工况优化时，如果系统能耗大且全年运行时间长，则可按规范取能耗小的参数值，如流速偏小，阻力偏低进行设计；如果系统能耗小，或者全年

本书内容简介汇总

表 1.2-2

序号	本书内容分项	本书有关章节	传统空调供暖设计	常规控制	有利于智能控制降阶/简化	分工
1	总目标参数优化,全工况舒适节能(扩展体感温度空调供暖)	第2章	恒温空调供暖	单参数控制	单参数智能控制	
2	各种子系统,如供水系统(变压(差)供水等)	第4章等	通常采用恒压(差)供水	定量目标	定量目标	
3	调节方案优化,如集中/分布式系统的实际特性,能耗的数字优化	第4,5章等	理想/定性比较	成败基因	成败基因	
4	全工况运行参数优化,如供暖集中控制水量和温度全工况优化	第8章等	通常只考虑设计工况	定量计算	初值,根据目标自寻优	
5	确保全工况可观性,传感器,范围/精度/线性	1.2.2(5)、7.7节	必须	必须	必须,通常必须增温传感器	暖通空调专业——必须提供优化基因
6	确保全工况可控性,设计工况,调节范围,驱动力满足要求	1.1.2(6)各章	没考虑调节范围	必须满足	必须,调节范围外不能控制	
7	确保全工况调节均匀,静态调节特性指数及系统数字优化系统增益为常数,即系统调节特性指数 $n_s=1$	及各种设备/环节/系统	通常定性考虑	要求线性,常系数	可自动适应非线性线性系统,线性可降阶/简化	
8	空气处理设备的数字特性,例如尽量减少传递滞后时间 τ_c 等	第6,7章等	通常不考虑或定性考虑	τ_c不利	τ_c不利,可智能补偿	
9	热,水,电计量的分户热量计量调控与收费	第7章	没考虑本质差别	确保精度	确保精度,智能分摊计费	
10	按实际能耗计算全工况能耗,实现全工况节能减排	各章	设计工况/有效功率	定量计算	根据目标/大数据更优	
11	控制器(单片计算机)硬件选择设计和软件设计	控制原理	控制原理	常规	常规控制如何升级-第9章	控制专业
12	确保全工况稳定和精度,控制系统动态优化	控制原理	控制原理	线性系统	非线性,先初值,可自寻优	
13	系统的调试,调适,运行	1.5,1.6节等	详参考文献[5],[6]	控制原理	控制原理-可简化调试/调适	配合
14	确保全工况舒适(控制精度)	第2章、1.8节等	1.8节等	控制原理	控制原理-可简化调试/调适	配合
15	确保空调供暖全工况运行可靠性	1.9节等	1.9节等	控制原理	控制原理-可简化调试/调适	配合

运行时间很短，则可以按规范取对造价有利的参数值，如流速偏大，阻力偏高等。

确保系统增益为常数（线性调节特性）和节能是优化设计与调适的重点，本书各篇都将涉及。下面将介绍调节系统数字化优化设计与调适的简单实用的方法：特性指数法（详见1.3节）和微观/宏观相似原理（详见4章）。

在传统工艺系统设计时，工艺设备（调节对象）特性通常指设备输出与输入的关系；但在控制系统中，工艺设备的输入是前面的调节机构（如变频泵（风机）或调节阀）的输出。因此，调节对象的输出实质上是调节（控制）系统的输出，不能单独确定，这是与单纯工艺设计的一个重要差别。所以，为表示这种差别，采用了全工况来说明。传统工艺优化设计通常只考虑设计工况，而调节系统优化设计必须考虑全工况。实际上，忽略全工况就是调节系统优化设计和调适的盲区，而考虑全工况正是本书介绍的重点。

下面根据表1.2-2的顺序简单介绍一下本书的内容。

（1）空调/供暖总目标（设定值）优化——全工况舒适节能恒扩展体感温度

首先，任何设计都必须搞清楚必须达到的目标！

现有空调供暖以单纯温度为控制目标。大家都有亲身体会，当室内外条件偏离设计工况时，往往会导致人员不舒适，甚至发生"空调病"，同时会造成用户端和系统的能源浪费。

本书全面考虑影响人体热湿舒适的各种客观和主观因素，提出了扩展体感温度 t_g 和全工况舒适节能恒扩展体感温度空调供暖，将多参数控制转化成了单参数（扩展体感温度 t_g）控制，实现数字化精准调控，确保空调全工况舒适（减少空调病）节能，对新设计系统还能降低造价。其用户操作、设定、设定范围（将传统的"温度"改变为"扩展体感温度"）及末端设备都与现有恒温空调供暖系统完全相同，所以便于推广应用。详见本书第2章。

（2）子系统

例如，现有空调供暖系统以水泵出口恒压（或压差）为控制目标。本书提出了水泵出口变压（或压差）供水系统，以确保最不利用户资用压（或压差）为控制目标。两种系统的控制系统的设备相同，差别只在于控制目标参数压力（或压差）采样点不同：现有恒压（或压差）供水系统采样点在水泵出（入）口，而变压（或压差）供水系统为最不利用户的入（出）口。详见本书第3章。

（3）系统方案和调节方案优化

例如，本书对集中式/分布式输配系统的实际能耗进行了定量比较，并且提出了分布式准则，给出了分布式输配系统的优化应用条件。详见本书第4、第5章。

又如，质调节和量调节的优缺点比较。详见本书第6章。

（4）全工况运行参数优化

如传统冷热源采用定压（差）定温供水系统；而本书将采用变流量变温度优化节能供水系统，详见本书第8章。

（5）确保控制系统全工况可观测性

所设计的系统必须是全工况可观测并记录，而且能够让人们看到过程的重要参数，从而实现"生产数据可视化、生产过程透明化"。

形象地说：传感器就相当于一双明亮灵敏准确的眼睛。如果传感器灵敏度、测量范围和精度不满足要求，其他条件再好也无济于事。传感器的测量范围和精度（包括抗干扰能力和时间稳定性等）必须满足要求，0点和增益可调，增益最好为常数（线性）或者增益函数已知，反应灵敏高。

现在，各种传感器和显示器都有系列化定型产品。空调供暖系统对传感器的要求见7.7.2节。

（6）确保系统全工况可控性

系统的全工况可控性，即调节范围等必须满足要求，请特别注意：在调节范围以外，控制系统无法工作！

实现可控性的原则包括：

对象的最大输出：

$$Q_{100} = K_a[Q] \quad (\text{m}^3/\text{s}) \tag{1.1}$$

调节范围：

$$R_o = Q_{100}/Q_0 = K_a[R_o] \tag{1.2}$$

式中，Q_{100}、Q_0——开度为100%（最大）、开度为0（最小）时的输出；

$\quad\quad\quad K_a$——安全系数，通常可以取 $K_a = 1.1 \sim 1.2$；

$\quad\quad\quad [Q]$——对象的设计输出；

$\quad\quad\quad [R_o]$——对象的设计调节范围。

对于无泄漏系统，因为流量调节范围 $R = \infty$，所以对象的调节范围 $R_o = \infty$，能够自然满足要求，因此只要考虑最大输出满足要求即可。

调节对象（例如换热器）通常是固有无泄漏控制环节，但是如果采用有泄漏控制环节（例如调节阀）作为调节机构，则换热器和系统都变成有泄漏了。

变频泵（风机）通常是无泄漏控制环节，即调节机构，其流量泄漏量为 $1/R = 0$。调节阀是固有泄漏的控制环节，其泄漏量为 $1/R$，总是大于0，调节阀控制的加热器的泄漏量为 $1/R_o$ 也总是大于0；由于调节阀的调节范围不但与调节阀的种类、型号、规格有关，而且与管道系统和工质源压力变化有关，所以调节阀系统的调节范围与调节阀、工质源压力变化、管道、对象特性等有关。

另外，执行器的开启力（或功率）必须满足要求。对于变频泵（风机）为电机与变频器的功率必须满足要求：

$$P = K_a[P] \quad (\text{kW}) \tag{1.3}$$

对于调节阀则可以换算成最大差压 ΔP 小于允许差压 $[\Delta P]$：

$$\Delta P = K_a[\Delta P] \quad (\text{Pa}) \tag{1.4}$$

应注意：如果调节范围和执行"力"不够，则在调节范围和执行器的开启力（或功率）以外，系统是不可控的。

式（1.1）、式（1.3）、式（1.4）与传统设计相同。调节系统必须满足式（1.2），传统设计通常未予考虑。

在设计和调适时要特别注意：Q_{100} 不是越大越好，"大马拉小车"不但增加了造价、浪费生产资源（增加占地和能耗），而且对调节会有不良影响。

另外，还须满足水泵汽蚀余量等的要求。

（7）确保全工况调节均匀——静态调节特性优化

静态调节特性优化，即确保系统增益为常数（具有线性调节特性）对控制系统全工况稳定性有重要影响。

对常规控制—线性系统，要求调节特性为线性（增益为常数）是必要条件。

对于智能控制系统，调节特性可以为非线性，如果调节特性为线性则可减少变量，使控制系统降阶/简化；但如果调节特性为图 1.2-2 所示的大泄漏、快开特性，则智能控制往往也难以实现全工况稳定控制，所以必须防止！

利用特性指数法可方便地、定量地解决该问题（详见 1.4 节）。

1）对于反馈控制：系统在可调节区的静态调节特性曲线为直线，即确保全工况调节的均匀性。更专业的表达为：系统等效开环增益 A_x 为常数。

根据图 1.1-1 和表 1.2-1，可调节区等效开环系统的增益：

$$A_x = A_c \cdot A_z \cdot A_v \cdot A_o \cdot A_t$$
$$= (dU/dE)(dX/dL)(dL/dX)(dQ/dL)(dV/dQ) = dV/dE \tag{1.5}$$

由于 A_x 有量纲，使用不方便，所以采用无量纲相对增益：

$$k_x = k_c \cdot k_z \cdot k_v^* \cdot k_o \cdot k_t$$
$$= (du/de)(dx/du)(dg/dx)(dq/dg)(dv/dq)$$
$$= dv/de = [dV/(V_{100} - V_0)]/[dE/(E - E_0)]$$

代入式 (1.5)： $\quad A_x = k_x[(V_{100} - V_0)/(E_{100} - E_0)]$

因为要求 $[(V_{100} - V_0)/(E_{100} - E_0)]$ 为常数，所以绝对增益 A_x 为常数，即相对增益：

$$k_x = k_c \cdot k_z \cdot k_v \cdot k_o \cdot k_t = dv/de = 1 \tag{1.6}$$

然而，如果各控制环节的增益是随输入变化的函数，直接按式（1.6）通常无法求解。所以，通常只能看各环节性能曲线图，只能凭经验进行定性选择设计。有的文献不论用途和目标，假设调节阀/调速泵以外的环节的增益都为常数，从而选择线性流量特性的调节阀/调速泵。实际中，对象特性往往是非线性的，所以不管用途和目标一律按线性特性选择调节阀/调速泵的做法往往并不正确。

图 1.2-2　大泄漏快开特性举例

笔者曾经看到多个实例，足以说明调节特性优化的重要性。例如有几台锅炉水位调节系统，由于水泵/调节阀选择不当，流量调节曲线变为大泄漏与快开型（图 1.2-2），无论如何整定控制器的参数，系统都无法全工况稳定工作。在负荷大时，系统出现低频振荡，锅炉水位波动很大；在负荷比较小时，由于调节速度很快，系统出现快速振荡；特别是在负荷很小时，由于泄漏量大，系统完全失调；只好恢复了手动控制。其中一例的"命运"是因振荡"疲劳"，调节阀杆被拉断了，负责锅炉和负责控制的工作人员相互指责，最终人为将控制线路拉断了（注意，不是拆除）。其实，这不是控制器本身的问题，也不是控制器动态参数调试、整定或调适的问题，而是系统静态设计的错误，更直接地说，是调节阀选择的错误。因为调节阀（或变频泵）选择和水泵系统设计通常是锅炉工艺设计人员完成的，所以对于仪表调试人员、对于控制器，应该说是"冤案"！像这样的大泄漏（不能确保全工况可控）快开特性，难以确保全工况稳定，即使采用智能控制，也无法实现全工况稳定控制。

控制系统的静态调节特性优化就是要解决可控性和全工况调节均匀性（增益为常数）等问题，为控制系统动态优化创造条件。关于调节系统和环节（特别是对象）的全特性（包括放大系数、滞后时间、时间常数等）将在第 6 章介绍。

2）对于开环调节系统和开环补偿系统，则需要有比较准确的线性特性。例如对于

图 1.2-2 所示的大泄漏与快开特性，0～5％的开度几乎增加了 85％的流量，而 10％～100％的开度，流量的变化很小，就难以实现全程稳定的闭环控制，更无法实现开环调节或开环补偿控制。

3）智能控制系统能够在一定范围内自适应非线性特性，但是，如果能够使某一个变量线性化或者用已知的函数实现线性补偿，就等于减少了一个变量或影响因素，从而大大简化智能控制算法，显著降低成本。但对于图 1.2-2 所示大泄漏快开特性，智能控制系统也将无能为力。

当然，一个调适好的反馈控制系统的适应能力很强，抗干扰的能力也很强，只要调节范围满足要求，系统开环增益在一定范围内变化也能够得到比较好的控制效果。这就给调节特性优化设计提供了很人的方便，即采用一种简便可行的近似优化方法（1.3 节介绍的特性指数法），就能够实现优化设计和调适数字化（简化）且实用的方法。

（8）尽量减少传递滞后时间

控制环节（特别是控制对象）和的动态调节特性对控制系统非常重要。其中，滞后时间 $\tau = \tau_c + \tau_r$（τ_c 为纯（传递）滞后时间，τ_r 为容积滞后时间）对控制稳定性有很不利的影响，应该越小越好。而且 τ_c 完全由管道设计、信号种类及传感器的安装位置决定，与工艺设计关系密切。缩短 τ_c 具体做法是：选择信号传递快的传输方式，例如光电（波）速度≫声波（液体＞气体），流量/压力传递速度≫温度/热量，量调节比质调节快；同时传感器与调节机构的距离尽可能短，传感器安装的位置与环境符合产品规定。

实际能耗、调节特性及传递滞后时间 τ_c 等，详见第 6 章。

（9）热、水、电计量的本质差别和分户冷/热计量调控与收费，详见第 7 章。水/电计量收费已经证明：计量调控与收费可激发人们节约归己的意识！

（10）确保全工况节能减排与绿色环保

节能是优化设计和调适的重要评价指标。随着国家节能减排要求的日益提高、设备价格的降低和能源价格的上升，全工况节能将变得越来越重要！所以，优化设计中的全工况节能评估或和调适中的全面能源审计也是本书的重点。利用特性指数法可方便地定量解决这个问题。

（11）控制器（单片计算机）硬件选择设计和软件设计（详见有关自动控制专著）。

（12）确保全工况稳定和精度——控制系统参数动态优化

虽然以上两项工作由自动控制专业完成，但是暖通空调专业必须配合，例如：认真作好前面几项优化，从而使系统具有舒适、节能的"基因"，有利于自动控制系统的优化和简化；又如，根据用途提出合理的精度要求，因为过高的精度要求，会显著增加自动控制系统的成本和控制难度。

作为常识，这里简介以下控制参数动态优化的主要内容：动态优化就是确定控制器的全工况优化运行参数，其目的是确保全工况控制的稳定性和准确性（精度）。

以 PID 控制器为例，控制参数动态优化就是整定（确定）PID 控制器的比例系数 K_p、积分时间 T_i 和微分时间 T_d 的数值选取。

常规 PID 控制器参数整定的方法很多，概括起来有两大类：

1）理论计算整定法。该方法主要是依据系统的数学模型，经过理论计算确定控制器参数，由于模型的简化和对象特性的误差，这种方法所得到的计算数据通常必须通过工程实践，由人工进行调整和修改。

2）工程整定方法。该方法主要依赖工程试验和经验，直接在控制系统进行试验整定的方法，简单、易于掌握，在工程实际中被广泛采用。例如，PID控制器参数的工程整定方法主要有临界比例法、反应曲线法和衰减法。三种方法各有其特点，其共同点都是通过试验，然后按照工程经验或判断对控制器参数进行整定。

无论采用哪一种方法，所得到的控制器参数都需要在实际运行中进行最后调整与完善。

所以，无论常规控制或智能控制，在控制器运行前，通常可以按表1.2-3的经验数据设定控制器参数的初始值，以保证控制器通电就可以基本正常运行。对于常规控制，则必须在运行中依靠人工进一步优化。如果系统特性为非线性，则在不同的范围内的优化参数可能不同，必须重新整定，所以进行特性参数优化和优化补偿非常重要；对智能控制，则在运行中由控制器进行全工况自动优化；如果进行了调节特性优化或优化补偿，就可以使智能控制简化降阶。

调节器参数的设定初始值的经验值 表 1. 2-3

调节对象	比例系数 K	积分时间 T_i	微分时间 T_d	备注
温度	20%～60%	180～600s	30～180s	调节对象滞后时间较短,时间常数较大,可不用微分
压力	30%～70%	24～180s		
液位	20%～80%	60～300s		如允许有静差,可不用积分
流量	40%～100%	6～60s		

（13）系统的调试/调适与运行

系统的调试、调适与运行将在1.5节、1.6节及后面有关章节将进行简介，还可详见文献［5］和［6］。

总体上说，设计时应特别注意以下几点：

1）必须在明确了工艺方案、特点，以及控制方案、目标之后，才能进行控制器（或计算机）硬件选择设计和软件设计。有的从业者一开始就选择控制器/计算机的硬件，这往往带有很大的盲目性，会造成不良的后果和很大的损失。

2）从表1.2-1可以看到：我们把控制系统的优化分成了两部分——静态优化和动态优化，可以分别进行。同时，静态优化是动态优化的前提：例如，舒适节能的控制目标和调节方案优化确定了系统的基因；同时，只有满足了可观性、可控性和全工况调节均匀性（线性化），才能满足常规控制的必要条件，才可能方便地进行动态优化，确保稳定性和控制精度。虽然智能控制可应用于非线性系统，但线性化可以降阶/简化，并且可在运行中进一步优化；然而舒适节能的控制目标、调节方案优化、可观性、可控性、初始运行参数等，都是必须满足的！

（14）确保空调供暖全工况舒适度，详见1.8节和第2章。

（15）确保空调供暖全工况运行可靠性。

1.2.3　实现空调供暖全工况数字优化的有利条件

（1）计算机（包括单片机）的普及，为空调供暖全工况数字优化设计和控制提供了有力的工具。

虽然国内外研究已经确定了影响人体舒适度的各种因素，但是最早的模拟控制只便于实现单参数控制，所以仍然只能采用恒温空调/供暖。利用计算机（包括单片机等），就可以方便地将影响人体舒适度的各种因素组合成"扩展体感温度"，从而实现全工况舒适节能"恒扩展体感温度"空调/供暖。

（2）2023 年 2 月，中共中央、国务院印发的《数字中国建设整体布局规划》中指出：建设数字中国是数字时代推进中国式现代化的重要引擎，是构筑国家竞争新优势的有力支撑。加快数字中国建设，对全面建设社会主义现代化国家、全面推进中华民族伟大复兴具有重要意义和深远影响。……促进数字经济和实体经济深度融合，以数字化驱动生产生活和治理方式变革，……推动数字技术和实体经济深度融合，在农业、工业、金融、教育、医疗、交通、能源等重点领域，加快数字技术创新应用。并发出通知，要求各地区各部门结合实际认真贯彻落实。

总之，复杂问题必须将实验数据进行数字化处理，才可能实现优化；而数字化看起来可能比较复杂，但遇到计算机就能够简单、快速求得结果！这里最关键的是建立优化模型。

（3）4G、5G 通信技术的普及，使信号传递滞后时间缩短到毫秒级。

以上都是实现空调供暖全工况数字优化的有利条件。

1.3　便于实现空调供暖全工况数字优化的特性指数法

实际上，根据实际情况合理应用现行设计规范和设计手册提供的数据，往往也能方便地进行全工况优化。例如，在许多情况下，对于工程应用，通常用"三点"可表示一条曲线，设计手册将大多数设备的性能参数表示为：

$$Y = Y_o + KX^n \tag{1.7}$$

或者

$$Y = Y_o + K_x X^n \tag{1.8}$$

或双输入参数

$$Y = Y_o + K_x e^{f(n\tau)} \tag{1.9}$$

式中，X——设备/环节/系统的输入；

Y——设备/环节/系统的输出；

τ——时间；

Y_o——$X=0$、$\tau=0$ 时，设备/环节的输出，也称为初始输出；

K，K_x——实数，K 或者 K_x 不变时称为常系数设备/环节/系统，常规控制理论适用于常系数系统；

n——实数。

因 n 决定了性能（特性）曲线的形状：如 $n=1$，式（1.7）表示直线（线性）。所以将 n 称为特性指数。

利用式（1.7）～式（1.9）等进行数字分析的方法，都可称为特性指数法。这样，就可以利用现有设计手册，在确定设计工况设计点时，再增加两个点（如果 $Y_o=0$，则只要增加一个点）的计算，就能求得 Y 随 X、τ 变化的规律，进行全工况数字优化分析。如果编程或者利用 Excel/Excel VB 等，就能够进行快速计算和作图。

利用特性指数和优化理论可以进行各种目标的优化设计（详见 1.7 节）。

1.4 便于进行调节特性优化的调节特性指数法

常用控制环节的特性指数资料与索引见本章附表1.1。

1.4.1 调节特性指数的定义

通常，可用幂函数多项式表示任意曲线。工程试验和设计常用以下简单的无量纲幂函数表示图1.4-1中的无拐点光滑曲线（实线1、2、3）：

$$y = y_0 + (1 - y_0)x^n \tag{1.10}$$

对调节特性，其变化部分可称为可调节区特性（简称可调特性）：

$$y_r = (y - y_0)/(1 - y_0) = x^n \tag{1.11}$$

式中， X 与 Y——设备或环节的有量纲输入与输出；

$$x = X/X_s = X/X_{100}$$
$$y = Y/Y_s = Y/Y_{100} \tag{1.12}$$

x 与 y——分别为无量纲相对输入与相对输出；

0、100、s——0点（最小）、满负载（100%）、设计工况 s 的下标；

Y_0—— $x=0$ 时的有量纲绝对输出，也可称为有量纲绝对泄漏量；

$$y_0 = Y_0/Y_s = Y_0/Y_{100} \tag{1.13}$$

y_0—— $x=0$ 时的无量纲相对输出，也可称为相对泄漏量；

$R = 1/y_0$——对调节特性，称为调节范围；

$X_s = X_{100}$ 与 $Y_s = Y_{100}$——有量纲设计（或最大）输入与输出；

n——设备或环节的特性指数。

设计工况小于等于设备的额定工况，最好选择效率最高点为设计工况。

当式（1.10）表示变频泵（风机）和调节阀等的流量调节特性时， n 称为流量调节特性指数；当表示变频泵（风机）功耗特性时， n 称为相应的功耗特性指数。

显然，只要知道了 y_0 和特性指数 n ，就能确定一条特性曲线的形状，从而大大简化性能（特性）的表示。

如果 $y_0 > 0$ ，则为有泄漏环节，调节范围 $R = 1/y_0$ ， $y \geqslant y_0$ 为可调区， $y < y_0$ 不可调。

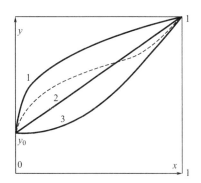

图1.4-1 特性曲线与特性指数

实线 $1-n<1$ ；2 $-n=1$ ，为直线；3 $-n>1$

如果 $y_0 = 0$ ，则控制环节为无泄漏环节，式（1.10）、式（1.12）简化为：

$$y = y_r = x^n \tag{1.14}$$

此时调节范围 $R = 1/y_0 = \infty$ ，即全程可调节。

特性指数 n 既能定量表示一条无泄漏环节的特性曲线的形状，也能定量表示有泄漏环节可调区特性曲线的形状，从而大大简化特性的表示。

请注意：图1.4-1中的虚线为有拐点曲线，就不能用式（1.10）表示，而必须用更复杂的幂函数多项式表示。

1.4.2　特性曲线和特性指数的性质

（1）一个［调节］特性指数 n 的数值就能够定量表示一条特性曲线。

（2）特性曲线和特性指数具有幂函数/指数函数［式（1.9）］的所有性质和特点，例如：$x^{n_a} \cdot x^{n_b} = x^{(n_a + n_b)}$，$(x^{n_a})^{n_b} = x^{(n_a \cdot n_b)}$ 等。以及可方便地进行微分和积分、加权积分等，从而有利于实现调节特性优化和能耗分析，因此非常有利于优化设计和调适。

（3）其他性质详见数学函数相关性质。

（4）需要注意的是：调节特性指数是一种近似表示，系统的调节特性指数 $n_s = 1$，只能做到近似线性；同样，本书介绍的互补恒流三通调节阀，也是近似实现恒流。但它们通常都能够满足常规控制系统优化的要求，而且都使智能控制优化降了一阶！然而，对于有计量要求的传感器，则不能采用调节特性指数进行计量换算，必须按相关计量标准进行全工况标定。

1.4.3　求调节特性指数的方法

（1）根据工艺过程的原理，直接求得特性指数。

【例 1.4-1】某供暖循环供水系统采用变频离心泵，求变频泵（如变频离心泵）流量调节特性指数。

【解】因循环供水系统势能全部回收，所以背压 $B = 0$，0 流量转速 $r_0 = 0$；

设系统阻力系数为 S，流量为 L，则系统阻力为 $H = SL^2$；

设计工况流量为 L_s，则设计阻力为 $H_s = SL_s^2$；

两式相比：$H/H_s = (L/L_s)^2$；

根据离心泵相似原理：$H/H_s = (L/L_s)^2 = (r/r_s)^2$；

所以，相对流量：$g = L/L_s = r/r_s = x^1$；

因此背压 $B = 0$ 时变频泵的流量调节特性指数 $n_v = 1$。

式中，　　　　　　　　　　r、r_s——转速、设计转速；

$x = (r - r_0)/(r_s - r_0) = r/r_s$—— 相对转速。

请注意：这只是背压 $B = 0$ 的特殊情况，后面将看到 $B > 0$ 时，$r_0 > 0$，$n_v < 1$ 的情况。

（2）根据计算或实验数据，利用幂函数的性质求得特性指数：

对有泄漏环节，根据式（1.10）：$n = \log[(y - y_0)/(1 - y_0)]/\log(x)$　　　　　　（1.15）

对无泄漏环节，根据式（1.14）：$n = \log(y)/\log(x)$　　　　　　（1.16）

通常在 $x = 50\%$ 附近取值，如果取 $x = 50\%$ 的相对输出 y_{50} 计算，则：

对有泄漏环节：

$$n = \log[(y_{50} - y_0)/(1 - y_0)]/\log(0.5)　　　　　　（1.17）$$

对无泄漏环节：

$$n = \log(y_{50})/\log(0.5)　　　　　　（1.18）$$

因此，对有泄漏环节，只要求得 y_{50} 和 y_0，对无泄漏环节只要求得 y_{50}，就可方便地求得特性指数，这对调节特性优化设计和调适都非常有利。

（3）在设计工况计算时，增加一个计算点，就能求得调节对象调节特性指数。

这实质上就是上面叙述的方法，不同的是在设计工况计算时附带完成。工艺设计必须求得调节对象的输入设计流量 L_s 和设计输出 Q_s（如热量，温升，压力，差压，水位，流量等），只要根据相同的计算公式或者图表，再求得 50% 流量 L_{50} 时的输出 Q_{50}，则对象的相对输出 $q_{50}=Q_{50}/Q_s$，因为调节对象通常无泄漏，就可以根据式（1.18）求得调节对象的调节特性指数 n_o。可见，设计工况计算时能够方便地求出对象特性指数。

1.4.4 用调节特性指数法进行调节特性优化设计

控制器、执行器、传感器等"信号变换环节"，通常可通过调节 0 点，使输出 $y_0=0$，实现无泄漏；而"实体环节"（调节机构和调节对象）的 0 点由工艺过程决定，不能任意调节。其中：调节机构变频泵（风机）和调节对象（如换热器等）通常是无泄漏调节机构（但变频泵（风机）有时可能产生流体倒流，或防止水泵产生水击，出口需安装止回阀），所以变频泵（风机）调节系统通常也无泄漏；而调节阀是本质有泄漏环节，而且由于调节阀的泄漏，使本质无泄漏的调节对象（如换热器等）也产生了"泄漏"（可称这种被动产生的泄漏为"被泄漏"），所以调节阀系统是有泄漏系统。

对于无泄漏环节和系统，根据各控制环节的特性指数定义：

$$u=e^{n_c},\ x=u^{n_z},\ g=x^{n_v},\ q=g^{n_o},\ v=q^{n_t},\ s=e^{n_x}$$

式中，参数定义见表 1.2-1 和图 1.2-1。下角标 c、z、v、o、t、x 分别表示控制器、执行器、调节机构、传感器、系统参数。若环节个数有增减，则尾缀个数可相应增减。由于各环节首尾相连，前一个环节的输出是后一个环节的输入。

根据幂函数的性质（幂函数的乘方变成指数相乘），则有 $(X^a)^b=X^{ab}$，可得等效开环系统特性（注意，下式的 e 为相对偏差）：

$$s-v-e^{n_x}-(((((e^{n_c})^{n_z})^{n_v})^{n_o})^{n_t}-e^{n_c\cdot n_z\cdot n_v\cdot n_o\cdot n_t} \tag{1.19}$$

于是，图 1.2-1 所示等效开环系统（将图 1.2-1 的 e、v、v_s 断开即为等效开环系统）的特性指数：

$$n_x=n_c\cdot n_z\cdot n_v\cdot n_o\cdot n_t \tag{1.20}$$

显然，为保证系统调节特性 $s=e^{nx}$ 为线性，必须满足：

$$n_x=n_c\cdot n_z\cdot n_v\cdot n_o\cdot n_t=1 \tag{1.21}$$

同样，根据系统开环增益的定义和优化原则式（1.7）：

$$kx=d_{(s)}/d_{(e)}=n_x\cdot(e^{n_{x-1}})=1$$

其解为：$n_x=1$ 和 $n_x-1=0$，同样得到实现系统优化的条件为式（1.21）。

故系统调节特性优化的条件为：各环节特性指数的乘积等于 1，实际应用为约等于 1。

由于通常可以通过调节量程，使控制器、执行器和传感器的 $n_c=n_z=n_t=1$，于是式（1.21）简化为：

$$n_x=n_v\cdot n_o=1 \tag{1.22}$$

显然，改变系统中任一环节或多个环节的特性指数，都可改变系统的特性指数 n_x。对于使用计算机（单片机）的控制器，在控制器中增加一个串联补偿环节非常容易，所以根据式（1.21），可求得系统优化补偿器的调节特性指数：

$$n_c'=1/(n_z\cdot n_v\cdot n_o\cdot n_t) \tag{1.23}$$

进行优化补偿，不但有利于优化设计，而且对调适也非常有利。

还可以通过优选设备（如调节阀），从而实现调节系统的优化：

$$n_{\mathrm{v}} = 1/(n_{\mathrm{c}} \cdot n_{\mathrm{z}} \cdot n_{\mathrm{o}} \cdot n_{\mathrm{t}}) \tag{1.24}$$

由于通常可以通过调节量程，使控制器、执行器和传感器的 $n_{\mathrm{c}}=n_{\mathrm{z}}=n_{\mathrm{t}}=1$；于是，式（1.23）简化为：

$$n_{\mathrm{c}}' = 1/(n_{\mathrm{v}} \cdot n_{\mathrm{o}}) \tag{1.25}$$

式（1.24）简化为：
$$n_{\mathrm{v}} = 1/n_{\mathrm{o}} \tag{1.26}$$

可见，利用特性指数法，根据式（1.21）～式（1.26）进行调节特性优化设计、设备优选和优化补偿，使调节系统优化设计实现了数字化、简化和实用化。

通常 $n_{\mathrm{c}}=n_{\mathrm{z}}=n_{\mathrm{t}}=1$ 或已知，所以，我们的重点就变成研究实体环节（调节机构和调节对象）的特性指数 n_{v} 和 n_{o} 了。因此，调节机构（例如各种泵（风机）、泵（风机）＋调节阀）的调节特性指数 n_{v} 是我们介绍的重点，而调节对象的特性指数则可以在工艺设计时非常方便地解决。

为使用方便，将常用控制环节的调节特性指数资料与索引表示在附表1.1中。

【例 1.4-2】某供水控制系统，背压 $B>0$，$r_0>0$，$x=(r_{\mathrm{s}}-r_0)/(r_{\mathrm{s}}-r_0)$，控制器 $n_{\mathrm{c}}=1$，执行器 $n_{\mathrm{z}}=1$，变频泵流量调节特性指数 $n_{\mathrm{v}}=0.57$，控制对象/传感器分别为：

① 控制对象为用户入口压力（$Q=H \propto L^2$，$n_{\mathrm{o}}=2$），采用压力传感器（$n_{\mathrm{t}}=1$）；
② 控制对象为系统流量（$q=g$，$n_{\mathrm{o}}=1$），采用流量传感器（$n_{\mathrm{t}}=1$）；
③ 系统流量（$q=g$，$n_{\mathrm{o}}=1$），采用差压传感器（$\Delta H \propto L^2$，$n_{\mathrm{t}}=2$）。
求系统调节特性指数，并进行调节特性优化设计或优化补偿。

【解】根据式（1.20），系统调节特性指数 $n_{\mathrm{x}}=n_{\mathrm{c}} \cdot n_{\mathrm{v}} \cdot n_{\mathrm{o}} \cdot n_{\mathrm{t}}$，代入数值得到：

① $n_{\mathrm{x}}=1 \times 1 \times 0.57 \times 2=1.14 \approx 1$，通常不必进行补偿；
② $n_{\mathrm{x}}=1 \times 1 \times 0.57 \times 1=0.57$，应该根据式（1.23）进行优化补偿 $n_{\mathrm{c}}'=1/0.57=1.75$；
③ $n_{\mathrm{x}}=1 \times 1 \times 0.57 \times 2=1.14 \approx 1$，通常不必进行补偿。

从本例可见：虽然执行机构变频泵的流量调节特性指数相同，即 $n_{\mathrm{v}}=0.57$，但系统的调节特性指数还与控制对象和目标有关；即使控制对象/目标相同，如果采用不同的传感器，系统的调节特性指数也不同。因此，在设计时必须注意！

1.5　利用调节特性指数法进行调节特性调适

1.5.1　采用调节特性指数调适的特点和有利条件

（1）不同于设计阶段，根据各环节的调节特性指数求系统调节特性指数，而且可直接测定系统的调节特性和效果，从而进行系统的调节特性优化和调适。

（2）因为测定泵（风机）的轴功率需要专用仪表，而电功率容易测定，所以在现场通常直接测量电机/变频器的有功功率和功率因数，直接确定系统的能耗特性指数，从而进行调适和全面能源审计。

（3）调适是在完成了传统的系统调试和工艺调适后进行，所以系统的设备（如泵（风机）、电机、变频器）及启动、运行、停止和故障保护等已经合格，仪表（如传感器、压力表、功率表等）的量程、精度已到达要求，以及系统充水、排气/定压补水设备已经合格；系统已经满足设计工况的要求。

1.5.2 调节特性的调适和优化补偿

下面介绍利用特性指数法进行调节特性调适的三点测试法，简称"三点法"，应用对象举例是变频调速的水泵（风机）。

（1）设计工况调适（与工艺调适基本相同，可与工艺调适合并进行）

前面说过，有两个设计工况：一个是"图纸上的设计工况"，一个是"实际设计工况"，调适就是通过调整达到"实际设计工况"。设计工况的调节特性调适与工艺调适基本相同，所以最好与工艺调试和调适同步进行。

将控制系统切换到手动，全开手动/自动阀门，使系统/用户处于设计运行状态；按设计的调节方案和优化运行参数，非常缓慢地调节变频器输出转速 r，用控制系统的传感器测量调节对象的稳定输出（如热量、温升、压力、差压、水位、流量等），达到设计值 Q_s 时，记录设计工况转速 r_s 和变频器功率 P_{bs}、电机功率 P_{ds} 等。并且按式（1.1）、式（1.3）和式（1.4）检查设计工况。请注意：

1）如果调适时不允许做 Q_s 的试验，则可降低参数，例如调节热量（温升）时，可降低供水温度进行试验，将 Q_s 换算得到 Q_s'，同样测得达到 Q_s' 时的设计转速 r_s 和功率 P_{bs}'、P_{ds}'，然后换算得到 P_{bs}、P_{ds}。

2）如果变频器输出转速达到额定转速 r_e，调节对象的设计输出不满足要求，则必须调整设计工况的工艺运行参数，例：如果调节热量（温升）可提高供水温度。

3）如泵（风机）为多台并联，则必须确定"实际设计工况"要运行的台数，这样不但节能，而且提高了设备备用系数。

（2）0点调适

目标是确定调节起点转速 r_0 和变频器功率 P_{bo}、对象输出 Q_0 等。

将控制系统切换到手动，将变频器输出调至0；关闭水泵出口压力表后的阀门，启动泵（风机）系统，缓慢增加变频器输出转速 r，使泵（风机）出口压力表读数达到 $B'-h$（B' 为当量背压，即流量为0时泵（风机）背负的压力；h 为压力表安装高度），记录转速为 r_0（即开始有调节作用——流量开始变化的转速）和调节起点变频器功率 P_{bo}、对象输出 Q_0 等。

如果泵（风机）系统当量背压 $B'=0$，则 $r_0=0$，$g_0=0$，则流量特性为无泄漏，系统为无泄漏系统 $Q_0=0$；但是，只要变频器供电，即使变频器输出转速 $r_0=0$，变频器功率 $P_{bo}>0$，就必须进行调适测量。

然后，按式（1.2）检查调节范围 $R_q=1/q_0=Q_s/Q_0$ 是否要求。如果 $g_0=0$，则流量调节范围 $R_q=1/q_0=\infty$，自动满足要求；如果不满足要求，则必须调整设计工况的工艺运行参数，例如：如果调节供热量（温升）可在低负荷时降低供水温度。

（3）中间工况测量

使系统/用户处于中间运行状态，调节变频器输出，使相对转速：

$$x_z=(r_z-r_0)/(r_s-r_0)\approx 50\%，\quad 测量对象输出 Q_z 和变频器功率 P_{bz}。$$

（4）求调节特性指数并进行优化补偿

相对值：$q_0 = Q_0 / Q_s$，$q_z = Q_z / Q_s$。

根据特性指数定义式（1.10），设：

$$q = q_0 + (1 - q_0) x^{n_x} \tag{1.27}$$

求得系统调节特性指数：

$$n_x = \log[(q_z - q_0)/(1 - q_0)]/\log(x_z) \tag{1.28}$$

对于无泄漏特性，$q_0 = 0$，则

$$n_x = \log(q_z)//\log(x_z)$$

调节特性优化：根据式（1.21），如果 $n_x \approx 1$，则满足要求；如果 n_x 偏离 1 较大，则控制器增加补偿器，根据式（1.23）$n_c' = 1/n_x$。

【例 1.5-1】调节机构为线性调压器，电加热器的输入电压为 IN，并且 $IN_0 = 0$、$IN_{100} = \text{const}$，电加热器的电阻 $R_d = \text{const}$，求电加热器的热量调节特性和调节特性指数。

根据欧姆定律，电加热器的输出功率 Q 与输入电压 IN 的平方成正比，即加热量 $Q \propto IN^2$，所以特性指数 $n_0 = 2$。

由于 $Q_0 = 0$、$q_0 = 0$，因此电加热器为无泄漏环节，即可调区为全部加热量。Q_r 可从 0 调节至 Q_{100}，即 $q_r = q$ 可从 0 调节至 1。

可以用图 1.5-1 的抛物线（实线）形象地表示电加热器的特性曲线。现在用一个特性指数值 $n_0 = 2$ 就表示了这条特性曲线，这不但使调节特性的表示实现了数字化和简化，更重要的是使控制系统的静态优化和设备优选等实现了数字化、简化和实用化。

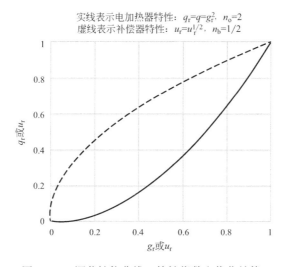

图 1.5-1　调节性能曲线（特性指数和优化补偿）

【例 1.5-2】同例 1.5-1，如果传感器的特性指数 $n_t = 1$，执行器 $n_z = 1$，控制器 $n_c = 1$。如何实现系统优化补偿。

【解】根据上例，$n_0 = 2$，如图 1.5-1 中的实线表示。

$$n_c' = 1/(n_z \cdot n_v \cdot n_0 \cdot n_t)$$

可求得实现优化补偿器特性指数 $n_c' = 1/(1 \times 1 \times 2 \times 1) = 1/2$。

因此，增加开方补偿环节 $n_c' = 1/2$（实际在控制器内），就进行了自动补偿，使系统实现了静态优化。对于使用计算机（单片机）的控制器，这很容易实现。补偿器的控调节特性可用图 1.5-1 中的虚线表示。

（5）调节范围和调节特性指数的改进

设备选型普遍放大的现状，显然对调节是不利的，可以对调节范围和调节特性指数进行改进。方法是对调节的上限和（或）下限进行限制，从以下两个原理可以看到其对控制有利的方面：

1）线性不变原理

控制器、执行器和传感器通常是线性（特性指数 $n=1$）环节，其调节特性如图 1.5-2（a）中的实直线所示，原量程如图中的实线框所示。通常其量程和零点都可以调节，或者只截取原量程的一部分，新量程如图中的虚线框所示，在新量程范围内线性调节特性仍然为直线，特性指数仍然为 1。

调节机构、调节对象的量程和零点通常由前面环节的输出决定，不能独立进行零点调节，但如果是线性特性，应用时也可以在原有特性直线上截取一段作为新工作区，则在新工作区内仍然为直线，但调节范围（泄漏量）改变了。

总之，如果原调节特性为线性，在原有特性曲线上任意截取一段作为新的可调工作区，则在新工作区内调节特性仍然为直线，即新工作区特性指数 $n' = n = 1$。这个原理可以称为线性特性指数不变原理，或简称线性不变原理。

控制器、执行器和传感器通常是线性无泄漏环节，量程和零点调整后仍然是线性环节；即使不调节零点，在其上截取一段也仍然是线性特性。这对简化系统的优化十分有利。

同样，如果系统实现了静态优化，则在任何一段工作区内都具有线性特性。

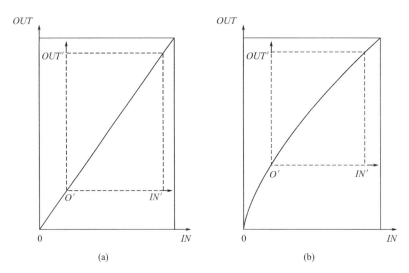

图 1.5-2　量程变换对调节特性的影响

（a）线性特性不变原理；（b）特性曲线拉直原理

2）特性曲线截段拉直原理

人们都有一个常识：在曲线上截取的线段越短，则截取的线段越接近直线；如果截取的线段为无穷短，则截取的线段完全可看作直线——这实际上就是微积分的基本原理。这个原理用于调节特性：如果控制环节/系统的量程（如图 1.5-2（b）中的实线框所示的 OUT、IN 坐标）有余量，应用时可以在原有特性曲线上截取一段作为新工作区（新工作区量程如图 1.5-2（b）中的虚线框所示的 OUT'、IN' 坐标），则在新工作区内调节特性曲线比原有的整条曲线更接近直线，即新工作区可调特性指数 n' 比原有特性指数 n 更接近 1，且：如果 $n>1$，则 $n'<n$；如果 $n<1$，则 $n'>n$。这个性质可以称为特性曲线截段拉直原理。显然，如果 $n=1$，则 $n'=n=1$，于是特性曲线截段拉直原理就变成了线性特性指数不变原理。

特性曲线截段拉直原理有实际应用价值。例如，调节对象（如换热器）通常是无泄漏环节，但由于调节阀有泄漏，则换热器也变成有泄漏了，此时换热器可称为"被泄漏"对象，就可以用特性曲线截段拉直原理计算"被泄漏"对象的特性指数（图 1.5-2）。在调试中可以用特性曲线截段拉直原理改造调节特性，例如，如果设计量程过大，系统就只需要在部分范围内运行，将可以用特性曲线截段拉直原理改造调节特性，使特性指数 n_s 向 1 靠拢等。

（6）按式（1.7）和式（1.8）和实际系统管道及介质种类、温度确定实际滞后时间。

（7）将工艺系统优化参数、特性指数和滞后时间等提供给控制专业，就可以按控制原理或者经验整定法，进行控制器的动态优化调整和调适，例如，对 PID 控制策略即确定 K_p、T、T_d，并检查系统的动态效果。

（8）随着智能控制的发展，可将调节特性优化设计参数作为系统的初始参数，系统可根据优化模型在运行中自动实现全工况优化即自动调适。

尽管设计误差大，但优化设计是确保调适顺利的基础，所以在后面各章还要重点介绍优化设计和全工况能耗评估，本章只简介调适的特点。

1.6 利用特性指数进行能耗分析

优化设计必须进行全工况能耗评估，并进行设计方案和参数优化；调适必须进行全面能源审计，并进行运行方案和参数优化。

1.6.1 求能耗特性指数

设计时，通常根据泵（风机）的轴功率特性、电机和变频器的特性，求得系统的能耗特性（详见 2.3 节）；

调适时，可利用前面"调节特性调适的三点法"求得能耗特性指数：

求 0 点相对功率，例如：$p_{b_0} = P_{b_0}/P_{bs}$

根据特性指数定义式（1.10），设：

$$p_b = p_{b_0} + (1-p_{b_0})x^n \tag{1.29}$$

根据式（1.15）求得以相对转速 x 为准的调节特性指数：

$$n_x = \log[(q_z - q_0)/(1-q_0)]/\log(x_z) \tag{1.30}$$

1.6.2 利用特性指数法求总能耗（设计和调适相同）

可用以下方法：

（1）利用 Excel 求面积的方法进行积分和加权积分（详见 2.3 节）；

（2）直接对幂函数进行积分，从而方便地求得总能耗：

因为式（1.27）、式（1.29）都与特性指数的定义式（1.10）有相同的形式：

式（1.10）的不定积分为：

$$\int y\,dx = \int f(x)\,dx = \int [y_0 + (1-y_0)x^n]\,dx$$

定积分为：

$$Y = \int_0^1 f(x)\,dx = xy_0 + (1-y_0)x^{n+1}/(n+1) \tag{1.31}$$

同样，按式（1.9）也可方便地进行积分。

设：τ_i 为各运行段运行时间，Y_s 为设计工况功率（kW，电功率或热能），即可得到总能耗：

$$\sum Y = Y_s \times \sum \{[(\int y\cdot dx)_{(i+1)/k} - (\int y\cdot dx)_{i/k}] \times \tau_i\} \tag{1.32}$$

式中，$i=0$、1、2、……；k 表示分 k 段的标志（例如分 10 段，则 $k=10$），用 Excel 工具就能方便地求得积分。

如果对象输出是水量/热量，则按式（1.27）代入式（1.32）积分得到总水量/总热量；按式（1.29）代入式（1.32）积分得到泵（风机）总电耗。

显然，不同的特性（y_0 和 n）、不同的运行时间表（i 和 τ_i），其总能耗不同，例如，如果采用全工况舒适节能值班供暖/空调，则低负荷运行时间增加，可节省大量的热量/冷量和水泵/风机电能。

可以看到，用特性指数法进行现场调适和全面能源审计，不必另外增加传感器，不必测量每个控制环节的相关特性，所以在工程中应用非常方便！

另外，现场调适还可以利用电度表计量一个代表周期（如 1 天、1 周等）的有功电度等，然后换算到全年，从而进行全面能源审计，就更为方便。

1.7 利用特性指数法按优化理论进行优化设计简介

利用优化理论，通常考虑使总费用最低为最优，例如，根据式（1.31）可分别求得：年运行费 Y_1、年折旧费 Y_2、……。

于是年总费用：$Y=Y_1+Y_2\cdots\cdots$

根据优化原理，对于单变量系统：

$$dY/dx = d(Y_1+Y_2+\cdots)/dx = 0 \tag{1.33}$$

因为幂函数和指数函数的积分和微分都非常方便，所以从原理上说，利用特性指数法按优化原理进行优化设计很方便。但是，各种费用的计算非常麻烦而且地区差别很大。因此，本书采用了更加简便的方法，即辩证地理解规范和设计手册，直接运用规范和设计手册进行快速优化设计。

1.8　确保空调供暖全工况舒适度

（1）空调供暖的"精度"是确保"全工况舒适度"

任何工程设计的目标都可以用"适用、经济、美观"6个字表示。由于美观为外观设计，所以这里只讨论"适用、经济"。空调供暖的目标就是确保全工况"舒适节能和安全可靠"。这是与传统空调供暖设计中只考虑"设计工况"或"平均值"不同之处。实际上，如果不实现"全工况舒适节能"，也就没有必要自动控制，更不需要智能控制了！

本书与传统空调供暖设计的第二个不同是：舒适度不是以室内温度的精度来衡量，而是以扩展体感温度来衡量，而且有的参数按一定规律变化可以提高人体舒适度（详见第2章）；同时只要系统能够稳定工作，控制精度通常能够满足舒适性空调供暖的要求。所以这里不打算介绍一般的静态与动态控制精度。

（2）供暖/空调供暖对控制精度的要求

即使常规空调供暖系统也允许室温有一定的波动性，通常上下波动1℃左右，反而对健康有利，同时，允许有一定的静差存在，也允许在短时间内有较大的最大偏差存在。这对进行空调供暖控制非常有利。例如，供暖/空调供暖计算机监控系统的设计不必像对火箭、电厂和工业生产过程那样，要求快速、高精度的检测、控制。基于这些特点，空调供暖监控系统可以在较低的速度下检测，在较低的精度下控制，可本着稳定、可靠、直接、简单、低速的原则，进行软硬件设计，尽量减少中间环节，追求的质量标准是安全可靠适用、健康舒适、节能减排、便于操作等。

（3）控制精度、传感器精度、采样分辨率的差别和关系

曾出现过一些厂商的普通空调机广告"可控制精度±0.1℃"。笔者认为这是广告方故意利用了三个"精度"的差别。

1）控制器的分辨率

控制器的分辨率是指控制器能够分辨的被测参数的最小变化值。在数字控制器中通常由模拟-数字转换器（简称A/D转换器）的位数和传感器的量程决定。

如果传感器的量程为0～100℃，采用10位A/D转换器（10位二进制能够表示0～1023），则分辨率为100℃/1023≈0.1℃。

许多单片机的A/D转换器≥10位，所以，A/D分辨率≈0.1℃很容易实现。因此，"可控制精度±0.1℃"是广告方故意混淆了3个"精度"的差别。

2）传感器的精度

传感器精度是指在测量范围内参数测量值与实际值之间的最大误差，有时采用相对精度，即这个最大误差与测量范围之比。

例如，如果量程为0～100℃，传感器的精度为±1℃，则表示在量程范围内测量的最大误差为±1℃，相对误差为1/100=1%。

显然，传感器的精度为±0.1℃，其精度就相当高了。

3）控制精度

如果设定温度为20℃，控制精度为±1℃，则表示控制结果为（20±1）℃=19～21℃；如果控制精度为±0.1℃，则表示控制结果为（20±1）℃=19.9～20.1℃，虽然可以实现，

但是有难度，而且会提高造价。

控制精度通常由对象特性、控制策略（控制算法）和控制参数优化整定决定。例如，PID 控制器动态优化参数有 3 个：比例增益常数 K_p、积分时间常数 T_i、微分时间常数 T_d（空调供暖控制通常不用微分）。几乎所有关于经典或者现代控制原理的文献都进行了完整深入，或者通俗易懂，或者经验实用的介绍，这里不再赘述。

（4）3 个精度的关系

显然，A/D 分辨率必须高于传感器精度，传感器精度必须高于控制精度。可见过高的控制精度会大大提高造价和控制难度，因此必须合理确定控制精度。

A/D 分辨率=0.1℃很容易实现，而传感器精度实现 0.1℃ 则不太容易，实现控制精度 0.1℃ 则更不容易。有些厂家故意以 A/D 分辨率模糊取代控制精度，请注意区别。

（5）舒适性空调供暖的控制精度通常容易达到，所以稳定性和可靠性就非常重要了。

1.9　确保系统的安全可靠性

安全可靠第一，这是所有工程设计应当遵循的共同原则，所有设计必须首先满足。

首先，调节系统各环节的构造、材料、布线等必须满足工艺安全和环境要求（如压力、温度、腐蚀性、毒性、防爆要求、能源供应等）。通常可根据规范和产品样本、说明书进行选择。

由于安全可靠性是一个综合结果，因此系统的可控性、稳定性等都会直接影响安全可靠性。下面举例介绍在系统设计时确保安全可靠的措施。

（1）串联环节的可靠性/精度及简化原则

下面介绍串联系统的可靠性和精度的计算公式：

$$K = K_1 \cdot K_2 \cdot K_3 \cdots \cdot K_n \tag{1.34}$$
$$J = J_1 \cdot J_2 \cdot J_3 \cdots \cdot J_n \tag{1.35}$$

式中　K、J——串联系统的总可靠性、总精度，<100%；
K_i、J_i（$i=1$，2，3，…，n）——各串联环节的可靠性、精度；<100%。

由于多个小于 1 的数相乘，其乘积会越来越小，因此可见，串联环节越多，串联系统的总可靠性和总精度越低，而且操作、维修和调试的难度也增加。因此，在满足使用目标和精度要求的前提下，系统越简单、中间环节越少、连接越直接，可靠性和精度就越高。例如：如果不要求数据库管理，则采用高集成高可靠多功能单片机——单片微控制器（MCU）的智能控制器比微机更简单经济可靠；如果温度传感器不经过放大而直接输入，则比采用温度变送器更经济可靠；不经过 D/A 转换和外部伺服放大器（或者阀位定位器）而由计算机直接给调节阀定位等，都将提高系统的可靠性和测量控制精度。因此可以看到，简单、低价和提高可靠性、保证一定的精度是能够统一的。

外围设备：在选择外围设备时，同样应该根据系统的特点，尽量减少中间环节，以"直接、简单、低速"的原则，提高系统的可靠性并降低造价。

另外，系统的控制精度不但取决于测量精度，更加取决于控制策略和系统调试。

为了进一步提高系统的可靠性，还应该采用一些使系统可靠运行的辅助功能。例如：笔者经过多年的实践认识到，由于计算机核心硬件已经越来越简单、可靠、价低，因此在选择计算机或者控制器时，重要的是考虑其扩展和外围设备（包括计算机的存储器，AD、DA、I/0扩展、软件，以及传感器、调节机构、软件等）的可靠性和价格，以及全套软件的价格和安装调试成本；另外，空调供暖系统有一个重要特点：除计量外，通常检测和控制精度要求不高，采样和控制速度一般比较低，采样和控制周期可以比较长。所以，在满足目标的前提下，必须尽量减少中间环节，以"直接、简单、低速"提高系统的可靠性并降低造价，而不去盲目追求高速、高价、洋气、漂亮等所谓"高级"指标。

现在有一些值得注意的倾向：不管有没有必要，也不管操作人员的水平，要就要所谓"最高级"的；而且以为进口的就一定比国产的"高级"；高价、高速、复杂的就一定比低价、低速、简单的"高级"；微机就一定比单片机高级。殊不知，有些进口产品是老款的产品，虽然外观和工艺也好看，但是元件和控制原理可能是20多年前甚至30多年前的；虽然微机的计算、显示、管理等功能比单片机控制器强，但是要知道，这都是以增加系统的复杂性、降低系统可靠性、提高系统造价、增加电耗等为代价的。虽然工控微机的主机已经不贵，但是DA、AD、DI、DO等扩展板和控制软件的价格却很高。所以选择时一定看有没有必要，必须以适用简单、安全可靠、节能减排为首要的选择目标！

还有一个值得注意的倾向就是重硬件轻软件。有些厂商常常以很低的价格销售主机和非常漂亮的表演软件，有时基本配件价格也不高，但是无法达到使用要求，最后成了"废铁"；有的厂商是靠维修和卖备件收费。现在批量生产的硬件价格已经非常低，所以必须特别重视软件和非标准硬件的选择和购买合同的签订条文。

（2）并联环节/回路的保险作用

并联系统的可靠性和精度的计算公式：

$$K = K_{\min} \tag{1.36}$$
$$J = J_{\min} \tag{1.37}$$

式中，K、J——并联系统的总可靠性、总精度，$<100\%$。

但是，如果有并联备用设备（如并联泵、并联调节阀等）和自动诊断与快速切换设备的功能，加上空调供暖房间有相当大的热惯性，自动快速切换的可靠性可以提高到接近1。即使只有备用设备和自动报警，手动切换的可靠性也是很高的。

并联设备的另一个重要作用是可以根据实际设计负荷选择开启的台数，从而很好地克服大设计误差。

（3）必须有手动操作

随着计算机控制可靠性的提高，就有人又忽略了"可靠性"，认为现在已经没有必要保留手动操作了。也有人为了简单，取消了必要的并联的保险环节。所以有必要简单讨论一下并联环节的保险作用，例如：

涉及安全可靠的重要参数，除数字显示外，还应有就地直接指示仪表，例如弹簧压力表和玻璃温度计等，对可能产生破坏的参数还必须安装安全阀、温度保护器、漏电开关、热继电器、保险丝等。

必须有各种安全报警和处理功能：故障预警、报警、故障记录、故障自动处理功能和人工操作提示；

必须有必要的手动操作功能和手动/自动双向无扰转换功能；

涉及安全的控制必须设置并联旁通手动操作支路；

控制器必须有能够使系统受干扰后自动复位的"看门狗"等。

（4）适应空调供暖对象的"慢"特性，有备件可快速更换

空调供暖的最终目标——室内温度的反应非常慢，即滞后时间和时间常数非常大；主要干扰——室外温度的影响备件慢。所以，不能将水量调节的方法简单地直接用于温度或热量调节，更不能将电量调节的方法简单地直接用于温度或热量调节。电量调节要突出"快"，而温度或热量调节要注意"慢"。这个"慢"的滞后时间和时间常数非常大，虽然对控制系统和软件设计不利，但通常对系统硬件设计、维修等很有好处。

例如，温度和热量的采样控制周期可以比较长，A/D 转换器的速度可以比较慢，计算机的运行速度可以比较低；同时，室温的热惯性大，干扰作用也比较慢，例如，新建建筑的房间保温蓄热效果很好，室外温度变化对室外的影响非常慢而且小，所以即使停止供暖 0.5h，室温变化也不会很大，不会引起很明显的不舒适感。这对设备维修很有好处，只要能够实现故障报警/预警，并实现快速更换设备（如水泵、传感器、控制器、调节阀等），也可不增加并联备用水泵等设备。这对简化管道系统、降低造价、减少阻力等也很有好处。当然，事关安全的设备，例如蒸汽锅炉的水位控制设备/环节，如水位传感器、给水泵等，则必须利用并联设备/环节的保险作用，如安装蒸汽给水泵，这样，即使停电也能确保锅炉供水。

常用控制环节的调节特性指数资料与索引（结合表 1.2-1） 　　　　附表

控制环节名称	调节特性计算公式	特性指数	备注
无泄漏控制环节/系统的特性	$y_r=y=x^n$, $out_r=out=in^n$	n	$R-1/y_0-1/out_0$ 为调节范围，特性指数定义等请见式(1.10)、式(1.11)等，尾缀 r 表示可调区参数，按式(1.17)、式(1.18)求 n
无泄漏实体控制环节/系统的泄漏量	$y_0=out_0-0$		
有泄漏实体控制环节/系统可调特性	$y_r=out_r=in_r^n$	n	
有泄漏实体控制环节/系统的泄漏量	$y_0=out_0=1/R$		
有泄漏实体控制环节/系统的全特性	$out=out_0+out_r$	n	
线性环节/系统特性曲线段段仍为线性	线性不变原理	$n'=n=1$	线性不变原理，详 1.5.2 节(3)
控制环节/系统特性曲线截段拉直原理	线段越短，n'越接近 1'	$n'\rightarrow1$	截段拉直原理，详 1.5.2 节(3)
开环系统的特性指数 n_x	$n_x=n_c\cdot n_z\cdot n_v\cdot n_o\cdot n_t$	n_x	静态优化 $n_x=1$，详 1.4.4 节
©控制器 c(信号变换环节)		n_c	输出 0 点可调
控制器的初始开环静态增益	通常 $n_c=1$ 或已知	$n_c=1$	
实现静态增益补偿的补偿器	$n_b=1/n_x$	n_b	式(1.23)、式(1.25)
②执行器(信号变换环节)		n_z	输出 0 点可调
线性执行器(直/角行程,定位器)	$x_r\propto$控制器输出 u_r	$n_z=1$	x_r 为相对行程
非线性执行器(凸轮,曲柄连杆)	与凸轮形状有关	n_r	可改变凸轮等进行补偿
线性调速器(如变频器等)+电机	$x_r\propto$控制器输出 u_r	$n_z=1$	x_r 为相对转速
Ⓥ调节机构(实体控制环节)		n_v	x_r 为执行器相对输出
无泄漏调节机构:输出泄漏=0	相对输出 $g_r=x_r^{nv}$	n_v	x_r 为执行器相对行程
线性调压器	电压$\propto$位置,$g_r=x_r$	$n_v=1$	x_r 为相对电压
PWM 线性功率调节器	接通$\propto PWM$,$g_r=x_r$	$n_v=1$	x_r 为相对 PWM 有效值

控制环节名称		调节特性计算公式	特性指数	备注
调速电机驱动的调节机构,如给煤机		给煤量$\propto$相对转速 x_r	$n_v=1$	
调速电机驱动的泵与风机		$x_r=(r-r_0)/(r_{100}-r_0)$		r_0 为输出 $g=0$ 时的转速
调速泵/风机	调速(鼓/引/通/排)风机 $r_0=0$	流量$\propto x_r$,$g_r=x_r$	$n_v=1$	势差/压缩性略
	无背压系统的调速离心泵 $r_0=0$	流量$\propto x_r$,$g_r=x_r$	$n_v=1$	进出口势差$=0$
	闭式循环系统调速离心泵 $r_0=0$	流量$\propto x_r$,$g_r=x_r$	$n_v=1$	详4.4和4.6节,可调相对转速 $x_r=(r-r_0)/(r_{100}-r_0)$
	有正背压的调速离心泵 $r_0>0$	$g_r=x_r^{n_v}$	n_v	图 4.4-3
	可正反转调速齿轮水泵	流量 $g_r=x_r^{n_v}$	n_v	图 4.6-1
	调速活塞泵和高黏度齿轮油泵	流量$\propto x_r$,$g_r=r_x$	$n_v=1$	
	有泄漏调节机构			
调速泵/风机	工频离心泵+调速活塞泵	可调特性指数为1	$n_v=1$	分段投入工频离心泵
	有负背压的调速离心泵		通常不用	详4.4节
	有负背压不能反转齿轮水泵		通常不用	
调节阀	直通调节阀特性	$n_v=f$(固有特性,P_v)	n_v	举例:图3.3-3~图3.3-5
	直通调节阀优选	用 n_v 补偿调节对象	$n_v=1/n_o$	举例:详9.4节
	互补(总流量不变)三通调节阀	利用直通调节阀资料	n_{va},n_{vb}	n_{va},n_{vb} 图3.4-4
泵+阀	调速泵与调节阀组合系统			另详
◎调节对象(实体控制环节)			n_o	
调节对象通用表达式(本质无泄漏)		$q_r=g^{n_o}$	n_o	
有泄漏调节机构对调节对象特性的改变		$R_q=R^{n_o}$,$n_o'=f(n_o,R)$	n_o'	图3.3-6
电热	线性调压器调功率,如电加热	功率$\propto$(电压)^2,$q_r=g_r^2$	$n_o=2$	g 为相对电压
	PWM 线性调功率,如电加热	功率$\propto PWM$,$q_r=g_r^1$	$n_o=1$	g 相对接通时间比
流体换热器	完全混合	量调蒸汽给液体混合加热/冷却	热量$\propto$汽量 G,$q_r=g_r$	$n_o=1$	相容无反应/汽不过量
		量调蒸汽给气体混合加湿	加湿量$\propto$汽量,$q_r=g_r$	$n_o=1$	相容无反应/汽不过量
		量调流体给液体混合加热/冷却	热量$\propto$源流量,$q_r=g_r$	$n_o=1$	相容无化学反应
		质调流体给流体混合加热/冷却	$Q_r\propto\Delta t$,$q_r=g=\Delta t/\Delta t_{100}$	$n_o=1$	相容无化学反应
		液体与气体接触式热质交换	冷却塔/喷雾室 $q_r=g_r^{n_o}$	n_o	另详
	不接触	量调蒸汽加热器/蒸发器	$Q\propto$汽量 G,$q_r=g_r$	$n_o=1$	无过冷/无过热
		热水供暖量调节特性指数	$q_r=g_r^{n_o}$	n_o	图6.4-2
		空调常用水-干空气换热器	$q_r=g_r^{n_o}$	n_o	详6.4.4节
		其他两侧流体无相变换热器	$q_r=g_r^{n_o}$	n_o	另详
		表面式空气冷却器中的热质交换	$q=g_r^{n_o}$	no	详6.5.5节
流量-流量控制对象		$q_r=g_r$	$n_o=1$	
流量-差压控制对象		差压$\propto L^2$,$q_r=g_r^{1/2}$	$n_o=1/2$	
燃料-热量控制对象		$q_r=g_r^{n_o}$	$n_o\approx1$	$Q<$设计值通常效率下降

控制环节名称	调节特性计算公式	特性指数	备注
①传感器(信号变换环节)		n_t	输出 0 点可调,详 7.7 节
控制差压的差压传感器	$v_r = q_r^1$	$n_t = 1$	注意:同样的传感器,对
控制流量的差压传感器	$v_r = q_r^2$	$n_t = 2$	不同目标的 n_t 不同
控制流量的流量传感器	$v_r = q_r^1$	$n_t = 1$	
各种线性传感器	$v_r = q_\iota^1$	$n_t = 1$	
各种非线性传感器	$v_r = q_r^{n_t}$	n_t	

第 2 章 确保全工况舒适节能的"恒扩展体感温度"空调供暖

        舒适性空调供暖的目标是最大限度满足在室人员的热舒适度，研究影响人体热舒适度的因素，确定能够确保全工况舒适节能并有利自动控制的空调供暖目标参数，对空调供暖系统全工况数字优化有决定性意义。

        百年来国内外对影响人体热舒适度的因素进行了卓有成效的研究，并制定了相关标准与规范。代表性研究成果有"有效温度"和"体感温度"系列等，都力图部分或全部考虑空气温湿度、风速、热辐射、衣着、人体代谢等因素对人体热舒适度的综合影响。令人遗憾的是，相关成果没有得到实际工程应用，现仍采用单一温度控制的恒温空调供暖，因此"空调病"和大能耗一直困扰着业界。本章在国家标准《民用建筑室内热湿环境评价标准》GB/T 50785—2012 术语"体感温度"的基础上，提出了"扩展体感温度"（扩展考虑了室内外热环境差、自然风、群体密度、声/光/色/景等带主观因素的热湿效应），从而实现全工况舒适节能空调供暖，实质上是能够确保全工况舒适节能的恒"扩展体感温度"空调供暖。工程中采用高集成单片计算机、传感器、数字化等新技术，全工况舒适节能空调供暖不但能确保全工况体感舒适（减少"空调病"）和节能，且造价低、可靠性高，用户操作与原传统恒温系统一样便捷（恒温是其特例），同时促进空调与供暖的设计、设备、控制仪表等的创新升级。

2.1 人体热舒适感的综合性和"虚实"（"实部"和"虚部"）性

        本章主要基于影响人体热舒适（人体冷热感觉）的因素进行分析和综合，可分为"实部"和"虚部"两大类。

2.1.1 "实部"

        "实部"以客观影响为主，即考虑人体热湿平衡——人体与环境的热湿交换。

        人体因素：代谢（活动/性别/年龄）、衣着等。

        热环境因素：空气的（干球）温度（t_a）、相对湿度 ϕ、风速 v、热辐射强度 t_r 等。此外还有大气压的影响，如果变化不大时，影响比较小，所以本处暂不讨论。

        "人体热湿平衡取决于人体与环境的热湿交换"，是"实实在在"的，所以可称为"实部"。如果人体产生的热量约等于向环境散发的热量，表示实现了平衡，则感到舒适；如果人体产生的热量大于向环境散发的热量，则会自动提高体温，以达到新的平衡，就会感到热；如果人体产生的热量小于向环境散发的热量，则会自动降低体温，就会感到冷。两者差别越大，感觉越不舒服，以至于得病，甚至会危及生命。

        以前的研究，大多以影响人体舒适的"实部"因素为主。

2.1.2 "虚部"

以主观感觉为主："人体的冷热感觉"的另外一部分主要带有"感情"色彩，不能完全用物理的方法进行研究。影响人体的热感觉的"虚部"因素举例：

（1）相对体感

由于室内外热环境差别，将产生一种相对体感。室内外热环境差别过大，将产生人体不舒适感，还会发生"空调病"。如夏季外温高时，进入正常空调房间会感觉到冷，或者说"身体感觉的温度"（称为体感温度）比实际温度略有下降，反之亦然。

（2）动态体感

例如，即使平均风速相同，夏季自然风可产生更好的舒适度，即相当于体感温度略有下降；冬季送风温度不高，风速偏高，又会带来人体的不舒适感。

（3）群体热效应

例如，影剧院、歌舞厅、电梯厅、高铁候车室、地铁站厅和展览（博物）馆等人员密集场所，即使其他参数相同，人员密集时，特别是当人员拥挤时，也会感到热度增加，即产生群体热效应。

（4）声/光/色/景等场景因素的影响

例如：冬季采用"暖"的色景，体感温度将"升高"；夏季采用"清凉"的颜色和安静的景，"心静自然凉"，可使体感温度降低。

因此，人体的热舒适实际上是多因素综合作用的结果，具有综合性、相对性、动态性、情感性……或者说：热舒适实际上是"虚实"（主观、客观）结合的效果。

2.2 关于人体热舒适度的研究和空调供暖现状

2.2.1 关于人体热舒适度的研究成果举例

不论研究题目的称谓如何，对热舒适度研究的目的都是力图用一个综合指标（参数）表示影响人体热舒适度的热环境的部分或全部参数，从而方便实际应用，例如实现简单的单参数控制。代表性研究成果举例见表 2.2-1。

对影响人体热舒适度因素的研究成果和标准、规范举例　　表 2.2-1

序号	热舒适指标	考虑因素	特点、标准、规范举例
1	有效温度 ET（1925）	t_a、t_s、v	做出了大家熟悉的"鱼儿图"，各国用了约 50 年。过高估计了湿度在低温下的影响，现已不使用
	修正有效温度 CET	t_r（150mm 黑球）、t_s、v	
	标准有效温度 SET	t_a、t_r、ϕ、v、clo、M	SET 考虑全面各种因素，但计算复杂。美国 ASHREA 55-1992 采用了 SET 的有限形式 ET，冬 ET^*＝20.0～23.6℃，夏 ET^*＝22.8～26.1℃
	新的有效温度 ET^*（SET 简化形式）	t_a、t_r、ϕ、坐姿 冬 0.9clo 夏季 0.5clo	

序号	热舒适指标	考虑因素	特点、标准、规范举例
2	平均热感觉指数 PMV（20世纪60年代起）	热平衡＝人体产热－散热＝0 或 $F(t_a, t_r, P_d, v, clo, M)=0$	丹麦 P. O. Fanger 经大量实验得到 PMV 公式并改进《热环境的人类工效学　通过计算 PMV 和 PPD 指数与局部热舒适准则对热舒适进行分析测定与解释》GB/T 18049—2017/ISO7730:2005，有 PMV 公式和程序
3	体感温度 t_{op}	clo、M、PMV 定：$t_{op}=f(t_a, \phi, v)$	1984 年 Robert G. Steadman，中央气象局曾经引用
	体感温度 t_{op}	clo、M、PMV 定：$t_{op}=f(t_a, t_r, \phi, v)$	《民用建筑室内热湿环境评价标准》GB/T 50785—2012，相关公式或图，本书将图公式化
4	扩展体感温度 t_g	clo、M、PMV 定：$t_g=t_{op}+\Delta t_o+\Delta t_z+\Delta t_q+\Delta t_s$	本书在《民用建筑室内热湿环境评价标准》GB/T 50785—2012 的基础上提出并开展实际应用

注：1. 有效温度 ET 等和体感温度 t_{op} 都是研究影响人体舒适的"实部"因素；扩展体感温度考虑全部"虚部"及"实部"影响因素；

2. "实部"因素：t_a——空气温度（℃），ϕ——相对湿度（%）或 P_d——水蒸气分压，t_r——热辐射温度（℃），v——风速（m/s），clo——衣着，M——代谢；

3. 当 clo、M 一定，可采用各种影响转化为温度增量：Δt_d——湿度影响增量，Δt_r——热辐射影响增量，Δt_v——风速影响增量；

4. "虚部"因素：Δt_o——内外温差产生的相对体感，Δt_z——自然风产生的动态体感，Δt_q——群体热效应，Δt_s——声光色景等影响。

（1）有效温度系列

以客观热环境为出发点，研究其对人体舒适度的有效影响，用有效温度 ET 表示。

（2）平均热感觉指数 PMV

平均热感觉指数 PMV 也可以说是一种评价热环境舒适度的方法。公共场所不可能做到100%满意，只能采用统计平均数的方法，达到一定的满意度，例如Ⅰ级热湿环境的平均热感觉指数 $PMV \geqslant 90\%$（见《热环境的人类工效学　通过计算 PMV 和 PPD 指数与局部热舒适准则对热舒适进行分析测定与解释》GB/T 18049—2017/ISO7730:2005 和文献 [2] 等）。

（3）体感温度系列

以人体主观感受为出发点，研究人体对于客观环境冷暖程度的感受，用体感温度表示。

实质上，各种对有效温度和体感温度的研究都力图部分或全部考虑热辐射、气温、风速、相对湿度、衣着、活动率等"实部"因素对人体舒适度的影响，只是采用了不同的表达方式。而且大多是用大家习惯的"温度"表示，所以本质一样，即都是用物理方法研究人体热湿平衡（人体与环境的热湿交换）。不同的是，有效温度是研究客观热环境对人体舒适度的有效影响，体感温度是研究人体对客观环境的主观感觉。

遗憾的是，研究成果通常只用于分析问题和建立标准与规范，近年来体感温度也只用于特殊天气预报，但并没有得到实际空调供暖工程应用。而且，现行标准、规范中的有效温度和体感温度都只考虑了"实部"环境因素的影响，而没有考虑许多重要的"虚部"因素。

本书在以往提出的体感温度基础上提出了扩展体感温度，即全面考虑影响人体舒适的客观（实部）和主观（虚部）因素，并且阐述将它能够用于工程实际的全工况舒适节能空调供暖——恒扩展体感温度空调供暖的原理和实施方式。

据此申请的发明专利"一种全工况空调末端节能控制方法"，已经获得国家专利局受理，进入实审。

2.2.2　体感温度与我国现行的相关标准（规范）简介

体感温度（operative temperature，缩写 t_{op}）是指人们对热舒适度的感觉，是人通过自己的感觉器官，尤其是皮肤与外界环境接触时在身体上、精神上所获得的一种感受，并且用"温度"表示这种感受。当代谢率/衣服、性别/年龄、地域/习惯等一定时；体感温度与空气温度、湿度、风速、热辐射等因素有关。关于体感温度的资料很多，本书依据《民用建筑室内热湿环境评价标准》GB/T 50785—2012 进行了扩展，即本书提出的扩展体感温度。其理由如下：

（1）依据现有国家标准扩展。

（2）体感温度考虑了空气温度、湿度、风速、热辐射、衣着和人体代谢等对人体舒适度的影响，并且给出了Ⅰ级热湿环境（平均热感觉指数 $PMV \geqslant 90\%$）的图表等资料。

（3）中央气象台已经有体感温度预报，如图 2.2-1 所示，图（a）表明，夏季高湿体感温度比气温高得多，更闷热；图（b）表明，冬天高风速使体感温度比气温低得多，更寒冷。

（4）更重要的是，体感温度提供了扩展研究的接口，即本书提出的扩展体感温度；不但考虑影响人体舒适的"实部"（客观）因素，而且能够有效考虑"虚部"（主观）因素。

（5）控制器的使用/设定界面可与传统恒温系统一样，只需将原来的控制目标温度定义为扩展体感温度，并同样可根据个体差异和具体室内外场景进行设定。可在单片机进行编程，实施数字化、智能化的控制。显然，采用传统的控制器和设定界面不能实现对扩展体感温度的有效控制。以集中式空调系统的常用末端——风机盘管为例，仅能实现设定温度的控制，设定温度的变更以及面板上的风速控制，都需要手动调节。若采用预计平均热感觉指标 PMV，控制也简单，但控制器使用/设定界面与当下传统恒温方式采用的控制器会完全不一样，根本的问题是依旧无法实现扩展。

(a)　　　　　　　　　　(b)

图 2.2-1　天气预报截图

（a）2022 年 7 月 24 日；（b）2022 年 11 月 29 日

2.2.3　空调供暖系统控制的现状

如前所述，国内外至今依旧普遍采用恒温空调/恒温供暖，有关体感温度的众多标准和规范仅仅是用来分析问题，具体项目难以落地实施。因此，"空调病"（1983 年世界卫生组织提出了病态建筑综合征）和空调供暖能耗大一直困扰着人们。同时，不同建筑的不同室内人员使用场景和联动室外气候变化条件下，室内人员难以获得满意的舒适度。

现在的民用建筑的舒适性空调供暖实质上都是按照单参数控制传统恒温空调供暖设计运行，只是设定温度和控制精度不同罢了（如现在宣传"恒 X"的概念）。实际上，当室外高温时，人员如果进/出空调房间，由于内外温室差大，若新风不足、空气清洁度低，就会感到难受，还可能得"空调病"；反之，冬季供暖也有相似的情况，人们将感到太热太干燥，也很难受。

现在的恒温空调供暖设定温度（坐姿轻工作）的通常取值（文献［2］），可以作为恒扩展体感温度空调供暖的设定扩展体感温度：

冬季（衣着 1.0clo）：Ⅰ级 22～24℃，Ⅱ级 18～22℃；

夏季（衣着 0.5clo）：Ⅰ级 24～26℃，Ⅱ级 26～28℃。

2.3　全工况舒适节能恒"扩展体感温度"空调供暖及其实质

2.3.1　舒适节能恒"扩展体感温度"空调供暖的依据

关于人体热舒适的最新的研究成果，都可作为部分实现全工况舒适节能恒"扩展体感温度"空调供暖的基本依据。本书选择了能够提供扩展研究方向和接口的体感温度，并提出扩展体感温度，可更加全面地考虑影响人体舒适度的各种"虚、实"因素。

（1）体感温度

上文已经确定采用《民用建筑室内热湿环境评价标准》GB/T 50785—2012，即采用体感温度定量表示空气温度、湿度、热辐射、风速、衣着、代谢率等多因素对人体热舒适度的综合"实部"作用。当地域习惯、人体代谢、衣着、PMV 一定时，室内体感温度按式（2.1）计算：

$$t_{op} = t_a + \Delta t_d + \Delta t_r + \Delta t_v \tag{2.1}$$

式中，　　　t_a——空气干球温度（℃）；

Δt_d、Δt_r、Δt_v——分别为湿度、热辐射、风速对体感温度的影响（℃）。

因此，采用体感温度 t_{op}，利用分离变量法，可将复杂的多变量问题转化成了分别对 t_a、Δt_d、Δt_r、Δt_v 几个单变量问题的研究。

《民用建筑室内热湿环境评价标准》GB/T 50785—2012 给出了热辐射的计算公式，以及湿度、风速对体感温度影响的算图，它们就是实现舒适节能变参数空调供暖的部分依据。有两种确定舒适体感温度的方法：①直接利用《民用建筑室内热湿环境评价标准》GB/T 50785—2012 计算图表，此时需要把图表保存到控制器，数据量大，使用麻烦；②根据图表求得 Δt_d、Δt_r、Δt_d 等的计算公式，使用就非常方便。所以，本书采用方法②。

（2）扩展体感温度

然而，上文介绍的体感温度实际上只考虑了室内温度、湿度、热辐射、风速、衣着、代谢等"实部"因素对体感温度的影响，还没有考虑许多"虚部"因素的影响。

在此，有必要再次说明采用扩展体感温度的重要原因。有效温度是"客观"存在的温度；而体感温度是"主观感觉的温度"，可进行扩展；人体实际感觉是主观和客观共同产生的结果，其"客观"部分（"实部"）基本与有效温度相同，而"主观"部分（"虚部"）则不能用有效温度表示。然而，如果将体感温度进行扩展，就能同时表示"客观"和"主观"部分了！所以本书在《民用建筑室内热湿环境评价标准》GB/T 50785—2012体感温度的基础上，提出了扩展体感温度，即最终是从满足在室人员的舒适感出发，囊括各种对人的影响因素，并经数理运算，转化成扩展体感温度：

$$t_g = t_{op} + (\Delta t_o + \Delta t_z + \Delta t_q + \Delta t_s + \cdots\cdots) \tag{2.2}$$

式中，t_g——扩展体感温度，综合反映"实部"和"虚部"的影响；

$\quad\quad t_{op}$——体感温度，见式（2.1），为扩展体感温度的"实部"；

$\quad$（　）内——其他增量之和，为扩展体感温度的"虚部"；

$\quad\quad \Delta t_o$——因室内外温差而产生的相对体感温度差；

$\quad\quad \Delta t_z$——因自然风等风速变化而产生的动态体感温度差；

$\quad\quad \Delta t_q$——因密集人员的群体热效应而产生的体感温度差；

$\quad\quad \Delta t_s$——因声、光、色、景等而产生的体感温度差。

需要指出，式（2.2）中括号内"虚部"的内容，还可以考虑其他因素进行扩展，且不受限制。

显然，应用体感温度和扩展体感温度，就将复杂的多变量系统简化成了单变量系统，而且扩展体感温度还可按需要进行扩展。

2.3.2　全工况舒适节能恒扩展体感温度空调供暖的实质

实质上，全工况舒适节能恒扩展体感温度空调供暖就是控制实现满足人体舒适的扩展体感温度，而不是单一的温度参数。因此，采用模拟控制器根本无法实现，且老式传感器价高、稳定性差，这也是以前只能采用传统的恒温空调/供暖系统的重要原因。扩展体感温度采用性价比好、可靠性高的单片计算机、传感器、数字化等新技术，提出了全工况舒适节能恒扩展体感温度空调供暖和实施方案（见图2.3-1和表2.3-1，详见2.3.3节）。

为了保持人们的习惯，与恒温空调供暖一样，以标准工况（相对湿度$\phi = 50\%$，风速$v \leqslant 0.1 \mathrm{m/s}$，无热辐射，不考虑室外热环境的相对影响）时的舒适温度为设定值，当条件改变时"设定温度"自动变成"扩展体感温度设定值"，即将所有对热舒适的影响因素都放在扩展体感温度中一并考虑。所以，全工况舒适节能恒扩展体感温度空调供暖也就可视为恒体感温度空调/供暖。简而言之，全工况舒适节能恒扩展体感温度空调供暖就是恒体感温度空调供暖，传统的恒温空调供暖是全工况舒适节能恒扩展体感温度空调供暖的特例。

2.3.3　恒扩展体感温度空调供暖系统简介

尽管图2.3-1、表2.3-1和实施方式中的顺序号看起来比较多，但实际使用很简单，这是因为：

（1）用户操作与恒温空调供暖一样简单，只要根据个人习惯设定标准工况（$\phi = 50\%$，其他$\Delta t_x = 0$）的舒适温度，内部控制器自动按扩展体感温度控制。

（2）多数输入参数为常数，有些参数内部输入，无需传感器。

（3）各种计算都由控制器的计算单元自动完成，如针对相关输入、输出参数，可利用通用型单片机的开发资源（ROM、RAM、EPROM、I/O口等）。现在市场上物联网主流应用的32位单片机销售价格低到几元，价格十分低廉。

（4）必须安装的温湿度计（t_a，ϕ）价格低，如某带数显的蓝牙温湿度计15.99元/只，普通温湿度传感器则价格更低。

（5）大系统的许多参数可在编程时批处理写入房间控制器。

（6）大系统的室外t_o（通常可用温湿度求得体感温度t_o），同样价格低廉，可集中测量并传输到各房间控制器。

（7）有的房间空调器产品已经带有室外新风供给。

如果辐射热、湿度、风速、室内外温差等改变，相应会改变人体感觉，即改变扩展体感温度；或者说只有确保舒适的扩展体感温度，才能在任何条件下满足人体舒适感。例如，如果夏季提高风速，扩展体感温度降低，室内温度可提高到27～30℃；冬季提高湿度，室内温度可降低至15～18℃。又如，可适当减少室内外温差，即夏季室外越热，室内外过度区域（如大堂、门厅等）的温度可适当提高；冬季室外越冷，过度区域的温度可适当降低。这样，不但可以降低内外温差，减少"空调病"，并且节能。所以，我们提出了扩展体感温度，并且提出了恒扩展体感温度空调供暖。

综上，按新的理念——扩展体感温度进行控制，就可以实现全工况舒适节能恒扩展体感温度空调供暖。简言之，显示面板上同样是室内温度t_n（℃），和控制器一道，已经成为一个扩展体感温度的系统，此处的t_n（℃）已经成为包括"实部"和"虚部"的扩展体感温度的$t_n=t_g$（℃），由于具有有效的自动控制功能（数字化的落实），将充分满足室内人员热舒适指标，并消除不必要的建筑用能浪费。

2.3.4　恒扩展体感温度空调供暖控制器简介

（1）恒扩展体感温度空调供暖控制器框图见图2.3-1。

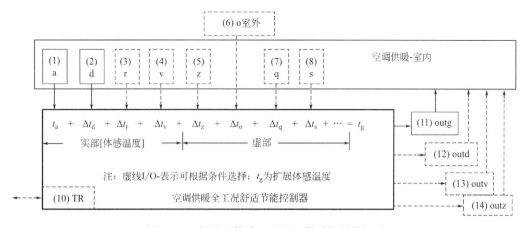

图2.3-1　恒扩展体感温度空调供暖控制器框图

（2）扩展体感温度空调供暖控制器简介见表2.3-1。

表 2.3-1

扩展体感温度空调供暖控制器简介（详见 2.4 节）

分类	编号标志	名称	参数	选择	夏季	冬季
体感温度输入项	(1)t_a	空气温度	t_a	必须	用温湿度计直接测温度（℃）和相对湿度湿度 ϕ（%）①	用温湿度计直接测温度（℃）和相对湿度湿度 ϕ（%）①·$\Delta t_d \approx 4.1848 k_d \left[(\phi-5)/100\right] e^{0.06196 t_a}$（℃）　(2.3)
	(2)d	湿度影响	Δt_d		$k_d=0.16$	$k_d=0.12$
	(3)r	热辐射影响温度 T——绝对温度（K）	Δt_r	可选	辐射供暖/地下室/保温结构的外围结构考虑 Δt_r，其他可取 $\Delta t_r\approx0$。间接测辐射面加权平均温度 t_f：$\Delta t_r/\Delta t_r' \approx (T_f^4-T_a^4)/(T_f'^4-T_a'^4)$　(2.5)。地下室可节能，注意窗户隔光	直接测辐射影响温度 t_r，①·$\Delta t_r = t_r - t_a$；　(2.4)['为设计/已知工况]。辐射供暖舒适节能显著·可利用阳光
	(4)v	风速影响	Δt_v	可选	调送风角角度，风速仪测 v①/间接测 $v=f(转速)$②·$v\geq0.1\text{m/s}，\Delta t_v=-3.63(1+\log v)\leq0$　(2.5)	调出风角③：$v<0.\text{m/s}，\Delta t_v=0$
	(5)z	自然风效应	Δt_z	可选	试验确定 $\Delta t_z\leq0$，未发明采用 outg 组合控制	调节出风角③：$v\approx0，\Delta t_z=0$
扩展体感温度增加输入项	(6)o	室外参数 t_o——对热舒适度影响	Δt_o	可选	直接测①/通信⑥/气象台/过渡季/定时程序启停·$\Delta t_o=-2.0℃$；$t_o\leq30℃：f(t_o)=0；t_o\geq37℃$；$30℃>t_o>37℃：f(t_o)\approx-0.75(t_o-30)0.5℃$　(2.7)	$\Delta t_o=k_o * f(t_o)$ 系数 $k_o=0\sim1$　(2.6) $t_o\leq8℃：f(t_o)=4℃；t_o\geq15℃：f(t_o)=0$；$8℃>t_o>15℃：f(t_o)\approx4-0.75(t_o-8)0.86℃$　(2.8)
	(7)q	群体热效应	Δt_q	可选	间接测量人数②·剧院/舞厅等人密集区·实验确定·$\Delta t_q=f(人数/密集区面积)\geq0$。提高舒适度	$\Delta t_q=f(人数/密集区面积)\geq0$
	(8)s	色景热效应	Δt_s	可选	冷色调 $\Delta t_s<0$ 舒适节能·试验确定·输入常数④	舒适节能
	(9)……	扩展备用		可扩	研究开发用·进一步展	热色调 $\Delta t_s>0$ 舒适节能·试验确定·输入常数④
	(C.0)TR	TR 通信接口	T/R	可选	可采用 RS485·短距 WiFi·4G/5G 手机 App·电源线载波·等	

续表

分类	编号标志	名称	参数	选择	夏季	冬季
● 控制输出	(11)	主控输出	outg	必须	输出设备和控制输出见，$g_{out}=f(t_g-t_{set})$，控制策略略可同恒温（开关，模糊，智能等），可升级	
	(12)	控制湿量	outd	可选	湿度高时，盘管（表冷器）有除湿作用	干燥地区 $\varphi<40\%$ 可开关控加湿器
	(13)	控平均风速	outv	可选	手调风向，工作区风速满足要求，$v=f(转速)$ ②	手调风向，使工作区风速 $v\approx0$，$\triangle t_v=0$ ⑤
	(14)	控自然风	outz	可选	可 outg 配合产生近似自然风 $\triangle t_z<0$，可外部控制 ⑦	手调风向，使工作区风速 $v\approx0$，$\triangle t_z=0$ ⑤
● 控制器部件	(15)	显示部件	Dsp	必须	运行显示可同传统恒温控制器，也可升级；如采用触摸屏显示器	则 Dsp 与 Set 合并
	(16)	设定键盘	Set	必须	用户设定 设定值同恒温，但设定值为扩展体感温度 t_{gset} ⑦	调试/调适设定：可按菜单/通信/批量编程
	(17)	硬件-核心		必须	单片（计算）机数字化/体积小，功耗低，价格低，高集成，包括各种存储器，AD,DA,I²C,时钟，"看门狗"，TR，I/O……	
	(18)	软件-特征	t_g	必须	特点：主控制目标为扩展体感温度 $t_g=t_a+\triangle t_d+\triangle t_r+\triangle t_v+\triangle t_z+\triangle t_o+\triangle t_q+\triangle t_s+……$，策略见 outg	
	(19)	电源	……（可扩展）	必须	常规	

注：
1. "可选"的输入不一定安装传感器，"可选"的输出不一定安装执行器，其"可选"的方式编号意义如下：输入：①直接测量；②工作区不便测量；②工作区风速自动变化；量；④调试时人工输入常数；⑤无关或=0；⑥通信输入；输出：①单/多开关控制；②$0\sim5V/4\sim20mA$；⑤无；⑥通信控制（如手机 App）；⑦外部控制；也可升级；⑧t_{gset}，按 t_o 启/停，时序自动变化；
2. 输入：①直接测量；②工作区不便测量；⑧工序自动变化；
3. 控制器形状/用户设定/控制策略等可与现有恒温控制器相同，也可升级；本质不同之处是：本发明的设定值和主控制目标为扩展体感温度；
4. 用户设定可采用现行规范/手册的设定范围作为扩展体感温度的设定范围；兼考虑衣着，代谢，习惯舒适度等个体差别。

2.4　具体实施方式

全工况舒适节能空调供暖的是一种新的更完善的设计理念和方法，而恒扩展体感温度空调供暖控制器是实现该设计理念和方法的具体应用。同时，各种影响人体舒适的因素还可增加，输入/输出方式、计算方法、数据精度可不断完善。

根据具体条件和目标，对输入/输出方式可进行优选，并且可设计成系列化全工况舒适节能空调供暖控制器，外形和输入/输出可以相同和不同，根据目标和条件有些参数可不考虑，从而可使应用更加简便。例如：用于辐射供暖、地下建筑、大玻璃外窗房间等的控制器，应该考虑热辐射的影响 Δt_r，其他应用则可取 $\Delta t_r = 0$；夏季空调应利用风速影响 Δt_v＋自然风的动态体感 Δt_z；而只用于供暖，则应该采用 $v = 0$、$\Delta t_v = 0$ 和 $\Delta t_z = 0$；门斗（门厅）、入口等过渡空间和定时启停的房间应该考虑室内外热环境差别的相对体感影响 Δt_o，以减小室内外温差，减少"空调病"；人员密集空间，应该考虑群体密度的心理影响 Δt_q。所以，除考虑室内（干球）温度外，还应考虑其他因素：如湿度影响 Δt_d、风速影响 Δt_v、热辐射影响 Δt_r、自然风的动态体感 Δt_z、室内外热环境差别的相对体感影响 Δt_o、群体密度的心理影响 Δt_q、声/光/色/景等主观热效应 Δt_s 等中的一项或多项，甚至还可增加其他因素，计算并采用扩展体感温度，都属于恒扩展体感温度空调供暖的具体应用。

因为变量多，简化的方法是采取分离变量法分别计算各种因素的影响；同时，首先研究预计平均热感觉指标 PMV、代谢率、衣着、习惯等一定时各种因素的影响。当个体因素变化时，可与恒温控制一样，通过改变扩展体感温度的设定值。

下面按图 2.3-1 与表 2.3-1 中列出的顺序，依次介绍恒扩展体感温度空调供暖控制器的具体实施方式。可选择的输入/输出方式编号意义，具体见表 2.3-1 的表注。

• 体感温度输入与数字化（表 2.3-1（1）至（4）项）：

（1）室内（干球）温度 t_a

输入/测量方法：

t_a 为室内工作区的空气温度，是必须直接采样输入①（表 2.3-1）的最基本的参数，用（干球）温度计（传感器）测量 t_a。有多种价廉物美、体积小的温度和温湿度传感器。通常工作区不便安装温度计，可安装在回风口、回风管内；也可安装在控制器内，但须确保其不受热传递影响，且工作区空气能在控制器内畅通。这一点与恒温空调供暖控制器完全相同。

（2）室内湿度 d

1）输入/测量方法

φ 为室内工作区的相对湿度，必须直接采样输入①（表 2.3-1）的基本的参数，可用相对湿度计测量 φ。湿度传感器品种多，建议采用可靠、价低、体积非常小、使用简单的片式温度传感器＋电容式湿度传感器。

2）计算方法

用 φ 计算湿度对体感温度的影响 Δt_d。

湿度对体感温度的影响请见图 2.4-1（摘自《民用建筑室内热湿环境评价标准》GB/T 50785—2012）。从图 2.4-1 可以看到，当衣着、代谢和 PMV 等一定时，空气含湿量 d 增加，使体感温度增加。由生活常识也知道：夏季在相同温度下，湿度增加会使人感到更加闷热。由图 2.4-1 可得湿度对体感温度的影响：

$$\Delta t_d = k_d \times d \qquad (2.9)^{①}$$

式中，d——湿空气含湿量（g/kg干空气），下图的横坐标。

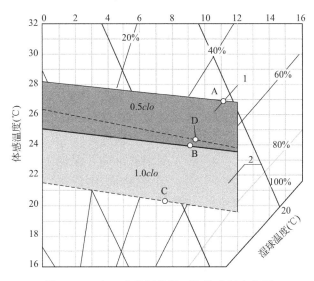

图 2.4-1 人工冷热源热湿环境体感温度范围

根据图 2.4-1，可求得湿度对体感温度的影响系数 k_d：

夏季：服装热阻为 $0.5clo$ 的 I 级区（实线区域）：

$$k_d = \Delta t_{op}/d = 1.9/12 = 0.16 （表 2.3-1）$$

冬季：服装热阻为 $1.0clo$ 的 I 级区（虚线区域）：

$$k_d = \Delta t_{op}/d = 1.4/12 = 0.12 （表 2.3-1）$$

因为 $d = \phi d_{100}/100$，所以式（2.9）变为：

$$\Delta t_d = k_d(\varphi/100)d_{100} \qquad (2.10)$$

式中， φ——相对湿度（％）；

$d_{100} = f(t_a)$——饱和湿空气含湿量（g/kg干空气）。

在 $t_a = 10 \sim 35℃$ 常用范围内，饱和湿空气含湿量与温度的关系表示于图 2.4-2。

可以求得：

$$d_{100} \approx 4.1848 e^{0.06196 t_a} \text{g/kg}_{干空气} \qquad (2.11)$$

如果以 $\varphi = 0$ 为标准

$$\Delta t_d \approx 4.1848 k_d(\varphi/100)e^{0.06196 t_a} \qquad (2.12)$$

因为人们设定恒温空调供暖时，通常按 $\varphi \approx 50\%$（通过图 2.4-1 中的 A、D、B、C）考虑，所以湿度的相对影响为：

$$\Delta t_d \approx 4.1848 k_d[(\varphi-50)/100]e^{0.06196 t_a} （℃）^{②}$$

显然，如果 $\varphi > 50\%$，则 $\Delta t_d > 0$；如果 $\varphi < 50\%$，则 $\Delta t_d < 0$。

---

① 式（2.3）～式（2.8）见表 2.3-1。

② 见表 2.3-1。

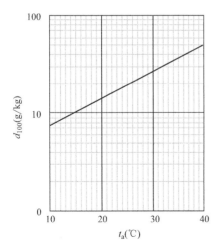

图 2.4-2　饱和湿空气含湿量与温度关系

呼吸散热与 t_a 和 φ 等有关。如对呼吸进行了单独试验，可更加准确计算湿度的影响。

3）优选应用举例

温度/湿度是影响人体舒适的非常重要的参数，温湿度一体化传感器体积小价格低，而且温湿度可相互补偿，提高全工况舒适感。湿度过低，通常可自动/手动开关控制加湿。冬季适度增湿带来舒适感，也有利节能；夏季干燥地区通过加湿可达到降温的效果。

（3）热辐射 r

对辐射供暖、深地下室、保温差的外围结构等，因为热辐射比较大，应该考虑 Δt_r，其他（例如外墙保温好＋窗户隔离阳光）可取 $\Delta t_r \approx 0$。

输入/测量和计算方法：

1）直接用黑球温度计测量热辐射对体感温度的影响 Δt_r

如果用标准黑球温度计测量黑球温度 t_r，则根据文献［1］附录 D.0.2 计算：当空气流速 $v<0.2\text{m/s}$，或者 $\Delta t_r<0.4℃$ 时，各种条件下热辐射对体感温度的影响：

$$\Delta t_r = t_r - [At_a + (1-A)t_r] = A(t_a - t_r) \tag{2.13}$$

式中，A——系数，按表 2.4-1 取值。

系数 $A^{［1］}$　　　　　　　　　　　　　表 2.4-1

空气流速（m/s）	<0.2	0.2～0.6	0.6～1.0
A	0.5	0.6	0.7

1977 年，汉苏莱斯推荐用 $d25 \sim d40$ 的黑球温度计测量黑球温度 t_r，则可以不考虑对流散热对黑球温度计的影响。于是热辐射对体感温度的影响：

$$\Delta t_r = t_r - t_a \tag{2.14}$$

可见，对能够安装黑球温度计的空间，直接测量 t_r，利用式（2.13）、式（2.14）计算 Δt_r，简单、准确，且可考虑各种因素。

2）间接测量

对于不能够安装黑球温度计的空间，只能间接测量。

根据文献［15］和［2］，民用建筑辐射供暖采用常温（人员经常停留地面低温辐射供暖表面平均温度温度 $t_f<29℃$）、民用建筑供水温度宜采用 $35 \sim 45℃$（$t_f<45℃$），$\Delta t_r' \approx 2 \sim 3℃$。

请特别注意：板面温度 $t_r>37℃$ 时，辐射板都必须安装在人不可触及的位置。

辐射传热和对流传热之和应满足房间所需供热量的需求。辐射传热量和对流传热量可根据室内温度和辐射板表面温度以及辐射板安装形式等求出。根据辐射传热原理，文献［15］和［2］给出了计算单位面积辐射传热量 q_f 的公式，用绝对温度表示则为：

$$q_f = 5 \times 10^{-8}(T_f^4 - T_{ff}^4)\text{W/m}^2 \tag{2.15}$$

式中，T_f——辐射供暖板面加权平均（绝对）温度，或称为代表温度（K）；

$\qquad T_{ff}$——非辐射供暖板面加权平均（绝对）温度（K）。

由于 T_{ff} 的测量比较复杂，但空气干球温度 T_a 通常在 T_f 和 T_{ff} 之间，而且运行稳定后，内围护结构（通常面积比例大）无传热，所以表面平均温度将趋向空气温度 T_a。至于外围护结构的内表面温度冬季比 t_a 略低，这一方面增加内部辐射传热，提高 Δt_r；另一方面，外围护结构的内表面也成了一个相反的辐射传热面，将减少 Δt_r，这两种相反的影响可有一定程度抵消。所以为简化，就将用 T_a 近似取代 T_{ff}。但是，如果外围护结构保温很差，则应该作为辐射面处理，参加辐射供暖板面加权平均（绝对）温度 T_f 的计算。另外对深地下室，外侧为厚土壤的围护结构的表面温度同样可作为部分辐射面温度，参与辐射面温度的加权平均。

其次，影响辐射供暖效果的因素很多，例如辐射供暖种类、各种面积的比例（如地面辐射供暖的辐射供暖面积与总面积之比）和空间关系、辐射传热和对流传热的比例等，因此计算和测量都较复杂。所以我们采用相对计算和测试方法，可使各种因素的影响相抵消，于是可得到：

$$\Delta t_r / \Delta t_r' = q_f / q_f' = (T_f^4 - T_{ff}^4)/(T_f'^4 - T_{ff}'^4) \approx (T_f^4 - T_a^4)/(T_f'^4 - T_a'^4) ①$$

式中，角标'——表示已知工况参数的标志。

设计时：采用设计工况参数 $\Delta t_r'$、T_f'、T_{ff}'、T_a'；

运行时：在调试/调适中根据式（2.13）或式（2.15）测定 $\Delta t_r'$、T_f'、T_{ff}'、T_a'（为提高精度，测点应接近设计工况）。

因此，对于不同方式的辐射供暖，都可用式（2.4）近似计算 Δt_r。而且用途、供暖方式、内部布置、各种表面空间关系等相同的房间的数据可以共用，从而简化了调试/调适。

① 如果热辐射不变，只要在调试时测量 Δt_r，将 Δt_r 写入控制器，运行时就不必安装热辐射仪。

② 如果无热辐射，$\Delta t_r = 0$，调试时写入控制器。

3）优选应用举例

显然，冬季辐射供暖、夏季辐射供冷可以节能。

如果 $t_f \geqslant t_a$，如冬季辐射供暖、夏季外窗等，则 $\Delta t_r \geqslant 0$；如果 $t_f < t_a$，如夏季辐射供冷、冬季外窗等，$\Delta t_r < 0$。

所以应特别注意：冬季必须利用热辐射，但无阳光时，玻璃窗必须隔离，防冷辐射。相反，夏季必须防止太阳热辐射，玻璃窗等必须进行隔离。

对地下建筑：由于大地传热延时，夏季可能出现 $t_f < t_a$、$\Delta t_r < 0$；冬季可能出现 $t_f \geqslant t_a$、$\Delta t_r \geqslant 0$。这就是所谓的冬暖夏凉现象，对空调供暖节能有利。

（4）风速 v

在舒适的环境中，如果提高风速就会感到比较"冷"，所以 $\Delta t_v < 0$；但是如果适当提高温度，则两个作用相抵消，可以达到舒适的状态。在夏天，因为风扇的功耗远少于制冷功耗，因此可以用独立风扇适当提高风速，从而确保既舒适又节能；而对于供暖运行状态，则取 $v = 0$。

---

① 见表 2.3-1。

输入/测量方法：

1）直接测量

2）间接测量

工作区的空气流速的实时测量往往会影响工作，可以在调试/调适时测量输入控制器。即使是自然风，也可以在调试/调适时测量求得平均风速，输入控制器。对变风量空调，则可标定工作区风速：

$$v = kv \times v' \tag{2.16}$$

式中，k_v——标定的系数；

v'——送风口或者回风口的风速（m/s）。

3）用相关参数换算

如果采用双（多）速风机或变频风机，可用转速换算风速，运行时就不必安装风速计。

4）$\Delta t_v =$常数时，则在调试时测量 v，将 Δt_v 写入控制器，运行时也不必安装风速计。

5）$v = 0$

Δt_v 的计算：

根据图 2.4-1[1]，将 $v \geqslant 0.1$ 的 $-\Delta t_v$ 与空气流速 v 的关系表示在图 2.4-4，可得到：

$$-\Delta t_v \approx 3.63 + 3.53\log(v)$$

$$\Delta t_v \approx -3.63 - 3.53\log(v) \leqslant 0℃①$$

6）优选应用举例

式（2.5）表明提高风速，使体感温度降低（图 2.4-3）。这对夏季空调有利，特别是过渡区，可取较大的风速。对冬季供暖则不利，应该取 $v = 0$，或者 $v < 0.1$m/s。

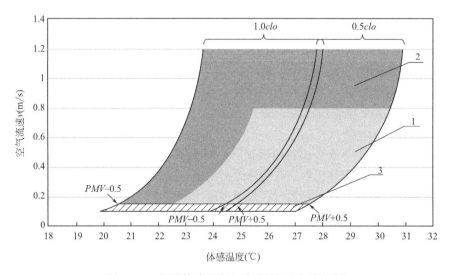

图 2.4-3 抵消体感温度上升需要的空气流速图

• 扩展的体感温度增加的输入与数字化（表 2.3-1（5）至（8）项）：

---

① 见表 2.3-1。

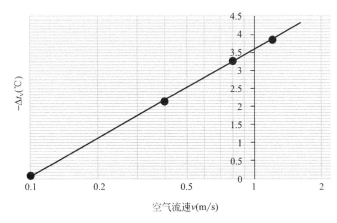

图 2.4-4　空气流速对体感温度的影响

（5）自然风 z

Berglund 和 Gonzalez 的研究结果表明：低速率（0.5℃/h）的温度递变条件下，受试者几乎感觉不出温度的变化[16]，而对温度的快速变化，人们比较敏感。夏季降温时，舒适温度下以低速率升温，再以高速率降温，可以产生凉爽的快感。

有学者研究表明：气流脉动频率为 0.3～0.5Hz 的气流对人体产生最强的冷作用[16]，也有试验表明气流脉动频率在 0.7～1.0Hz 有更好的冷却效果（即可降低扩展体感温度），也更舒适，说明当风速和频率接近自然风最舒适。摇头风扇降温效果优于吊扇，而且用摇头风扇模拟自然风也更容易。不同送风方式下的满意度不同（图 2.4-5[17]）。

人体热感觉对自然风的动态感 Δt_z 由试验确定。

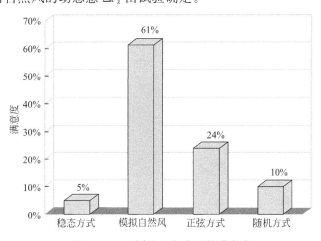

图 2.4-5　不同送风方式下的满意度

优选应用举例：夏季可选自然风。有的空调室内机已经具有自然风模式。

（6）室外环境参数 t_o（℃）

1）输入/测量方法：

室外环境参数 t_o（℃）的输入方式：直接测量①，在中央控制室取得 t_o（℃），通信传输到房间控制器⑥，不考虑⑤。可自行测量，也可用当地气象台数据。不同气候地区非人工冷热源热湿环境体感温度见图 2.4-6、图 2.4-7。

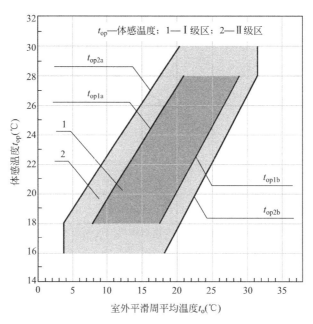

图 2.4-6 严寒及寒冷地区非人工冷热源热湿环境体感
温度范围（根据文献 ［14］ 图 5.2.4-1）

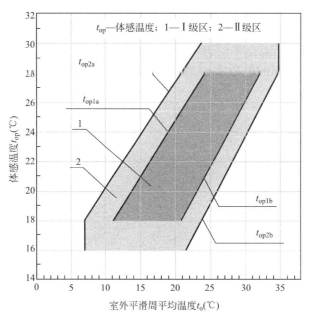

图 2.4-7 夏热冬冷/夏热冬暖/温和地区非人工冷热源热湿
环境体感温度范围（根据文献 ［14］ 图 5.2.4-2）

2）Δt_o（℃）的计算：

首先，根据不同情况和目标确定室外参数 t_o：

① 最简单常用的方法：仅考虑室外温度，即 $t_o = t_{oa}$；

② 如果人们从无风、无阳光的环境进入空调供暖房间，而湿度变化大，则 $t_o = t_{oa} + \Delta t_{od}$；

因为 t 和 φ 测量简单、便宜，并且可以自行测量，建议采用；

③ 如果从阳光直射区进入，可考虑太阳光的影响：$t_o = t_{oa} + \Delta t_{od} + \Delta t_{or}$；

④ 如果考虑室外大风的影响：$t_o = t_a + \Delta t_d + \Delta t_v$；

⑤ 最全面的是按室外体感温度：$t_o = t_a + \Delta t_d + \Delta t_r + \Delta t_v$。

然后，根据 t_o 计算扩展体感温度增量：

$$\Delta t_o = k_o \cdot f_o(t_o) \text{①}$$

式中，t_o——室外环境参数（℃）；

$f_o(t_o)$——跟随 t_o 变化的扩展体感温度增量函数。

数据举例见表 2.4-2 和图 2.4-8，可以用内插法或公式（冬季采用式（2.7），夏季采用式（2.8））求值。

k_o——相关系数取 $0 \sim 1.5$；$k_o = 0$，表示室内舒适温度与 t_o 无关，即不考虑 t_o 的影响；k_o 越大，表示相关性越大，即特别强调室外的影响，适用于门斗、门厅等过渡区。

室外温度 t_o 对室内（体感）温度的影响与 $f(t_o)$ 数据表（单位：℃）　　表 2.4-2

冬季供暖				夏季空调			
室外参数 t_o	≤8	10	≥15	室外参数 t_o	≤30	32.5	≥37
t_{op1a}（根据图 2.4-6）	17.2	20.0	23.5	t_{op1a}（根据图 2.4-7）	17.2	19.8	21.9	t_a（根据图 2.4-8 上线）	26.0	27.4	28.0
综合考虑 I 级舒适区	18	20	22	I 级舒适区	26.0	27.4	28.0
$t_{set} = 22$，$f(t_o)$ 的数据	+4	+2	0	$t_{set} = 26$，$f(t_o)$ 的数据	0	-1.4	-2.0
$t_o = 15$ 开始供暖，隐含（t_{set}）= 22（可设定）				$t_o = 30$ 开始空调，隐含（t_{set}）= 26（可设定）			
得到 $f(t_o)$ 的计算公式：表 2.3-1 中的式（2.8）				得到 $f(t_o)$ 的计算公式：表 2.3-1 中的式（2.7）			

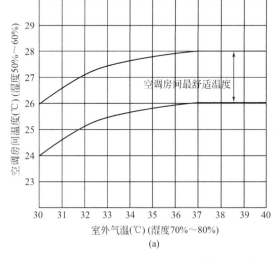
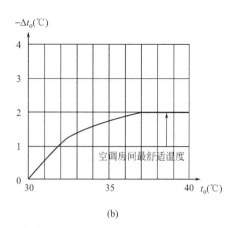

图 2.4-8　夏季空调房间最适温度与外温的关系

（a）夏季空调房间舒适温度区域；（b）$-\Delta t_o$ 与 t_o 的关系

① 见表 2.3-1。

人们都有体会：假设室内外空气湿度、速度、辐射一定，如果夏天 $t_a=26℃$，当夏天室外温度高于37℃时，进入房间就会感到"冷"。这表示室内舒适感与室外温度有一个相对的关系。冬季也有类似体感温度变化的现象。

合理地调整室内外温度差，以5～8℃为宜，应该是预防"空调病"的一个重要方法。所以，根据室外体感温度改变室内体感温度，在人员出入的缓冲区域，适当降低内外温度差，既可以提高舒适度，又能避免"空调病"，同时可以节能。

图 2.4-8 表明夏季空调房间最适温度与室外参数 $t_o(℃)$ 的关系，$t_o(℃)$ 对室内设定体感温度的影响见表 2.2-2 式（2.7）和式（2.8）。可见，夏季室外温度越高，室内舒适体感温度可提高，或反过来说：室外温度越高，相当于（$-\Delta t_o$）越大，冬季则反之！

从表 2.4-2 可以看到：当人们从事坐姿轻工作时，综合考虑Ⅰ级舒适区：冬季（衣着1.0clo），当室外 $t_o=8～15℃$ 时，室内舒适温度为 18～22℃。在夏季（衣着 0.5clo），当室外 $t_o=30～37℃$ 时，室内舒适温度为 26～28℃。

根据表 2.4-2 的数据可得到：

冬季：$t_o≤8℃$，$f(t_o)=4℃$；$8℃<t_o<15℃$，$f(t_o)≈4-0.75(t_o-8)0.86℃$；$t_o≥15℃$，$f(t_o)=0$。采用式（2.8）计算。

夏季：$t_o≤30℃$，$f(t_o)=0$；$30℃<t_o<37℃$，$f(t_o)≈-0.75(t_o-30)0.5℃$；$t_o≥37℃$，$f(t_o)=-2.0℃$。采用式（2.7）计算。

冬季：从表 2.4-2 左和式（2.8）可看到：$f(t_o)≥0$，根据式（2.8），$\Delta t_o≥0$，可提高体感温度，并减少内外温差，有利于舒适（减少空调病）并节能。

夏季：从表 2.4-2 和式（2.7）可看到：$\Delta t_o≤0$，根据式（2.8），$\Delta t_o≤0$，可降低体感温度，并减少内外温差，有利于舒适（减少空调病）并节能。

3）优选应用举例

考虑人体热感觉的空间性，即室内舒适温度和房间所处的位置有关。例如，如夏季（冬季）剧场/超市入口温度可以高（低）一些，形成过渡区。过渡区与室外环境相关性可以大一些，$k_o=1.0～1.2$，可减少内外温差，有利于舒适（减少空调病）并节能。

考虑人体热感觉的时间性，即直接从外面进入房间，初始情况与室外环境相关性大，$k_o=0.5～0.6$，过一段时间后相关性减少以至于消逝，$k_o=0.1～0.3$。例如，人们刚从室外40℃环境进入空调房间，即使室内温度为28℃也会感到舒服，但是随着在室时间推移就会感到不舒服，故应逐步降低室内温度才能满足舒适感，但温度过低也会引起不舒适，再如人们离开房间前，也可以将室内温度慢慢升高，为出门适应室外的高温冲击做准备。在居住建筑的住宅卧室内，睡眠时的温度也可以和人员活动时段不同；还有值班供暖可大大降低设定温度。可见，根据生活、工作周期改变人们在室时的室内温度，不但可以提高舒适度，而且可以节能。

现在借助智能控制手段乃至手机 App（最简单的是定时设定），都能够方便地实现自动设定运行模式。例如：区分过渡区逗留时间、长时停留区的适应与调节时间，合理运行，然后，逐步过渡到正常设定；反之亦然。住宅如果上班时无人，也可按一定顺序启动/停止（包括睡眠模式）自动控制空调设备。

（7）群体热效应 q

在人员密集大（变化大）的空间，如影剧院、歌舞厅、候车（机）厅、会议展览厅等，不但人体间有热传递，且会产生拥挤感或紧张感，所以 $\Delta t_q > 0$。

输入/测量方法与优选应用举例：

人员密集且变化大按人员密集度计算，通常采用相关参数换算，例如：可用红外或图像识别采集计数器等确定在室人数，以及与新风系统联动调节。

人员密集但变化不大时，调试期间，人工输入常数（表 2.3-1 的④）；无关或＝0（表 2.3-1 的⑤）；通信输入（表 2.3-1 的⑥）。

根据不同环境，试验确定　　　$\Delta t_q = f(\text{人密度}) \geqslant 0$ 　　　　　　　　　　　(2.17)

（8）表示声光色景效应 s

Δt_s 由试验确定，调试时输入常数。

· 备用和多功能 I/O（表 2.3-1（9）、（10）项）：

（9）备用

本书所述发明专利表明了一种实现全工况舒适节能空调供暖末端装置的设计理念和运行控制方法，而恒扩展体感温度空调供暖控制器则是设计理念和运行控制方法的具体应用。同时，还可视实际情况增加各种影响人体舒适的因素，使输入/输出方式、计算方法、数据精度不断完善。

（10）TR 为双向通信接口

根据需要，可采用 RS485、WiFi、蓝牙、4G/5G，通常不采用电源线载波通信。例如：对多用户大系统一可下传 t_o；可远程通过手机或上位机操作。

· 控制输出（表 2.3-1（11）至（14）项）：

（11）outg 主控输出（必须）

与恒温控制一样，这是必须的基本控制，即为冷量/热量的控制输出。

首先，按式（2.1）计算体感温度：

$$t_{op} = t_a + \Delta t_d + \Delta t_r + \Delta t_v$$

再按式（2.2）计算扩展体感温度：

$$t_g = t_{op} + \Delta t_o + \Delta t_z + \Delta t_q + \Delta t_s + \cdots\cdots$$

然后计算　　　　　　　　$outg = f(t_g - t_{set})$

主控制 outg 的输出方式应用举例见表 2.4-3。

调节机构及其调节特性详见第 3 章至第 5 章，控制策略和算法见控制原理相关文献，通常可采用开关、比例积分、模糊、智能控制等。

全工况舒适节能变温空调供暖控制器就是确保实现舒适的扩展体感温度 t_g，因此，所有夏季降低 t_g（如提高 v、自然风、冷色调等）；冬季提高 t_g（如提高 ϕ、辐射供暖、热色调等）的措施都既有利于提升在室人员的舒适度，又有利于节能。这就是舒适节能变温空调供暖的基本设计原则。

（12）湿度控制 outd

因为加湿简单，而且控制湿度可减少"空调病"，所以可内部或者外部采用自动/手动开关控制加湿器。可根据情况将相对湿度 $\varphi = 40\% \sim 50\%$ 作为控制范围。

（13）outv 风速控制。

（14）outz 自然风控制（可与风速控制合并）

变风量系统：同时也改变风速 v，风速 v 与风机转速、阀位、风向相关；冬季调节送

风方向使 $v=0$。

　　夏季也可自动/手动开关控制装饰型摇头风扇，不但能够调节风速，还可模拟自然风。如果不变，可调试时输入常数 outv，outz，outv≤0，outz≤0，所以夏季能够节能；冬季 $v=0$。

主控制 g_{out} 的输出方式应用举例　　　　　　　　　　　　　表 2.4-3

分类			具体实施方式举例	优缺点及用途举例	备注一输出方法(注)
水源空调供暖系统	变风量系统		三速风机盘管＋手动调风向百叶	简单常用	③v 与风机转速相关,冬季调节送风方向⑤$v=0$
			变频风机＋换热器	用于大空间的空气处理	③v 与风机转速相关,冬季调节送风方向⑤$v=0$
			全风系统:集中处理＋调节风门	调节阀控制风量	③风速 v 与阀位相关,冬季调节送风方向⑤$v=0$
	变水量系统		常闭快开式电动两通水阀＋风机盘管(或温控阀＋散热器)	简单	④调试时,v 为人工输入常数,冬季调节送风方向⑤v 为 0
			变频水泵＋定风量换热器(或散热器)	用于大空间的空气处理(或集中调节)	
			水调节阀＋定风量换热器(或散热器)	用于大空间的空气处理(或集中调节)	
	变风变水		常闭快开式电动两通水阀＋三速风机盘管＋手动调风向百叶	用于小空间	③风速 v 与风机转速相关,还可产生自然风;冬季调节送风方向⑤$v=0$
			组合空调器＝水调节阀＋三速/变频风机＋换热器	用于大空间的空气处理(或集中调节)	
	变水量变水温优化节能供暖集中调节系统			供暖集中调节,见第 8 章	冬⑤$v=0$
	分户热量计量调控	确保恒 t_g,并且确保流量与温差同步	调速容积泵测控·热量＝流量·温差	用调速容积泵实现流量计量/分布式增压/控制室温,简单便宜,供水系统节能	例:发明专利 ZL201110257361.0,授权公告号 CN 102967002 B,石兆玉,杨同球,杨德敏(详见第 7 章)
			调节阀＋流量计·热量＝流量×温差	价格比较高,供水系统能耗较大	(详见第 7 章)
			三位电动开关阀＋流量计,热量＝流量×温差	用流量计改良开关阀调节特性,成本低	可改进许多现有分户热量计量调控装置(详见第 7 章)
蒸汽压缩式空调/热泵机组或称直接蒸发式空调/热泵机组				恒扩展体感温度变频空调/热泵机组	一体式,分体式一室内/外机,有的设备已有自动调节风速＋自然风等

　　注：编号（如③、⑤，……）意义同表 2.3-1。

　　因为在风速不高时不产生吹风感时，冷却效果相同的风扇能耗比制冷小得多，所以有些国家的空调房间还保留风扇。

　　• 控制器（表 2.3-1（15）至（19）项）：

　　（15）Dsp 显示器

与恒温控制器基本相同，可选数码管或多行汉字显示器（室内通常用液晶显示器），用于设定和运行参数显示。

（16）set 设定

用户设定：保持传统恒温控制的温度设定的习惯和数值。范围和隐含值（夏季 $t_{set}=26℃$，冬季 $t_{set}=22℃$）见表 2.4-2。

设定值与传统恒温空调供暖的用户设定相同。其差别在于：传统恒温空调供暖设定的是干球温度，而这里设定是扩展体感温度。当然，如果对标准工况（相对湿度 $\varphi=50\%$，辐射 $=0$，风速 $v=0$（也无自然风），内外温度相关系数 $k_o=0$，人员不密集），则 $t_{op}=t_g=t_a$，舒适节能变温空调供暖就变成了传统恒温空调供暖。可见：恒温空调供暖是舒适节能变温空调供暖的特例！

调试设定，由调试人员输入，须先输入密码。可键盘输入，也可以通信输入。对大系统的房间控制器，可以在编程时批处理写入单片机。

（17）控制硬件

必须采用高集成单片机（各种存储器、AD、DA、I2C、时钟、"看门狗"、通信接口等）＋I/O 信号处理。

（18）控制软件

以扩展体感温度为控制目标，增加了一些调试设定，其他与传统恒温控制基本相同。

（19）电源：常规，无需特别说明。

2.5　应用举例

通过下文的举例可看到全工况舒适节能恒扩展体感温度空调供暖与恒温空调供暖的差别和效果。

特别说明：对控制系统，运行时 t_a 是实测温度，按式（2.3）计算 Δt_d。可方便地对时间进行积分，从而进行准确节能比较。

【举例】t_a 未知，可先根据式（2.2），令 $\Delta t_d=0$ 求得：

$$t_a=t_{gset}-(\Delta t_r+\Delta t_d+\Delta t_v+\Delta t_o+\Delta t_q+\Delta t_z+\Delta t_s+\cdots\cdots)$$

然后按式（2.3）计算 Δt_d，再按式（2.17）求得 t_a。为提高精度，可再重复：按式（2.3）计算 Δt_d，按式（2.2）求得 t_a。

为简化，采用对时间进行平均的方法：$\varphi=50\%$，则 $\Delta t_d\approx0$。

【例 2.5-1】夏季工况

已知和解题说明见表 2.5-1，结果比较图见图 2.5-1（内外传热比）。

通过举例可看到，全工况舒适节能空调控制末端装置与恒温空调相比的具体效果，在运行中进行能耗的计算和积分非常方便。影响空调负荷的因素多，为比较方便，作了一些简化（表 2.5-1）。

因为对于舒适性空调，室内外传热（包括传热和室外空气渗透）为主要负荷，但准确计算室内外传热负荷比较复杂。然而，室内外传热负荷总是与室内外温差成正比。如果以恒温设计工况 $t_o=40℃$、$t_a=26℃$ 的室内外传热为 100%，于是：

例 2.5-1 说明

表 2.5-1

分类	项目名称	参数	全工况舒适节能恒体感温度空调（夏季）房间类型编号 N（房间特点）	1. 门斗/人口	2. 短期停留	3. 长期停留	恒温空调（夏季）* 4. 提高 1℃	5. 标准
设定	设定参数（℃）	Δ_d#	全工况舒适节能空调：$t_g=t_{set}$；恒温：$t_a=t_{set}$	$t_{set}=26$	$t_{g,set}=26$	$t_{g,set}=26$	$t_{set}=27$	$t_{set}=26$
体感温度输入	湿度影响	Δ_d	$\Delta_d \approx 4.1848 k_d \left[(\phi-50)/100\right] e^{0.062 t_a}$（℃）式（2.9）$k_d=0.16$，须能够方便地测量和控制 Δ_d 的变化	ϕ 平均为 50% $\sum \Delta_d \approx 0$	ϕ 平均为 50% $\sum \Delta_d \approx 0$	ϕ 平均为 50% $\sum \Delta_d \approx 0$	不考虑	不考虑
	热辐射影响	Δ_r	无热辐射：注意窗户隔阴光	$\Delta_r \approx 0$	$\Delta_r \approx 0$	$\Delta_r \approx 0$	不考虑	不考虑
	风速影响	Δ_v	调送风角度，$v=1\text{m/s}$；$\Delta_v=-3.63(1+\log v)$（2.14）	$v=1\text{m/s}$	$v=0.7\text{m/s}$	$v=0.5\text{m/s}$	不考虑	不考虑
	自然风效应	Δ_z	试验确定 Δ_z，本发明用 g_{out} 组合控制	0	-0.1	-0.1	不考虑	不考虑
扩展体感温度增加	室外参数 t_o 对热舒适度影响	Δ_o	$\Delta_o=k_o \cdot f_o(t_o)$（2.16）$t_o \leq 30℃：f(t_o)=0；t_o>37℃：f(t_o)=-2.0℃$ $30℃>t_o>37℃：f(t_o)\approx -0.75(t_o-30)^{0.5}℃$（2.18）	相关系数 $k_o=1.0$	相关系数 $k_o=0.7$	相关系数 $k_o=0.1$	不考虑	不考虑
输入	群体热效应	Δ_q	$\Delta_q=f(\text{人密度})=f(\text{人数/密集区面积}) \geq 0$	0	0	0	不考虑	不考虑
	色景热效应	Δ_s	冷色调 $\Delta_s<0$ 舒适节能	-0.1	0	0	不考虑	不考虑
比较$	内外传热比	图 2.4-9	室内外传热比曲线：$q_c=100(t_o-t_a)/(t_o-26)$（%）	曲线 1	曲线 2	曲线 3	曲线 4	曲线 5
	设计内外传热比		设计工况（$t_o'=40℃$）室内外传热比 q_{cs}（%）	59.1	67.4	79.7	92.0	100

* "不考虑"表示恒温控制本来就不考虑；

\# 控制必须考虑 Δ_d 的变化，以确保舒适。实际运行时，可准确进行能耗积分。为简化，举例认为：$\sum \Delta_d \approx 0$，所以总体"不计"；

\$ 这里只比较了室内外传热负荷，不是全部能耗；同时，采用了确定室外参数的最简单的方法：$t_o=$ 室外干球温度。

室内外传热比　　　　　$q_c = 100(t_o - t_a)/(t_o - 26)$　（％）

式中，t_o——室外温度（℃）；

　　　t_a——室内干球温度（℃）。

根据式（2.2）：全工况舒适节能空调控制末端装置

$$t_a = t_{gset} - (\Delta t_r + \Delta t_d + \Delta t_v + \Delta t_o + \Delta t_q + \Delta t_z + \Delta t_s)$$

恒温设定值 $t_{set} = 26℃$，全工况舒适节能空调控制扩展体感温度设定值 $t_{gset} = 26℃$。

采用全工况舒适节能空调控制末端装置和恒温控制末端装置的已知条件和解题说明见表 2.5-1，结果表示于图 2.5-1。

结果分析：

（1）由图 2.5-1 可见：与传统标准恒温设计（设定温度 $t_{set} = 26℃$，编号 $N = 5$）相比，采用全工况舒适节能空调控制末端装置（设定扩展体感温度 $t_{gset} = 26℃$，$N = 1$、2、3），节能效果非常显著（请注意：这里只比较了室内外传热，不是全部能耗）。

特别是 $N = 1$（门斗、门厅等入口），与外界关系大、能耗大，计算 Δt_o 时取相关系数 $k_o = 1.0$，从而减少室内外温差。人们从室外→入口→内部，或者从内部→入口→室外，逐渐过渡以及减少温差，以利于提高舒适度并减少空

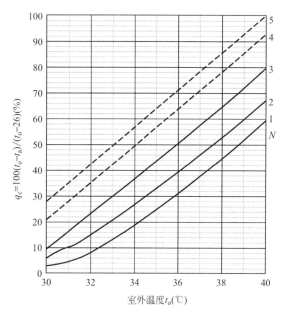

图 2.5-1　例 2.5-1 结果比较图

调病。同时，门斗、门厅等入口可取比较大的风速 $v = 1m/s$，可节能。

另外，$N = 2$（短期停留）和 $N = 3$（长期停留）的房间也应该有差别。

（2）虽然恒温空调 $N = 4$（提高设定温度）（$t_{set} = 27℃$）也有节能效果（$q_{c4} < q_{c5}$），但有时可能不舒适。请注意，只有确保舒适健康的节能才有意义！

（3）对于设计工况（$t_o = 40℃$），采用全工况舒适节能空调控制末端装置（$N = 1$、2、3）时，传热负荷降低较多，因此按此设计时，设备容量显著减少，从而降低工程造价；对于已有系统，设备不变，可提高冷水温度，提高制冷效率。

（4）冬季类似，特别是湿度低时可通过加湿提高 Δt_d，利用阳光和辐射供暖提高 Δt_r，考虑室内外温差 Δt_o，采用热色景 Δt_s，都可达到舒适与节能的效果。但应注意：必须使风速 $v = 0$ 或者 $v < 0.1m/s$，于是 $\Delta t_v = 0$、$\Delta t_z = 0$。

【例 2.5-2】冬季工况（表 2.5-2）

通过该例可看到全工况舒适节能供暖与恒温供暖相比的具体效果。因为影响因素多，为比较方便，做了一些简化（表 2.5-2）。本处只比较设计工况的室内外传热负荷，不是全部能耗。

因为对于舒适性供暖，室内负荷与室内温度无关，室内外传热（包括传热和室外空气渗透）为主要负荷，但准确计算室内外传热负荷比较复杂。然而，室内外传热负荷总是与

例 2 5-2 说明

表 2.5-2

分类	项目名称	参数	房间类型编号 N（房间特点）	全工况舒适节能恒体感温度供暖（辐射供暖，冬季）				恒温供暖（冬季）*	
				门斗/入口	门斗/入口	短期停留	长期停留	4-降1℃	5标准
设定	设定参数℃		全工况舒适节能空调 $t_g=t_{gset}$，恒温空调 $t_a=t_{set}$	$t_{gset}=22$	$t_{gset}=22$	$t_{gset}=22$	$t_{gset}=22$	$t_{set}=21$	$t_{set}=22$
	湿度影响	Δ_d#	$\Delta_d \approx 4.1848 k_d[(\varphi-50)/100]e^{0.062 t_a}$℃ (2.9) $k_d=0.16$，须能够方便地测量和控制 Δ_d 的变化	φ平均50% $\sum\Delta_d \approx 0$	φ平均50% $\sum\Delta_d \approx 0$	φ平均50% $\sum\Delta_d \approx 0$	φ平均50% $\sum\Delta_d \approx 0$	不考虑	不考虑
体感温度输入	热辐射影响（T 为绝对温度；'为设计或已测工况）	Δ_r	辐射供暖，深地下室，保证围护结构的外围护结构合格考虑 Δ_r，其他可取 $\Delta_r \approx 0$。①直接测辐射效果的外围护温度 t_r，$\Delta_r = t_r - t_a$；②间接测辐射面加权平均温度 t_f，按式(2.12)：$\Delta_r/\Delta_f \approx (T_f^4-T_a^4)/(T_f^4-T_a'^4)$	顶棚/中温辐射供暖设计工况 $\Delta_r'=5$	地面/低温辐射供暖设计工况 $\Delta_r'=4$	地面/低温辐射供暖设计工况 $\Delta_r'=3$	地面/常温辐射供暖设计工况 $\Delta_r'=2$	对流供暖设计工况 $\Delta_r'=0$	对流供暖设计工况 $\Delta_r'=0$
	风速影响	Δ_v	$v=0,\Delta_v=0$	$\Delta_v=0$	$\Delta_v=0$	$\Delta_v=0$	$\Delta_v=0$	不考虑	不考虑
	自然风效应	Δ_z	$v=0,\Delta_z=0$	$\Delta_z=0$	$\Delta_z=0$	$\Delta_z=0$	$\Delta_z=0$	不考虑	不考虑
扩展体感温度增加输入	室外参数 T_o 的影响	Δ_o	$\Delta_o=k_o\cdot f_o\cdot f(t_o)$ (2.16) 冬季 $t_o<8℃,f(t_o)=4℃$; $t_o \geq 15℃,f(t_o)=0$; $8℃ > t_o > 15℃,f(t_o)\approx 4-0.75(t_o-8)^{0.86}℃$ (2.17)	相关系数 $k_o=1.0$ $\Delta_o'=4$	相关系数 $k_o=1.0$ $\Delta_o'=4$	相关系数 $k_o=0.7$ $\Delta_o'=2.8$	相关系数 $k_o=0.1$ $\Delta_o'=0.4$	不考虑	不考虑
	群体热效应	Δ_q	$\Delta_q=f$(人密度)$=f$(人数/密集区面积)>0	0.1	0.1	不计	不计	不考虑	不考虑
	色景热效应	Δ_s	热色调 $\Delta_s<0$ 舒适节能	不计	不计	不计	不计	不考虑	不考虑
比较$	设计工况 t_a'		$t_a'=t_{gset}-\Delta_d'-\Delta_r'-\Delta_v'-\Delta_z'-\Delta_q'-\Delta_s$	12.9	13.9	16.2	19.6	21	22
	设计工况内外传热比 $q_c'=100(t_a'-t_o')/(22-t_o')$(%)		设计工况 $t_o'=0℃$	59	63	74	89	95	100
			设计工况 $t_o'=-10℃$	72	75	51	62	97	100

* "不考虑"表示恒温控制本来就不需考虑；

\# 控制必须考虑 Δ_d 的变化，以确保舒适；实际运行时，可准确确定能耗积分。为简化，举例认为：$\sum\Delta_d \approx 0$，所以总体"不计"；

\$ 这里只比较了室内外传热能耗，不是全部能耗。同时，采用了确定室外参数的最简单的方法；t_o 是室外干球温度。

室内外温差成正比。如果以恒温设计工况（t'_o 和 $t'_a = 22℃$）的室内外传热比为：

$$q'_c = 100(t'_a - t'_o)/(22 - t'_o) \quad (\%)$$

式中，t'_o——设计工况室外温度（℃）；

t'_a——设计工况室内干球温度（℃）；

设定值：$t_{gset} = t_{set} = 22$（℃）。

根据式（2.2）：全工况舒适节能供暖控制器

$$t_a = t_{gset} - (\Delta t_r + \Delta t_d + \Delta t_v + \Delta t_o + \Delta t_q + \Delta t_z + \Delta t_s) \quad (℃)$$

恒温设定值 $t_{set} = 22℃$。全工况舒适节能空调控制扩展体感温度设定值 $t_{gset} = 22℃$。

热辐射的影响：运行可根据式（2.12）求得：$\Delta t_r / \Delta t'_r \approx (T_{f4} - T_{a4})/(T'_{f4} - T'_{a4})$。

在调试/调适中确定 T'_f 和 T'_a，在运行中测量 T_f 和 T_a，进行能耗的计算和积分非常方便。但是在设计阶段，只能查得设计工况的 $\Delta t'_r$ 进行比较。

从设计工况比较结果（表 2.5-2）可见：采用全工况舒适节能恒体感温度供暖，特别是采用辐射供暖，节能显著（同样，例子只比较了室内外传热，不是全部能耗）。

2.6 全工况舒适节能恒扩展体感温度空调供暖应用与研究的展望

2.6.1 推动公共建筑（特别是大型公共建筑）采用传统全空气系统的变革

传统的公共建筑（特别是大型公共建筑）采用全空气系统是业内的基本做法，如大型航站楼、一等及特等客运火车站、展览馆、体育馆、剧场、地铁地下车站等。这也被认为是传统空调系统"高大上"的配置标准，即采用风管＋喷口送风或采用风管经由分布的地上送风亭送风。

由于输送同样冷（热）量的条件下，由空气携带的输送能耗远高于由水携带的能耗。仅以夏季消除房间的热湿负荷为例，组合式空气处理机组送出的空气，经由风管、风口送达空调房间的输送能耗和分散型末端（风机盘管、射流机组等）＋新风系统的输送的有关比较实际工程成功应用的案例，见表 2.6-1。有关定性分析（不含新风系统）对比见表 2.6-2。

如表 2.6-2 所示，分散型末端的输送系统具有诸多优点，分布于空调供暖房间不同场所、不同位置的分散型末端采用全工况舒适节能恒扩展体感温度进行数字化、智能化控制时，反应可控（设置动作的提前或滞后），保障在室人员舒适度的同时，可适应不同的和变化的室内场景，带来显著的节能效益，有着巨大的应用空间。

全空气系统与分散型末端＋新风系统的输送系统的有关案例比较　　　表 2.6-1

项目	系统	风系统配置功率(kW)	一次投资（万元）	年运行费（万元）	运行费说明	资料来源
某名牌机器	系统 1	220	100	13.99	运转时间：10h/d，运行 120d；电费按 0.53 元/kWh 计算	文献[20]
	系统 2	54＋37（新风系统）	94	5.79		

续表

项目	系统	风系统配置功率(kW)	一次投资(万元)	年运行费(万元)	运行费说明	资料来源
某汽车冲压车间	系统1	235	190	20.5	电费按 0.725 元/kWh 计算,其余同上	文献[21]
	系统2	52	132	4.5		
某会展中心	系统1	133	81	4.0	运转时间:400h/a;电费按 0.75 元/kWh 计算	
	系统2	34.6	64	1.1		
某大型超市	系统1	900	1237	205.9	运转时间:3477h/a;电费按 0.658 元/kWh 计算	
	系统2	195	686	44.6		

注:1. 系统1为全空气系统,系统2为分散型末端+新风系统;
　　2. 一次投资不包含机房冷源投资。

全空气系统与分散型末端的输送系统的定性分析对比　　表 2.6-2

系统	空气处理设施	空调机房	室内布置	调节灵活性	节材与维护费用	投资和运行费	采用恒扩展体感温度
全空气系统	组合式空调机组	需设置,占地	风管需服从许可安装的位置,设计、施工工作量大,占用空间大	较难(调节风口+风阀)	风道需定期清洗,难度大	高	可采用,承担多个区域(房间)时,若风口不联动,则难满足
分散型末端	风机盘管或射流机组	不设置	适应性好(可根据功能、装修调整),节省设计与施工工作量,占用空间少	灵活(可分区启停)	节约大量钢材,末端清洗相对容易	低	可采用,承担末端独立服务的区域,显著提升室内环境质量和节能

在此还要指出,大型公共建筑的运行特点是流动的人群和不断变化的人员密度与室内功能场景,从而要求不断变化的空调供暖负荷与实际相匹配,一方面显著提升室内空气的品质,另一方面为处于负荷不断变化的供暖空调系统带来良好的节能效果。因此,应用恒扩展体感温度,控制分散型末端,将成为空调供暖水系统舒适且节能运行的最佳选择。

分散型末端应用恒扩展体感温度+当下十分先进的图像识别系统,可有效进行边界识别,在可设定的边界内,图像采集的是:人员有无、人员充盈率(依具体场景设定)、衣着对比(夏季是否加厚衣着、冬季是否穿着单薄等);执行的对象是:新风处理机组、分散型末端或房间空调器室内机;人员有无对应 on-off;人员充盈率和衣着对比都对应的是风量调节或水阀的动作。此处的图像识别系统不要求清晰记录个体,不涉及隐私(如不进行人脸识别)。因此,实际工程具有应用前景的,应该是集成并推进恒扩展体感温度算法+图像识别的算法(边缘计算等)。

2.6.2 展望全工况舒适节能恒扩展体感温度空调供暖的研究

全工况舒适节能恒扩展体感温度空调供暖概念与实施方案带来更多的课题研究,列举如下:

(1)标准编制单位:全工况舒适节能空调供暖设计标准的编制。

(2)设计单位:全工况舒适节能空调供暖常规/智能优化设计软件的开发,从而为实现全工况（首先应该包括设计工况）舒适节能优化设计提供简便、准确的设计工具，显著减少设计工作量，大大提高设计精度，降低工程造价。

（3）研制单位：①各种用途的扩展体感温度传感器的研制；②各种用途的全工况舒适节能空调供暖房间控制器的研制；③全工况舒适节能空调供暖设备（如空调、热泵机组）的研制；④空调供暖多冷/热源全工况智能优化调度管理系统的研制；⑤供暖全工况集中智能优化控制系统的研制。

（4）全工况舒适节能空调供暖设备＋图像识别系统的综合应用与开发。

因此，以上工作完全符合目前节能减排、智能化、数字化的大方向，而且终将形成一个研究者、设计者、制造商、用户等的多方共赢的局面。

第3章 调节阀的实际流量调节
特性指数与调节阀系统优化

长期以来，调节阀是常用的流体调节系统的执行与调节机构。特别是变频泵（风机）广泛应用以前，调节阀几乎是唯一的连续流量调节机构。但是，对采用调节阀的控制系统，根据调查，现场调节系统的故障，有70%来自调节阀[7]。这是因为调节阀的调节特性不但与其固有特性有关，而且与泵（风机）提供的流体源特性及工艺管道系统特性等有关，控制系统的调节特性还涉及调节对象（如换热器等）等的特性。

本书论述的主要内容涉及调节阀，其有关原理和方法一般都可用于调节风门（阀）。

3.1 调节阀及应用系统的分类

调节阀的分类方法很多（例如按用途、材料、工质、执行器等分类），涉及的内容很广，详细内容见调节阀相关专著（如文献［11］等）。

3.1.1 调节阀的执行器

目前实际应用中，执行器与调节阀大都采用了组合一体的方式。因此大多资料在介绍控制环节时，也没有单独将执行器作为一个环节提出来。而是就"执行器＋调节阀"统称为"调节阀"，所以在介绍调节阀前必须介绍一下执行器。

执行器从驱动方式上可分为：电磁执行器、电动执行器、气动/液动执行器和自力式执行器4种形式。同时，智能电动执行器正获得快速应用。

执行器是制冷空调供暖自动控制系统中不可缺少的组成部分。它接受来自控制器的信号，转换成角位移或直线位移输出，带动调节阀改变开度，从而达到控制温度、相对湿度、压力、流量等参数的目的。

常用的执行器有：

（1）电磁执行器

在制冷空调自动控制系统中，电磁执行器一般用于驱动截止阀。电磁执行器的特点是结构简单、可靠、易于控制，操作电源可以是交流电源，也可以是直流电源。但是由于动作机理上的原因，它只能作为双位式控制即开/关控制的执行器，而不能进行连续的调节。

（2）电动执行器

电动执行器一般可分为部分回转（Part Turn）、多回转（Multi Turn）、直行程等驱动方式，产生直线运动或旋转运动，可进行连续调节。电动执行器是在制冷空调自动控制系统中应用最多的一种执行器，一般用于驱动调节阀。它与电磁执行器之间的最大差别在于电动执行器可以进行连续调节，这也是它的主要优点。电动执行器的主要缺点是结构复杂、价格高。

近年来，在空调供暖分户控制中常常采用了一种电动开关阀实现开关控制，其执行器无噪声、造价低、功耗小、电压低，甚至可用电池供电。虽然由于流量和温差不同步，采用二位电动开关阀＋流量计的分户计量调控制失败了，但是如果加以改进：采用三位电动开关阀＋流量计，利用流量信号反馈将开关阀的快开特性改进为近似线性特性，并且进行有关补偿，就能够简单、低价、准确地实现分户计量调控了，详见第 7 章。

（3）气动/液动执行器

气动/液动执行器也是常用的执行器之一。它通过压缩空气/液体推动波纹薄膜/活塞及推杆，带动调节阀运动。气/液动执行器可以作两位式调节，也可以作简单的、不精确的连续调节。再加上阀门定位器以后，可以作精确的连续调节。

在空气中含有易燃易爆物质的环境中，以及在多粉尘的环境中，应当采用气/液动执行器来驱动调节水阀和调节风阀，通常不采用电磁/电动执行器，以保证安全。

（4）自力式执行器

自力式执行器的工作原理是依靠被控介质本身的参数变化作为执行器的输出而带动调节机构，不需要其他的驱动能源，因此具有较好的可靠性和稳定性（比较典型的如散热器恒温阀、自力式定流量阀等），但其控制的精度等相对较低，适用于被控对象容量较大的场所。

（5）智能电动执行器

智能电动执行器利用微机和现场总线通信技术，将伺服放大器与执行机构合为一体，不仅可以实现双向通信、PID 调节、在线自动标定、自校正与自诊断多种控制功能，还具有行程保护、过力矩保护、电动机过热保护、断电信号保护、输出现场阀位指示和故障报警等功能。它可实现现场操作或远距离操作，完成手动操作及手动/自动之间的无扰动切换。因而，它不仅具有执行器功能，还具有控制、运算和通信等功能。

无论哪种执行器，都必须同时具备手动机构，目的是在紧急情况下能够进行人工操作，以维持系统最低水平的运行，同时也是为了系统调试的需要。手动机构一般需要设置远动/手动转换开关，实现功能的转换，并且将远动/手动转换开关的状态在集中监控系统中进行显示。

3.1.2　调节阀应用系统的分类和特点

（1）调节阀应用系统分类

调节阀应用系统可分为两通调节系统和三通调节阀系统。

本书将以电动两通/三通调节阀为例，介绍调节阀应用系统的特点、静态调节特性及其优化设计与运行调适。

（2）调节阀调节系统的特点

调节阀调节系统与变频泵（风机）调节系统的比较请见第 4 章，调节阀系统最重要的特点为：调节阀不能独立工作，必须提供流体（工质）源才能工作，所以调节阀调节系统实质上是"流体源＋调节阀"系统，或者"泵（风机）＋调节阀"系统。因此，在研究调节阀的优化设计与运行调适时，必须与泵（风机）提供的流体源结合在一起进行研究。所以，本书重点考虑了以流体源＋调节阀及应用系统的分类：

1）恒压/差源两通调节阀系统；

2）非恒压源调节阀系统；

3）恒流源与三通调节阀系统。

下面分别介绍。

3.1.3 恒压/差源两通调节阀系统

各种文献都介绍了恒压/差源（简称恒压源）调节阀的调节特性。实际上，只有很少工况在实际工作条件下才能给调节阀全工况提供恒压/差源，例如：

（1）有恒压控制的单调节阀系统，这是各种文献介绍的示范系统。如果采用扬程（H）—流量（L）特性曲线比较平坦的泵（风机），可近似认定为恒压源系统；

（2）从高位水池或恒压分水器/分气器直接分支的开式供水/供气多调节阀系统；

（3）从恒压锅炉分汽缸分支供汽的多调节阀系统；

（4）有分水器和集水器，并有恒压差控制的循环供水多调节阀系统；

（5）从恒压空气静压箱直接分支的多调节风阀送风系统；

（6）有恒压/差控制的同程式循环供水系统，多调节阀可近似看做恒压供水源；等等。

恒压源两通调节阀系统是最基本的调节阀应用系统，也是各种文献介绍的典型系统，所以在3.3节介绍恒压源两通调节阀系统的实际调节特性指数及定量优选和运行调适。

3.1.4 非恒压源调节阀系统

（1）非恒压源调节阀系统

在变频泵（风机）广泛应用前，通常不对供水压力进行控制，所以泵（风机）直接与调节阀组合的系统都为非恒压源系统；实际应用最广的分枝状多用户调节阀系统，在调节过程中，各用户不能全工况获得恒压源，因为：

1）在设计工况，位置不同的用户得到的压力（压差）有很大差别，差别可高达数倍（如循环供水系统）甚至十多倍（如高层建筑开式供水系统）。

2）两通调节阀的流量变化将会产生调节干扰，调节过程中用户获得的压力（压差）会发生变化，即使是有供回水恒压差控制的同程循环供水系统，虽然在设计工况可近似作为恒压源供水，但因调节干扰，仍不能实现全工况恒压。

3）虽然可增加前置稳压阀（如自力式压差调节阀、动态平衡阀）减少压力（压差）的变化，但这会增加系统的造价和运行能耗，同时稳压的误差也比较大。

4）对于设计工况，压力（压差）大的用户通常采取节流降压，后面将看到：这样做，可能使调节特性变成快开型，而且泄漏量可能非常大，以至于不能调节。

（2）解决非恒压源调节阀系统问题的方法

1）对单调节阀系统，可以先按恒压源设计，然后对调节范围和调节特性指数，特别是调节范围进行校正（详见3.3.6节）。

2）对分枝状多室内用户调节阀系统，如果用户对控制精度要求不高，可采用关闭性能好的双位开关阀门控制，例如城市居民手动开关控制的自来水系统，以及双位自动开关阀控制的供暖/空调室温控制等，只要阀门关闭严密，通常就能够满足调节范围的要求，而且因为室温控制对象的热惰性比较大，控制精度通常能够到达用户的要求。同时，对压头过大的用户，可加平衡阀调节降压，使各用户达到设计流量。实际上，这就是简单便宜的双位自动开关阀控制得到广泛应用的原因。此时，可不对泵（风机）进行恒压控制。至于电压波动对泵（风机）的影响，可看作一般干扰，自动控制系统是能够克服的。

3）对分枝状多建筑用户调节阀系统，可按各建筑用户设计工况的压力（压差）选择不同直径的调节阀；如果资用压力差别过大，无法全部选到合适的阀门，则可采用分布式泵阀系统（详见第 5 章）。当然，还必须对调节范围和调节特性指数（特别是调节范围（泄漏量））进行校正（详见 3.3.6 节）。

许多设计通常对各建筑用户都采用相同直径的调节阀，直接导致资用压力特别高的用户，泄漏量很大，以至无法调节。此时，这些建筑用户的控制效果通常还不如采用关闭严密的开关阀。

4）采用三通调节阀减少调节干扰，特别是采用互补三通调节阀自动实现恒流源，完全克服调节干扰。

3.1.5 恒流源与三通调节阀系统

为了适应多建筑用户供水压力（压差）差别大的现象，并克服多个两通调节阀产生相互干扰等缺点，业界开始采用三通调节阀。对三通调节阀调节特性的全面介绍请参阅文献 [9] 等。

三通调节阀有 3 个接口和相应的 3 条相关管道：a——支路、b——支路和 z——总管路。用三通调节阀实现恒流源有两种方法，简介如下：

（1）普通三通调节阀与被动恒流源

有些文献介绍：对恒压源，如果三通调节阀的总管道的阻力 ΔP_z 与两个支路的全开阻力 ΔP_a（通常 $\Delta P_a \approx \Delta P_b$）相比足够大，即 $\Delta P_z \gg \Delta P_a$，则三通阀调节过程的总流量 L_z 基本不变；有文献还给出了确保总流量基本不变的"最佳"管道阻力比 $\Delta P_z/\Delta P_a$。显然，如果每个用户调节过程的总流量 L_z 基本不变，则系统总流量也基本不变。这是因为总管道阻力大而被动形成的恒流源，所以称为被动恒流源。然而：

1）对实际应用最广的分枝状多建筑用户系统，对供水压力（压差）特别大的用户（通常是离泵出口最近的用户），可用手动阀门增加 $\Delta P_z/\Delta P_a$；但是，对供水压力特别小的用户（通常是离泵出口最远的用户），增加 $\Delta P_z/\Delta P_a$ 就必须增加整个系统供水扬程，将造成很大的能源浪费。

2）盲目选用各类阀门或附件，会显著加大管网阻力，增加水泵扬程。

工程中要求设计的供回水环路应该做好环路间的水力平衡，尽管国家现行节能设计规范、标准都规定有集中供暖系统耗电输热比，空调冷（热）水系统耗电输冷（热）比，并要求在设计文件中反映。但由于实际作业中，阀门等附件的阻力数值难以查到，由设计人员在设计计算软件选取，计算软件不能及时跟进不断推出的各种阀件，因此，其计算结果的准确性难以判定。

而对于水环路的水力不平衡度的处理，在现实工程中设计的做法就有不认真分析或计算水力不平衡率、不区分环路阻力情况，而是一律添加平衡阀或控制调节阀；更有平衡阀或控制调节阀类型选型不当，在实际工程中，或是大幅度升高阻力，或是未能实现有效调节，最终造成输送热（冷）水系统的高耗能。

实际上平衡阀、控制调节阀都是阻力元件，能否实现供热（冷）管网按需的静态、动态平衡，需要进行更为深入的工作。

3）对恒压源，当 $\Delta P_z / \Delta P_a$ 足够大时，总管流量就能够基本不变，不论原有调节特性如何，都会得到：$g_{a_{50}} + g_{b_{50}} = g_{a_0} + g_{b_{100}} = g_{b_0} + g_{a_{100}} = g_z$，无论支路怎么设计，都会使 $g_{a_{50}} + g_{b_{50}} = g_z$，如果三通阀是对称特性，则 a、b 支路流量调节曲线通常会发生畸变，这很不利于调节[9]。

4）由于三通调节阀应用系统有 3 个接口、3 路管道阻力，因此变量多，使流量特性的计算和表示、优化设计和运行调适都相当复杂，难以实际应用。

所以，通常不宜采用这种增加系统能耗、并使调节特性曲线发生畸变的方法实现的被动恒流源。

（2）互补三通调节阀与主动恒流源（详见 3.4 节）

当三通阀支路+该支路管道保持恒压，即图 3.4-1 中的 ΔP_a 不变，如果总实际流量：$L_z = L_a + L_b \approx \text{Const}$，此时的三通调节阀称为互补三通调节阀。互补三通调节阀的特点如下：

1）支路的相对流量特性不涉及总管路阻力，或者说，总管阻力系数 S_z 对三通阀的调节特性无影响，也不会使支路的调节特性曲线发生畸变，因此三通调节阀的两个支路能够直接独立利用恒压源两通调节阀的资料进行数字化优选、运行调适和优化补偿，从而使三通调节阀的优选和运行调适与两通调节阀一样简单方便。

2）采用互补二通调节阀，由于总流量不变，即每个用户回路总流量实现恒流，因此用户之间无调节干扰。因为恒流是三通阀两支路主动按流量互补原则设计产生的结果，所以称为主动恒流源，以区别前面介绍的被动恒流源。

3）由于各建筑用户主动实现恒流，总系统也自动形成了恒流，所以泵（风机）也可以不进行恒压（差压）控制，只要满足设计工况的流量，则全工况调节过程流量基本不变，当然扬程也自然保持不变。至于电压波动对泵（风机）的影响，可看作一般干扰，自动控制系统是能够克服的。当然，为克服"大马拉小车"产生的能量浪费，也可采用变频控制等。

4）如果各建筑用户的设计工况负载相近，只是位置不同，则各用户的三通调节阀的 a、b 两个支路的设计基本相同；总管 z 的管径也可相同，不同的只是各用户总管上的手动阀开度。因此可实现标准化设计和运行调适。

5）实现互补三通调节阀的方法有：

① 利用现有定型三通阀或两个两通调节阀实现互补三通调节阀（详见 3.4 节）；

② 利用柔性制造生产一体化互补三通调节阀（详见 3.4.5 节）。

3.1.6　国产调节阀简介

（1）T940/T942-16C 型单座/双座电动两通调节阀

这种型号的调节阀用于蒸汽和冷热水：$t = -10 \sim 225℃$；工作压力：$PN = 1.6\text{MPa}$、2.5MPa；固有特性：直线、等百分比型。其主要参数见表 3.1-1 和表 3.1-2。

单座电动两通调节阀主要参数表　　　　　　表 3.1-1

公称直径 DN	阀座直径 (mm)	流通能力 K_{vs}(m³/h)	额定行程 (mm)	薄膜面积 (cm²)	允许压差 (MPa)
25	25	8	16	280	0.800
32	32	12	16	280	0.550
40	40	20	25	400	0.500
50	50	32	25	400	0.300
65	65	50	40	630	0.300
80	80	80	40	630	0.200
100	100	120	40	630	0.120
125	125	200	60	1000	0.120
150	150	280	60	1000	0.080
200	200	450	60	1000	0.050

双座电动两通调节阀主要参数表　　　　　　表 3.1-2

公称直径 DN	上/下阀座直径(mm)	流通能力 K_{vs}(m³/h)	额定行程 (mm)	薄膜面积 (cm²)	允许压差 (MPa)
25	26/24	10	16	280	
32	32/30	16	16	280	
40	40/38	25	25	400	
50	50/48	40	25	400	
65	66/64	63	40	630	1.700
80	80/78	100	40	630	
100	100/98	160	40	630	
125	125/123	250	60	1000	
150	150/148	400	60	1000	
200	200/198	630	60	1000	

（2）CCV 型电动两通 V 形开口调节球阀

这种调节阀用于冷热水；固有特性：等百分比型。其主要参数见表 3.1-3。

电动两通 V 型开口调节阀主要参数表　　　　　　表 3.1-3

公称直径 DN	流通能力 K_{vs}(m³/h)		工作压差 (kPa)
	双位型	调节型	
15	15	0.25/0.4/0.6/1	1400
15	15	1.6/2.5/4/6.3	1400
20	15/32	4/6.3	1400
25	26	6.3/10	1400
32	32	10/20	1400

续表

公称直径 DN	流通能力 K_{vs}(m³/h)		工作压差 (kPa)
	双位型	调节型	
40	31	16/25	1400
50	49	25/40	1400
65	120	63	700
80	180	100	700
100	230	140	700
125	390	230	700
150	570	320	700

（3）T943/T946-16C 型电动三通调节阀

这种调节阀适用于蒸汽、水系统，能对流量进行直线或抛物线调节，其主要参数见表 3.1-4 和表 3.1-5。

分流三通调节阀主要参数表　　　　　　　　表 3.1-4

公称直径 DN	阀座直径 (mm)	流通能力 K_{vs}(m³/h)	额定行程 (mm)	薄膜面积 (cm²)	允许压差 (MPa)
80	80	85	40	630	0.200
100	100	135	60	630	0.120
125	125	210	60	1000	0.120
150	150	340	60	1000	0.080
200	200	535	100	1000	0.050

合流三通调节阀主要参数表　　　　　　　　表 3.1-5

公称直径 DN	阀座直径 (mm)	流通能力 K_{vs}(m³/h)	额定行程 (mm)	薄膜面积 (cm²)	允许压差 (MPa)
25	26	8.5	16	400	0.200
32	32	13	16	400	0.200
40	40	21	25	400	0.200
50	50	34	25	400	0.200
65	66	53	40	630	0.200
80	80	85	40	630	0.200
100	100	135	60	630	0.120
125	125	210	60	1000	0.120
150	150	340	60	1000	0.080
200	200	535	100	1000	0.050

注：1. DN<80 的电动分流三通调节阀可采用同公称直径的电动合流三通调节阀代替；

2. 表中调节阀的流量特性为直线、二次抛物线型。

3.2 调节阀系统的可控性

上文定性地介绍了使用调节阀的方案，下文重点介绍调节阀系统的可控性和调节特性指数及数字优化。首先，这里具体介绍 1.2.2 节第（6）项"确保系统全工况可控性"在调节阀系统中如何实现。

3.2.1 可控性 1——调节阀的流通能力（全开流量）必须满足设计工况

调节阀流通能力 K_{vs} 的定义为：当调节阀两端压差 $\Delta P_v = \Delta P_K = 100\text{kPa} = 0.1\text{MPa} = 1\text{kgf/cm}^2$，流体密度 $\rho = \rho_K = 1\text{g/cm}^3 = 1\text{t/m}^3$，阀全开通过的流量（$\text{m}^3/\text{h}$ 或 t/h）。

当温度变化大，必须考虑温度对 K_v 的影响时，气体和蒸汽的 K_v 与温度和压力的关系，请参考相关文献。

例如：$K_v = 50$，表示阀两端压差 $\Delta P_v = \Delta P_K = 100\text{kPa} = 0.1\text{MPa} = 1\text{kgf/cm}^2$，通过全开调节阀的水量是 $50\text{m}^3/\text{h}$（$\rho = \rho_K = 1\text{g/cm}^3 = 1\text{t/m}^3$）。在国外，流通能力常以 C_v 表示，其定义的条件与国内不同，C_v 的定义为：当调节阀全开，阀两端压差 ΔP_v 为 1lb/in^2，介质为 $60°\text{F}$ 清水时，每分钟流经调节阀的流量（加仑/min）。

K_v 与 C_v 定义的条件不同，实质上是单位制不同：K_v 用的是公制，C_v 用的是英制，因此对同一个调节阀试验所得的数值不同，它们之间的换算关系式实际上就是单位换算：

$$C_v = 1.167 K_v (\text{gal/min}) \tag{3.1a}$$

$$\text{或 } K_v = 0.8569 C_v (\text{m}^3/\text{h 或 t/h}) \tag{3.1b}$$

用 K_v 或 C_v 就可计算调节阀的全开流量。K_v 值相同，如果 ρ、ΔP 不同，通过阀的流量不同。

对一般不可压缩流体（一般液体和常压下的气体），调节阀的全开流量 L_{100} 必须满足设计工况要求：

$$L_{100} = K_v \cdot \text{sqrt}[(\Delta P_v/\Delta P_K)(\rho_K/\rho)] = K_a[L] \quad (\text{m}^3/\text{h 或 t/h}) \tag{3.2}$$

式中，L_{100}——开度为 100%（最大）时的输出流量（m^3/h 或 t/h）；

　　　K_a——安全系数，通常可以取 $K_a = 1.1 \sim 1.2$；

　　$[L]$——调节阀的设计工况输出流量（m^3/h 或 t/h）；

ΔP_v、ρ——调节阀两端的实际压差、密度；

ΔP_K、ρ_K——定义 K_v 或者 C_v 的调节阀两端的压差、密度。

式（3.2）与式（1.1）是完全相同的，只不过式（3.2）是针对调节阀。

3.2.2 可控性 2——调节阀的工作（公称）压力必须满足要求

这是所有压力设备必须满足的要求，不再介绍。

3.2.3 可控性 3——执行器的执行力（调节阀的最大工作压差）必须满足要求

由于执行器工作能力的限制，还必须使调节阀两端的最大压差：

$$\Delta P_{vmax} \leqslant \Delta P_v/K_v \tag{3.3a}$$

调节阀关闭时阀门两端的压差最大，这时与调节阀串联的管道阻力很小，所以从安全起见，可简化得出式（3.3b）：

$$\Delta P_{vmax} \approx \Delta P \leqslant \Delta P_v / K_a \qquad (3.3b)$$

式中，ΔP——作用在调节阀及其串联管道的总压差；

ΔP_v——应用时调节阀两端的压差，注意单位与 ΔP_K 一致；（$\Delta P_K = 100\text{kPa} = 0.1\text{MPa} = 1\text{kgf/cm}^2$，为测量 K_v 时调节阀两端的压差）

ΔP_v——调节阀的最大允许压差，可从调节阀样本查得；

K_a——安全系数。

对高黏度液体、高压气体、蒸汽等的流通能力的修正，以及液体闪蒸、空化的影响等，请参考有关文献。

以上三点也是一般工艺设计必须满足的要求，在调节阀产品样本和设计手册中都进行了相关介绍[8]。而下面介绍的调节范围 R_v 和调节特性则是控制系统的要求，工艺设计通常未予考虑。

3.2.4 可控性4——调节范围（或者泄漏量）必须满足要求

调节范围 R_v 需满足要求

$$R_v = L_{100} / L_0 = 1/g_0 \geqslant K_a [R_v] \qquad (3.4)$$

式中，$g = L/L_{100} = L/L_s$——相对流量；

$[R_v]$——工艺要求的流量调节范围；

角标$_{100,0}$——全开（相对开度 $x=100\%$）、全关（$x=0$）工况；

L_0——全关时流量，也称为泄漏量；

$K_a \geqslant 1$——安全系数，因为泄漏量 L_0 处影响因素（如加工与 0 点调节精度等）比较多，所以采用了较大的安全系数（1.2～1.5）。

显然，如果 L_0 过大，或者调节范围过小，则当要求 $L < L_0$ 时，系统不可控！

请特别注意：现在工程设计中往往重复取安全系数，例如：负荷计算、流量和泵（风机）、换热器、调节阀选择等都层层追加安全系数，将使系统总安全系数变得很大，这不但使造价和能耗大大增加，而且将使泄漏量大大增加，调节曲线向快开型靠近，往往可能选择不到合理的调节阀，所以运行调适难度极大。

3.3 恒压源两通调节阀的调节特性指数及其优选和运行调适

3.3.1 两通调节阀的固有流量调节特性

调节阀流量特性通常习惯用相对流量 $g = L/L_{100}$ 与相对开度（行程）$x = X/X_{100}$ 来表示，即：

$$g = L/L_{100} = L/L_s = f(x) \qquad (3.5)$$

式中，L、L_{100}——调节阀流量，全开流量；

X、X_{100}——调节阀行程，全开行程。

调节阀两端的差压不变时的相对流量 g_G 与相对开度 x 的关系称为固有特性。固有特性的表示方法：

（1）固有流量特性表达式

4 种常用调节阀的固有流量特性表达式见表 3.3-1。

常用两通调节阀固有流量特性　　　　表 3.3-1

固有特性名称	固有相对流量 g_G	相对阻力系数 $sv_G = Sv_G/S_{v_{100}} = g_G^{-2}$
平方根型	$g_G = [1+(R_G^2-1)x]^{1/2}/R_G$	$sv_G = R_G^2/[1+(R_G^2-1)x]$
直线型	$g_G = [1+(R_G^1-1)x]^1/R_G$	$sv_G = R_G^2/[1+(R_G-1)x]^2$
抛物线型	$g_G = [1+(R_G^{1/2}-1)x]^2/R_G$	$sv_G = R_G^2/[1+(R_G^{1/2}-1)x]^4$
等百分比型	$g_G = R_G^{(x-1)}$	$sv_G = 1/R_G^{2(x-1)}$

注：x 表示相对阀位；R_G 表示固有调节范围。

（2）固有流量特性曲线图

固有调节范围 $R_G = 30$ 的固有流量特性曲线表示于图 3.3-1。

（3）用相对阻力系数表示

根据式（3.2），

$$\Delta P_v = \Delta P_K = S_{v_{100}} \cdot L_{100}^2 = S_{v_{100}} \cdot K_v^2$$

$$(3.6)$$

所以，根据调节阀的流通能力 K_v 可方便地求得调节阀全开阻力系数：

$$S_{v_{100}} = \Delta P_K/K_v^2 \qquad (3.7)$$

固有特性测试的条件为：$\Delta P_v = S_v \cdot L^2 = \text{const}$，所以求得固有特性：

$$g_G^2 = (L/L_{100})^2 = (L/L_s)^2 = S_{v_{100}}/S_v$$

调节阀的相对阻力系数：

$$s_v = S_v/S_{v_{100}} = 1/g_G^2 \qquad (3.8)$$

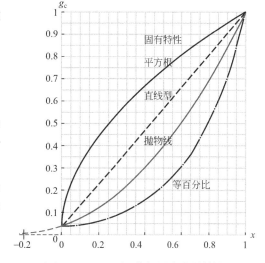

图 3.3-1　两通调节阀固有流量特性

式中，S_v 和 $S_{v_{100}}$——分别为调节阀的阻力系数和全开阻力系数。

$\Delta P_K = 100\text{kPa} = 0.1\text{MPa} = 1\text{kgf/cm}^2$，为测量 K_v 时调节阀两端的压差。

式（3.8）明确地表示了固有流量特性的最本质的物理意义：调节阀实质上就是变阻力"管件"，因此，调节阀也称为节流调节机构，所以调节过程必然有节流损失，即有阻力损失，这是调节阀与调速泵（风机）的重要差别。同时，根据式（3.7），可方便地求得调节阀全开阻力系数 $S_{v_{100}}$；根据式（3.8），可根据固有特性方便地求得调节阀的相对阻力系数与开度的关系。几种阀型的相对阻力系数也表示在表 3.3-1 中。

固有流量特性必须有一个条件，即调节阀两端的压差 ΔP_v 不变；而调节阀的相对阻力系数不需要附加条件，所以，调节阀的相对阻力系数不但是固有特性，而且是最本质的固有特性。

如果固有调节范围 $R_G = 30$，则相对全关阻力系数为：

$$s_{v_0} = S_{v0}/S_{v_{100}} = (1/g_{G0})^2 = R_G^2 = 900。$$

3.3.2 调节阀与管道串联时的工作特性

两通调节阀（下简称调节阀）的应用有调节阀与工艺管道并联和串联两种，应用最广泛的是两通调节阀与工艺管道串联的调节系统。

显然，调节阀的实际工作的条件与固有特性的条件不同，即调节阀两端的压差 ΔP_v 是变化的。调节阀的调节特性不但与调节阀的种类、型号规格等有关，而且与管道和流体（工质）源特性等有关。现在，大多数设计人员都清楚：不能直接按固有特性进行调节阀选型设计，而必须按工作特性进行调节阀选型设计。

许多文献都介绍了恒压源调节阀与工艺管道串联的调节系统（图 3.3-2），此时：

调节阀全开压降：

$$\Delta P_{v_{100}} = S_{v_{100}} \cdot L_s^2 \tag{3.9a}$$

设计工况总压降：

$$\Delta P_s = S_{v_{100}} \cdot L_s^2 + S \cdot L_s^2 = (S_{v_{100}} + S)L_s^2 \tag{3.9b}$$

设

$$P_v = \Delta P_{v_{100}}/\Delta P_s \tag{3.10}$$

式中，P_v——阀权度，表示调节阀全开调节阀阻力与系统阻力之比，可理解为：设计工况下调节阀阻力占系统阻力的权度。

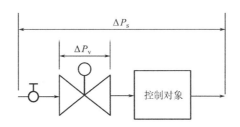

图 3.3-2 调节阀与管路串联

式（3.9b）和式（3.9a）相比可得：

$$\Delta P_s/\Delta P_{v_{100}} = 1/P_v = 1 + S/S_{v_{100}}$$

得到：

$$S/S_{v_{100}} = 1/P_v - 1 \tag{3.11}$$

对恒压源，任意工况总压降：$\Delta P = \Delta P_s = (S_v + S)L^2$，与式（3.9）相比，整理可得：

$$P_v(L/L_s)^2 = S_{v_{100}}/(S_v + S) = 1/[S_v/S_{v_{100}} + S/S_{v_{100}}]$$

即

$$g^2 = 1/[P_v(S_v/S_{v_{100}} + S/S_{v_{100}})] \tag{3.12}$$

将式（3.8）和式（3.11）代入式（3.12）得：

$$g^2 = 1/[P_v(1/g_G^2 + 1/P_v - 1)]$$

整理得到：

$$g^2 = 1/(P_v/g_G^2 + 1 - P_v) = f(P_v, g_G) = f(阀型, R_G, P_v, x) \tag{3.13}$$

式中，g_G——固有流量特性，见表 3.3-1 或者图 3.3-1。

显然，如果 $P_v = 1$，则上式变成：$g = g_G$，表明阀权度 $P_v = 1$，即得到固有特性 g_G。

式（3.13）表明：调节阀的工作特性与调节阀类型、固有调节范围 R_G、阀权度 P_v 和

相对开度 x 有关。对特定的调节阀类型和特定的固有调节范围 R_G，可做出一张流量调节性能图，许多关于调节阀的文献都附有部分流量调节性能图，所以在这里就不重复介绍了。

3.3.3　两通调节阀与管道串联时的数字化工作特性资料

显然，利用调节阀的工作特性曲线图，只能定性进行调节阀的优选和系统优化，而用特性指数法，可以使调节性能的表示、控制系统的优化设计、控制环节的优选和调节特性的自动补偿等实现数字化、简化和实用化（详见 1.3 节）。

（1）调节阀的数字化调节特性图

分析各种调节阀的工作特性，在实用阀权度 $P_v = 0.2 \sim 1.0$ 的范围内，根据式（1.11），人们关心的可调工作特性可表示为：

$$y_r = g_r = (g - g_0)/(1 - g_0) = (g - 1/R_v)/(1 - 1/R_v) = x_r^{n_v} \qquad (3.14)$$

式中，$g_0 = 1/R_v$——泄漏量；

　　　　R_v——调节阀的调节范围。

根据表 3.3-1，如果相对开度 $x = 0$，则 $g_G = 1/R_G$，代入式（3.13）得：

$$g_0 = 1/R_v = \mathrm{sqrt}[1/(P_v \cdot R_G^2 + 1 - P_v)] \qquad (3.15)$$

根据以上推导，可以做出 3 个非常实用的调节阀数字化性能图：

1）调节范围 R_v 与阀权度 P_v 的关系

根据式（3.15），可得调节范围：

$$R_v = 1/g_0 = \mathrm{sqrt}[P_v(R_G^2 - 1) + 1] = f'(P_v, R_G) \qquad (3.16)$$

通常，国产液体调节阀的固有调节范围 $R_G = 30$，于是作出实际调节范围 R_v 与阀权度 P_v 的关系图，如图 3.3-3（a）所示。如果固有调节范围 R_G 不同，则可在图中作出类似的曲线。

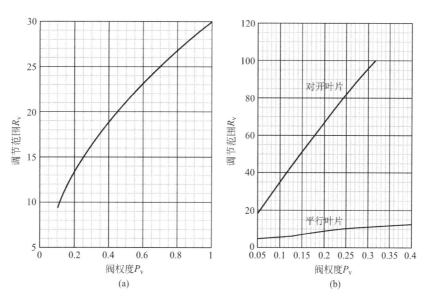

图 3.3-3　调节范围 R_v 与阀权度 P_v 的关系（举例）

（a）调节阀（$R_G = 30$）；（b）调节风阀——多叶蝶阀（10～90°）

　　另外根据特性曲线图，如多叶蝶阀调节风阀的流量特性曲线图[8]，也可作出类似的调节特性指数图，如图 3.3-3（b）所示，值得注意的是：多叶蝶阀的行程是 $10°\sim 90°$ 角行程，最小行程是 $10°$，原图流量调节特性曲线是按 P_v 范围给出平均值曲线，本图是按 P_v 中值计算调节范围 R_v。

　　2）调节特性指数图（n_v-P_v 图，图 3.3-4）

　　将式（3.15）和式（3.13）代入式（3.14），根据式（1.17）就可求得调节特性指数：

$$n_v = \log[(g_{50}-g_0)/(1-g_0)]/\log(0.5) = f(\text{阀型},\ P_v,\ R_G) \qquad (3.17)$$

　　通常，按照阀门的固有调节范围 $R_G = 30$，表 3.3-1 中 4 种常用调节阀的工作特性指数 n_v 与阀权度 P_v 的关系见图 3.3-4（a）。利用图 3.3-4 可以方便地根据阀型和与阀权度 P_v 求得工作特性指数。如果固有特性（阀型和/或调节范围 R_G）不同，则可作出类似的图形。

　　在应用图 3.3-4 之前，有必要分析一下我们定义的特性指数与表 3.3-1 定义的调节阀固有流量特性的幂函数之间的误差，以及为什么不采用表 3.3-1 定义的幂函数表示调节阀的流量特性。

　　这里先以抛物线型调节阀为例进行说明：

　　根据表 3.3-1 中的定义 $g_G = [1+(R_G^{1/2}-1)x]^2/R_G$，对抛物线顶点微分 $dg_G/dx = 0$，可求得：$x_0 = -1/(R_G^{1/2}-1) < 0$，如果 $R_G = 30$，则 $x_0 = -0.223353$。

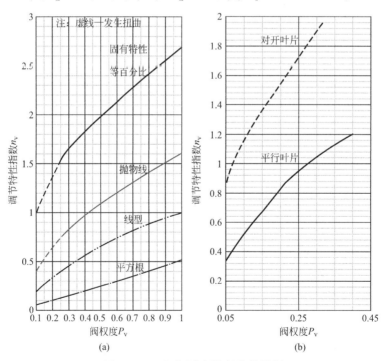

图 3.3-4　两通调节阀特性指数举例

(a) 调节阀（$R_G = 30$）；(b) 调节风阀——多叶蝶阀（$10°\sim 90°$）

　　因此，完整的抛物线固有流量性能曲线的顶点（起点）为 $x_0 = -0.223353$，$g_G = 0$；终点为 $x = 1$，$g_G = 1$。将完整的抛物线表示在图 3.3-1 中：$x \geqslant 0$ 为粗实线，$x < 0$ 为粗虚线，可将这条完整的抛物线曲线称为"全曲线"。

因为 $x<0$（粗虚线）的调节特性无法实现，也无实用价值，所以工程上有用的可调流量性能曲线（$x\geq0$，粗实线）只是在"全曲线"（粗实线＋粗虚线）上截取了一段曲线（粗实线）。于是，根据"特性曲线截段拉直原理"，因为原曲线的指数 $n>1$，则截段曲线的特性指数将减少，所以，$x\geq0$ 时的抛物线固有特性的可调特性指数为 $n_{v_G}<2$。

根据 $P_v=1$，可从图 3.3-4 求得 $x\geq0$ 时的抛物线固有特性的可调特性指数为 $n_{v_G}\approx1.61<2$。根据特性指数定义式，得到 $g_G=1/R_G+(1-1/R_G)x^{1.61}$，并在图 3.3-1 中用细虚线表示。实际上，两条曲线（细虚线和粗实线）基本重合，即在 $x\geq0$ 的有实际价值的可调区内，本处特性指数的定义数值与表 3.3-1 中的定义式数值之间的误差能够满足工程需要。

同样，可分析其他固有特性调节阀。

那么，为什么不采用表 3.3-1 中固有特性表达式来定义有泄漏环节的调节特性指数呢？主要是这种"全曲线"定义比较麻烦，而且不便于优化设计，同时调节阀的负行程（$x_0<0$）实际上无实用价值。对于有泄漏的环节/系统，将全特性分为不可调区和可调区，而且只定义了有实用价值的可调区流量性能曲线（起点为 $x_0=0$，$g_G=1/R_G$；终点为 $x_0=1$，$g_G=1$）的特性指数，这样做不仅简单，而且便于优化设计。

3）全开流量 L_{100} 与管径 D_g、全开阻力 ΔP_{100} 的关系图（图 3.3-5）

为了使用方便，可以根据调节阀的流通能力系数和允许压差，将各种型号调节阀的全开流量 L_{100} 与管径 D_g、全开阻力 ΔP_{100} 的关系绘制成图。例如，VP 型两通单座调节阀全开水量（m^3/h）（密度 $\rho=1g/cm^3$）、管径（mm）、全开阻力（MPa）的关系表示在图 3.3-5 中。

允许压差即考虑了执行器的执行力必须满足要求。从图 3.3-5 可见，当 $D_g\geq50mm$，随着管径增加，最大流量就受到了限制。

其他型号调节阀也可以作出相似的图型。例如：两通调节阀（VP，VN）和三通调节阀（VQ，VX）支路的公称直径、阀座直径、额定流通能力、固有特性、公称压力、允许压差等，同样可作出类似算图。

（2）调节风阀的调节特性图

根据特性曲线图，如多叶蝶阀调节风阀的流量特性曲线图[8]，也可作出调节特性指数图，如

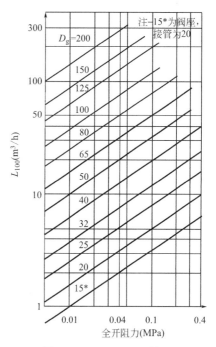

图 3.3-5　VP 型两通单座调节阀全开水量/阻力

图 3.3-4（b）（文献［8］的原图流量调节特性曲线是按 P_v 范围给出平均值曲线，本图是按 P_v 中值计算）。多叶蝶阀的行程是 $10°\sim90°$ 角行程。全开阻力系数：对开叶片 $S=0.1$，平行叶片 $S=0.3\sim0.5$（S 的单位、阻力计算见文献［8］）。

还有一种调节风阀：菱形可变叶片调节阀门，其固有特性近似为直线型，漏风小，调节范围 R_v 比图 3.3-3（a）略小；特性指数 n_v 可借用图 3.3-4（a）固有特性为"线型"的

调节阀资料；其全开阻力为：

$$\Delta P_{\mathrm{v}} = 0.3 v^2 \rho / g \quad (\mathrm{mmH_2O})$$

式中，v——空气流速（m/s）；

ρ——空气密度（kg/m³）；

g——重力加速度（m/s²）。

注意：调节风阀的尺寸通常根据需要设计，执行器必须满足执行力的要求。

3.3.4 有泄漏调节系统的调节特性指数

由于调节阀有泄漏，使本质无泄漏的调节对象（如换热器等）变成有泄漏了，此时换热器等可称为"被泄漏"对象，下面介绍如何计算"被泄漏"对象的泄漏量和调节特性指数：

根据式（1.15），无泄漏调节对象：$q = g^{n_o}$

于是调节对象的"被泄漏量"：

$$q_0 = g_0^n = (1/R_{\mathrm{v}})^{n_o} \tag{3.18a}$$

根据式（1.10），"被泄漏"的调节对象：

$$q = q_0 + (1 - q_0) g^{n_o'} \tag{3.18b}$$

其变化部分同前，可称为可调节区特性（简称可调特性）：

$$q_{\mathrm{r}} = (q - q_0)/(1 - q_0) = g^{n_o} \tag{3.19}$$

式中，n_o——无泄漏对象的调节特性指数；

n_o'——无泄漏对象"被泄漏"后的调节特性指数。

根据上面两式和特性指数的性质可求得 n_o'：

$$n_o' = \log\{[(g_0/2 + 1/2)^{n_o} - g_0^{n_o}]/(1 - g_0^{n_o})\}/\log(50\%) = f(g_0, n_o) \tag{3.20}$$

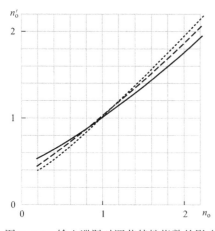

图 3.3-6　输入泄漏对调节特性指数的影响
点线 $R_{\mathrm{v}} = 30$；虚线 $R_{\mathrm{v}} = 20$；实线 $R_{\mathrm{v}} = 10$

因为 $R_{\mathrm{v}} = 1/g_0$，将式（3.19）作图于图 3.3-6，就可方便地用 $R_{\mathrm{v}} = 1/g_0$ 和 n_o 求得 n_o'。从图 3.3-6 可见，在特性曲线上截段，其特性指数向 1 靠近，如果 $n_o = 1$，则 $n_o' = n_o = 1$，因此，与线性不变原理相符。

于是，对于有泄漏系统，根据式（1.21），在可调节区内的调节特性优化的条件变为：

$$n_{\mathrm{x}} = n_{\mathrm{c}} \cdot n_{\mathrm{z}} \cdot n_{\mathrm{v}} \cdot n_o' \cdot n_{\mathrm{t}} = 1 \tag{3.21}$$

调节阀的调节特性指数：

$$n_{\mathrm{v}} = 1/(n_{\mathrm{c}} \cdot n_{\mathrm{z}} \cdot n_o' \cdot n_{\mathrm{t}}) \tag{3.22}$$

据此，可用于进行调节阀的优选。

由于通常可以通过调节量程，使控制器、执行器和传感器的 $n_{\mathrm{c}} = n_{\mathrm{z}} = n_{\mathrm{t}} = 1$，于是上面两式简化为：

$$n_{\mathrm{x}} = n_{\mathrm{v}} \cdot n_o' = 1$$
$$n_{\mathrm{v}} = 1/n_o' \tag{3.23}$$

3.3.5 恒压源两通调节阀的优选

利用特性指数图可方便地进行调节阀的优选。

【例 3.3】已知：流体为水，密度 $\rho=1\text{g}/\text{cm}^3$。工艺管道设计阻力 $\Delta P_{s_2}=0.3\text{MPa}$，流量 $L_{100}=10\text{m}^3/\text{h}$，控制系统需要调节阀具有线性工作流量特性，即特性指数 $n_v=1$，调节范围 $R_v>8$，请优选 VP 型调节阀。

解：根据图 3.3-4，特性指数 $n_v=1$，有两个解：

(1) 选择抛物线型固有特性调节阀，阀权度 $P_v=0.42$；

(2) 选择等百分比型固有特性调节阀，$P_v=0.1$（注意：$P_v<0.25$，曲线略有畸变）。

根据图 3.3-3（a），调节范围 R_v 分别查得为 $R_v=19>8$ 和 $R_v=9.5>8$，根据阀权度的定义式（3.9）：

$$P_v=\Delta P_{v_{100}}/\Delta P_s=\Delta P_{v_{100}}/(\Delta P_{v_{100}}+\Delta P_{s_2})$$

可得调节阀全开阻力为：

$$\Delta P_{v_{100}}=\Delta P_{s_2}/(1/P_v-1) \tag{3.24}$$

式中，$\Delta P_{s_2}=\Delta P_s-\Delta P_v$——工艺管道设计阻力。

按图 3.3-4 选择的两个方案，比较如下：

(1) 选择固有特性为抛物线型的调节阀，阀权度 $P_v=0.42$，则：

$$\Delta P_{v_{100}}=0.3/(1/0.42-1)=0.2\text{MPa}；$$

根据 $L_{100}=10\text{m}^3/\text{h}$，$\Delta P_{100v}=0.2\text{MPa}$，查图 3.3-5 选得：

$$D_g=25，全开总阻力 \Delta P_{v_{100}}+\Delta P_{s_2}=0.2+0.3=0.5\text{MPa}。$$

(2) 选择固有特性为等百分比型的调节阀，阀权度 $P_v=0.1$，则：

$$\Delta P_{v_{100}}=0.3/(1/0.1-1)=0.033\text{MPa}；$$

根据 $L_{100}=10\text{m}^3/\text{h}$，$\Delta P_{v_{100}}=0.0333\text{MPa}$，查图 3.3-5 选得：

$$D_g=40，全开总阻力 \Delta P_{v_{100}}+\Delta P_{s_2}=0.033+0.3=0.333\text{MPa}。$$

于是，方案（1）与方案（2）的总阻力之比（即功耗之比）为：$0.333/0.5=67\%$。

可得出结论：在满足调节范围和特性指数的前提下，如果能够选择阀权度比较小的方案，就有明显的节能效果，可以采用比较低的供水差压。但请注意：等百分比型的调节阀阀权度 $P_v\leqslant0.25$ 时，调节曲线开始发生畸变！

供水差压和流量确定后，就可以进行供水源系统的设计了。

3.3.6 水源供水压力（差压）变化的影响和调节特性的校正

需要说明以上关于调节阀的特性都存在限制条件。固有特性的限制条件为：调节阀两端的差压为常数；工作特性的限制条件为：调节系统两端的差压为常数。

因为使用两通调节阀时流量变化大，根据离心泵的扬程-流量特性，通常流量降低，扬程有所升高。所以必须考虑供水差压变化的影响，具体做法举例如下：

(1) 增加恒压控制

其缺点是成本高，通常用于多调节阀并联调节系统。

（2）选择扬程-流量特性平坦型水泵

在调速（特别是变频调速）泵（风机）广泛应用以前，通常不对供水压力进行控制，例如文献［3］提出："锅炉给水泵最宜选择扬程-流量特性平坦型的水泵，因为要求在流量变化大时扬程变化较小"。使流体源尽量接近恒压源。

如果无恒压控制，实际工程中用户末端调节，流体源侧出口介质压力的变化必然发生，相应会对调节阀的调节特性产生影响。若不进行有效调节，泵（风机）流量降低，扬程升高，调节阀的泄漏量有所增大，调节范围有所缩小，必须检查调节范围（或泄漏量）是否满足工艺要求。要准确地分析这些影响，必须花较大的篇幅，所以下面只简介对泄漏量的近似修正公式。因为泄漏量通常比较小，所以不进行恒压控制的相对泄漏量为：

$$g'_0 < g_0[(H_{so}-B)/(H_s-B)]^{1/2}$$

为安全起见，取：

$$g'_0 \approx g_0[(H_{so}-B)/(H_s-B)]^{1/2} \tag{3.25}$$

式中，g_0——恒压源条件下的相对泄漏量；

B——背压；

H_s——设计工况扬程；

H_{so}——设计转速下泵（风机）的 0 流量扬程。

可见，泵（风机）的 H-L 曲线越平坦，H_{so} 越接近 H_s，g'_0 越接近 g_0。对于恒压源，相当于 $H_{so}=H_s$，即 $g'_0=g_0$。

3.3.7　两通调节阀系统运行调适的特点

按 1.4 节介绍的调节特性指数法，可以方便地进行调节特性运行调适。必须指出：调节阀为有泄漏调节机构，必须使系统满足 Q_s、Q_o（或者调节范围）和系统调节特性指数 $n_x \approx 1$ 的要求（必要时用控制器进行补偿 $n'_c=1/n_x$）。无论设计和运行调适，因为有调节干扰，所以最重要的是校对调节范围，即检查可能出现的最大的关闭流量 L_o 是否满足要求。

3.4　互补三通调节阀

本书 3.1 节中已简介了互补三通调节阀的定义和特点。当三通阀+支管保持恒压，即图 3.4-1 中的 ΔP_a 不变，如果总实际流量：$L_z=L_a+L_b \approx$ Const，则称为互补三通调节阀。

3.4.1　三通调节阀的分类举例

本书叙述的三通调节阀分类举例见表 3.4-1，其他分类请见有关调节阀专著。

三通调节阀的基本应用方案见图 3.4-1。

三通调节阀分类举例　　　　　　　　　　　　　　　　表 3.4-1

特点	定型普通对称型三通调节阀举例		实际流量调节特性互补三通调节阀举例	
	固有特性举例	总管阻力的影响	实现互补的方法举例*	总管阻力的影响
固有特性与应用特点	(1)线型 (2)抛物线型 (3)等百分比型 (4)平方根型等	总管阻力足够大,总流量近似不变——形成被动恒流;总管阻力可使支路实际流量调节特性发生畸变;变量多,设计复杂	定型三通阀,很有限,见表 3.4-2 第 1、2 项;等径两通调节阀组合,见表 3.4-2 第 3~6 项,有限;柔性加工,无限制	总管阻力对支路实际流量特性无影响,总流量不变——形成主动恒流,分解后支路设计/运行调适的方法/资料与直通调节阀基本相同
流动	分流三通调节阀(一体化:图 3.4-1 左图;组合型:图 3.4-2 左图) 混合三通调节阀(一体化:图 3.4-1 右图($P_z'=P_z$,可循环加压控制);组合型:图 3.4-2 右图)			
阀芯	柱塞型(图 3.4-4)左,圆筒开口型(图 3.4-4)右等			

* 本处只介绍设计、运行调适简便、造价最低的(两支路同直径、同阀权度)互补三通调节阀。

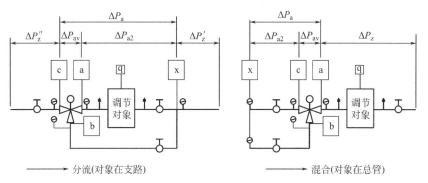

图例：　$\propto$——手动阀门；φ——差压传感器接口；$\uparrow$——温度传感器接口；a,b——支路；z——总管

图 3.4-1　三通调节阀的基本应用方案举例（$P_z = P_z'$）

注：a、b—三通阀两个支路接口；c—三通阀总管接口；x—a、b 支路管道的公共点 P_z（或等压点 P_z、P_z'）；q—调节对象的输出的传感器，例如压力、水位、热量（温差）、温度等；差压传感器接口—自动/手动运行调适而设置，运行调适完成传感器可拆除；温度传感器 T—可选。如对象输出为温差、热量，则 q=$f(\Delta T)$。

3.4.2　对称三通调节阀的固有特性

市场上的三通调节阀均为对称三通调节阀。对称三通调节阀相当于两个相同的两通调节阀按行程反向并联（一个行程增加，另一个行程减少）组成，其每个"支路调节阀"的固有特性的定义和条件与独立的两通调节阀相同，见表 3.3-1 和图 3.3-1。当三通阀的总管接口（c）和支路接口（a 和 b）两点压力相同、压差不变时，各支路的相对流量（g_{a_G}、g_{b_G}）、总流量（g_{z_G}）与相对开度 x 的关系称为三通调节阀的固有流量特性。对称三通调节阀的固有流量特性如图 3.4-2 所示。

图 3.4-2 中，实线分别表示线性三通调节阀（固有调节范围 $R_G = 30$）的 a、b 支路和总管 z 的相对固有流量特性曲线 g_{a_G}、g_{b_G}、g_{z_G}，三曲线都为直线。其中 g_{a_G} 与线性两通调节阀相同，见图 3.3-1 和表 3.3-1；g_{b_G} 与 g_{a_G} 对称；总管路 z 的固有流量特性曲线 g_{z_G}

为水平线，即总管路流量完全不变。

同时，虚线表示固有特性为抛物线的三通调节阀的固有调节特性曲线：g_{a_G} 与抛物线两通调节阀相同，……，g_{z_G} 为曲线，即总流量是变化的！

此外，点线表示固有特性为等百分比的三通调节阀的固有调节特性曲线：g_{a_G} 与等百分比两通调节阀相同，……，g_{z_G} 为曲线，同样，总流量是变化的！

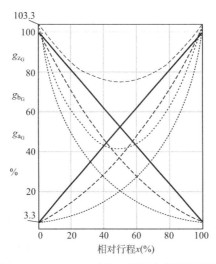

图 3.4-2　$R_G = 30$ 对称三通调节阀固有特性

实线—线性；虚线—抛物线；点线—等百分比

3.4.3　利用两通调节阀特性指数进行互补三通调节阀系统优化设计的原理

普通三通调节阀的实际特性和系统设计比两通调节阀复杂得多[9]，这里只介绍简单实用的互补三通调节阀。下面介绍利用两通调节阀的调节特性指数进行互补三通调节阀系统优化设计的原理。

第一步，设图 3.4-1 中的支路阻力 $\Delta P_a = \Delta P_b$ 在调节过程中不变（如同两通调节阀的定压源 ΔP_s 不变），并确定主调节支路，例如图 3.4-1 左图所示系统支路 a（安装了调节对象）为主调节支路；图 3.4-1 右图所示系统也选支路 a 为主调节支路（未安装调节对象，则更简单）。于是主调节支路的优化设计就与两通调节阀完全一样：根据该支路阻力 ΔP_a、特性指数 n_{va}、阀权度 $P_{va}(=\Delta P_{va}/\Delta P_a)$ 和调节范围 R_{va}，就能够利用两通调节阀的特性指数图（图 3.3-3～图 3.3-5）——进行调节阀优选，即确定主调节支路的阀型和规格等参数，具体见例 3.3。

第二步，已知：阀径 $D_b = D_a$，支路的阻力 $\Delta P_b = \Delta P_a$，阀权度 $P_{vb} = P_{va}$，调节范围 $R_{vb} = R_{va}$，进而可进行副支路的设计，确定能够实现互补（即确保总流量不变）的副支路的特性指数 n_{vb}。因为副支路未安装调节对象，必须在副支路中安装一个手动调节阀，以便调节副支路的阻力。

显然，这样就把复杂的三通调节阀系统的设计分解成了两个两通调节阀系统的设计。而且由于在第二步已经确保总流量不变，所以不必再考虑总流管路阻力 ΔP_z 对支路调节特性的影响，或者说，这样选择的互补三通调节阀的调节特性指数与总管路阻力 ΔP_z

$[=\Delta P_z+\Delta P'_z]$ 已经无关了。从而使三通调节阀的各种计算变得非常简便。与两通调节阀的选择设计相比，三通调节阀选择设计的关键是根据主调节支路的特性指数 n_{va} 求得能够实现互补（即确保总流量基本不变）的副支路的特性指数 n_{vb}。

第三步，根据系统压力 $=(\Delta P_a+\Delta P_z)$ 和设计流量，可独立设计总管路或者确定流体源压力（扬程）。而且由于两个支路的流量互补，总流量不变，则互补三通调节阀系统总体实现了恒流，而且同时实现了恒流源和恒压源。设计就非常简单了！

在工程中，通常选择两个支路调节阀的型号规格（孔径）相同，则：

全开流量 $L_{a_{100}}=L_{b_{100}}$，调节范围 $R_{va}=R_{vb}$，于是，根据式（3.14），三通调节阀的总流量系数：

$$g_z=g_a+g_b=1/R_{va}+(1-1/R_{va})x^{n_{va}}+1/R_{vb}+(1-1/R_{vb})(1-x)^{n_{vb}}=\text{const}$$
(3.26)

式中，a、b、z——a、b 支路和总管路 z 的角标；

x、$(1-x)$——两个支路调节阀的相对开度或相对行程。

本处只研究两个支路的直径相同、类型相同（固有调节范围和全开阻力相同）的互补三通调节阀，所以：$1/R_{va}=1/R_{vb}$，于是得到：

$$x^{n_{va}}+(1-x)^{n_{vb}}=\text{const}$$
(3.27)

显然，如果 $n_{va}=n_{vb}=1$，则 $x+1-x=1$，于是可得到确保总流量不变的第一个解：

$$n_{va}=n_{vb}=1$$
(3.28)

式（3.28）表明：如果两个支路的实际调节特性指数都为 1，即两个支路工作特性曲线都为直线型，则在调节过程中总流量不变。这时，三通调节阀的两个支路是对称的，即可以选择一体化三通调节阀，也可以选择组合三通调节阀。从图 3.4-3 也可以看到这个结果，即 $n_{va}=n_{vb}=1$ 能够实现互补三通调节阀。但请注意：这里的 $n_{va}=n_{vb}=1$ 是实际（工作）调节特性指数，而图 3.4-3 是指固有流量特性指数。

下面研究两个支路调节阀实现流量互补，从而确保调节过程中总流量不变的另一个解。因为：$L_{a_{100}}=L_{b_{100}}$，$1/R_{va}=1/R_{vb}=1/R_v$，用三点法确保调节过程中总流量基本不变的条件变为：

$$g_{z_0}=g_{a_0}+g_{b_{100}}=g_{z_{100}}=g_{a_{100}}+g_{b_0}=g_{z_{50}}=g_{a_{50}}+g_{b_{50}}$$

因为根据式（3.13），可以得到：

$$g_{z_0}=g_{z_{100}}=1/R_{va}+(1-1/R_{va})0^{n_{va}}+1/R_{vb}+(1-1/R_{vb})(1-0)^{n_{vb}}=1/R_v+1$$

$$g_{z_{50}}=1/R_{va}+(1-1/R_{va})0.5^{n_{va}}+1/R_{vb}+(1-1/R_{vb})0.5^{n_{vb}}$$

$$=2/R_v+(1-1/R_v)(0.5^{n_{va}}+0.5^{n_{vb}})$$

$$g_{z_{50}}=g_{z_0}=g_{z_{100}}=(1-1/R_v)(0.5^{n_{va}}+0.5^{n_{vb}})=1-1/R_v$$

所以确保总流量不变的特性指数关系式为：$0.5^{n_{va}}+0.5^{n_{vb}}=1$ (3.29)

即
$$0.5^{n_{vb}}=1-0.5^{n_{va}}$$

$$\log(0.5^{n_{vb}})=n_{vb}\cdot\log(0.5)=\log(1-0.5^{n_{va}})$$

于是：
$$n_{vb}=\log(1-0.5^{n_{va}})/\log(0.5)$$
(3.30)

为了应用方便，将式（3.30）表示于图 3.4-3。

从以上分析和图 3.4-3 可见：

（1）如果工作特性能够满足式（3.29）或式（3.30）（即图 3.4-4），则总流量在调节过程中基本不变。从图 3.4-4 还可以根据常识定性地看到：如果 $n_{va}>1$，则要求用 $n_{vb}<1$ 进行流量补偿；如果 $n_{va}<1$，则要求用 $n_{vb}>1$ 进行流量补偿，从而使总流量基本保持不变。所以，将这种能够实现流量互补的三通调节阀称为互补三通调节阀。而且互补三通调节阀的两个支路的特性指数是以过 0 点和 $n_{va}=n_{vb}=1$ 点的连线（图 3.4-4 中的细虚线）为轴对称。

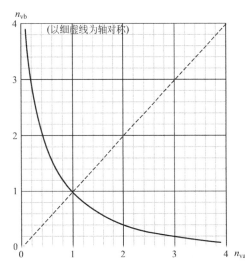

图 3.4-3　三通调节阀互补特性指数

（2）当 $n_{va}=n_{vb}=1$，为对称线性工作特性，三通调节阀的总流量恒等于常数。

（3）采用互补三通调节阀，三通阀支路的调节特性不必考虑总管路阻力的影响，因此复杂的三通调节阀系统的计算和设计变得和两通调节阀系统一样简便了。

所以，两通调节阀的工作特性是三通调节阀特性的基础，两通调节阀的优选和系统的优化设计也是三通调节阀的基础。

需特别指出：实际互补三通调节阀是指实际工作流量特性互补。仍然，对于固有特性为线型的三通调节阀，其固有流量特性指数 $n_{va}=n_{vb}=1$，则固有特性的总流量也不变（图 3.4-3），即固有流量实现了互补，但其实际流量特性通常不能实现互补。

3.4.4　利用现有定型调节阀实现互补三通调节阀

（1）利用现有定型对称三通调节阀实现互补三通调节阀

只能利用固有特性为抛物线/等百分比的定型对称三通调节阀实现 $n_{va}=n_{vb}=1$ 的互补三通调节阀，见表 3.4-2 的 1、2 项。

根据式（3.21）表示的优化条件为：$n_x=n_c \cdot n_z \cdot n_{va} \cdot n_o' \cdot n_t=n_c \cdot n_z \cdot n_o' \cdot n_t=1$，可求得控制器的优化补偿特性指数为：$n_c'=1/n_x$，也就是说，利用定型对称三通调节阀只能实现 $n_{va}=n_{vb}=1$ 的互补三通调节阀，其系统优化只能通过优化补偿实现（要求调节阀的流量特性为线性除外）。利用优化补偿，可方便地实现扩展应用，所以这是既简单又经济的方案。

（2）利用两个现有定型两通调节阀组合实现互补三通调节阀

1）同型号、等阀径、等阀权度的两通调节阀组合成互补三通调节阀

这种组合互补三通调节阀的设计，较采用一体化对称三通阀灵活，但是因型号规格有限，所以组合仍然有限。例如，根据图 3.3-4（a）的 4 种两通调节阀的特性指数和图 3.4-4 三通调节阀互补特性指数，可组成的等径、等阀权度的组合互补三通调节阀见表 3.4-2 的编号 3～10 项。因为设计时令两支路的阀权度相同，所以系统设计变得简单。

a/b 支路同型号、等阀径、等阀权度的互补三通调节阀举例　　表 3.4-2

硬件分类	编号	阀权度 $P_{va}=P_{vb}$	a 固有特性 n_{va}	b 固有特性 n_{vb}	特点
用定型对称三通调节阀	1	0.1	等百分比 $n_{va}=1$	等百分比 $n_{vb}=1$	简单经济,需优化补偿
	2	0.42	抛物线 $n_{va}=1$	抛物线 $n_{vb}=1$	
用两个定型两通调节阀组合成互补三通调节阀	3,4	0.71	等百分比 $n_{va}=2.3$	平方根 $n_{vb}=0.35$	同型号、等阀径、等阀权度的互补组合有限
	5,6	0.35	等百分比 $n_{va}=1.75$	线型 $n_{vb}=0.5$	
	7,8	0.18	等百分比 $n_{va}=1.35$	抛物线 $n_{vb}=0.7$	
	9,10	0.68	抛物线 $n_{va}=1.28$	线型 $n_{vb}=0.8$	
用柔性制造	11,……	尽可能小	根据设计要求	根据设计要求	用途广

注：阀权度 P_v 小可以节能。

从表 3.4-2 可以看到：用现有定型的一体对称三通调节阀及两个两通调节阀组合实现等阀径、等阀权度的互补三通调节阀，虽然组合有限，但主调节支路调节可实现特性指数 $n_{va}=0.35\sim2.3$ 共 10 种组合。基本能够满足各种系统调节特性的要求。如果经过系统运行调适并进行优化补偿，则完全能够满足要求。

显然，因为用定型调节阀构成互补三通调节阀的组合有限，调节阀的规格（阀径）也有限，所以实际上通常只能近似满足互补特性，因此可以利用表 3.4-2 进行快速设计：只要根据需要的特性指数 n_{va} 或者 n_{vb}，就可快速从表 3.4-2 查到最相近的组合互补三通调节阀。

【例 3.4】 已知：$n_c=n_z=n_t=1$，$n_o=0.57$，请利用表 3.4-2 快速设计组合型互补三通调节阀。

【解】 ① 根据式（3.21）表示的优化条件为：

$$n_x=n_c \cdot n_z \cdot n_{va} \cdot n_o \cdot n_t=1$$

可求得三通调节阀主支路的特性指数为：$n_{va}=1.754$。

② 从表 3.4-2 查到第 5、6 项最接近互补特性：

$$n_{va}（或 n_{vb}）=1.75，n_{vb}（或 n_{va}）=0.5，P_{va}=P_{vb}=0.35$$

③ 检查调节范围 $R_{va}=R_{vb}$ 是否满足要求

最不利用户按节流阀 v_c 和 v_a 全开，与两通调节阀一样，利用图 3.3-5 确定阀门直径、ΔP_{va}、ΔP_a、ΔP_z 等；

资用压头为：$\Delta P_{min}=\Delta P_a+\Delta P_z$；

其他用户资用压头 $>\Delta P_{min}$，按 v_a 全开，节流阀 v_c 可调节，与直通调节阀一样，利用图 3.3-5 进行选择设计。

因为设计时，已知条件不同，目标不同，设计步骤不同，本例的步骤会有差别，本处就不一一介绍。

（3）用 2 支路不等阀径、不等阀权度的两通调节阀组合成互补三通调节阀

虽然组成的方案多，但因系统设计复杂，所以就不在这里介绍了。

3.4.5　柔性制造一体化互补三通调节阀

一体化互补三通调节阀的构造示意图如图 3.4-4 所示。该调节阀的两个阀座可以与现

有定型对称三通调节阀完全相同，阀杆和阀芯的连接方式也可以完全相同，阀芯的类型（图3.4-5）也可以完全相同，只要对柱塞型（图3.4-5（a））改变外锥面形状曲线，或者对圆桶开口型（图3.4-5（b））改变开口形状，就可方便地按用户要求生产出互补三通调节阀。所以，从理论上说，利用现在的数控机床进行精密的柔性制造，完全可以按设计要求加工出需要的一体化互补三通调节阀。

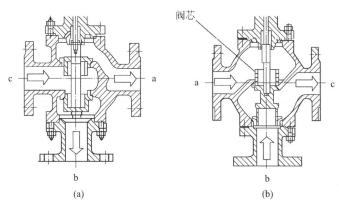

图 3.4-4　三通调节阀体

(a) 分流；(b) 合流

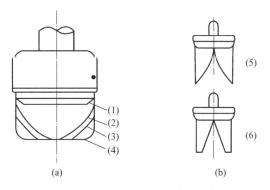

图 3.4-5　阀芯形状与固有特性示意图

(a) 柱塞型阀芯：(1) 快开型；(2) 直线型；(3) 抛物线型；(4) 等百分比型；

(b) 圆桶开口型阀芯：(5) 等百分比型；(6) 直线型

3.4.6　互补三通调节阀运行调适的特点

因为误差不可避免，如阀门本身的加工误差和装配误差、现场安装误差、系统设计误差等，即使柔性制造理论上可完全实现各种优化互补三通调节阀，也有设计、加工、装配、安装误差。同时，调节阀规格有限，通常不能精准满足要求，所以，仍必须进行运行调适，如果误差过大，则还必须进行优化补偿。运行调适步骤举例如下：

（1）按图3.4-1安装运行调适用的差压传感器；

（2）调节手动阀门 v_a，使 a 支路阀权度 P_{va} 达到设计值；

（3）调节手动阀门 v_b，使 b 支路阀权度 P_{vb} 达到设计值；

（4）调节手动阀门 v_c，使目标参数达到工艺要求；为防"大马拉小车"，设计可采用多速泵（风机）或多台并联：先将最不利支路 v_c 全开，粗调转速挡或台数，细调节 v_c，然后再调其他支路；

（5）运行调适系统的调节特性，必要时进行优化补偿。

无论是单泵（站）＋多阀系统还是分布式泵阀系统，如果采用互补三通调节阀，泵站可以不进行控制，全工况调节过程中系统流量不变，无调节干扰，稳定性最好。此时，只要运行调适好额定工况也就不必进行全工况控制，因此供水系统最简单。

3.5 调节阀的改进与智能阀

3.5.1 调节阀的改进——采用数字伺服放大器和电子限位开关

传统的电动调节阀采用模拟量比较—伺服放大器—驱动执行器—驱动调节阀，伺服放大器将输入信号和来自执行机构位置发送器的反馈信号进行比较，并将二者的偏差进行放大以驱动电动机转动，再经减速器减速，带动阀芯转动以改变阀门开度。其接受和输出的都是模拟信号，经常出现明显的误差。

同时，通常采用机械限位开关，调节也比较困难，往往不能确保阀门的调节范围达到最大，即泄漏量比较大，而且可能因污渣卡住而烧坏执行电机。

因此，直接从 RS485 总线或其他通信渠道获得数字命令，可充分利用单片计算机（微处理器）的功能，成为智能阀，其精度和可靠性要高于传统的调节阀。调节阀可连接 PC 机或手机 App，通过 PC 机或手机 App 发送指定的程序实现有效控制：

（1）直接实现数字伺服放大，即直接用数字比较—驱动可控硅—驱动执行器—驱动调节阀，从而省去伺服放大器等输出信号处理环节。同时，可方便地设定阀位不灵敏区，防止阀门振荡。经多年使用，证明数字伺服放大简单可靠。

（2）采用电子限位开关（通过电流比较限位）取代机械限位开关，不但能够自动确保阀门的调节范围达到最大，而且能防止阀门因故（如污渣）卡住而烧坏执行电机，并且可以发出报警。同时，阀门调试较简单。

3.5.2 调节特性的自动调适和补偿

在 3.3.4 节两通调节阀系统运行调适的特点和 3.4.6 节互补三通调节阀运行调适的特点的基础上，可实现系统调节特性的自动调适和补偿。

3.5.3 直接控制目标

采用一个智能调节阀，就构成了一个控制系统。

3.5.4 嵌入主控制器

数字伺服放大器和电子限位开关，以及调节特性的自动调适和补偿器，既可以与执行器/调节阀组成一体（组成独立的调节阀），也可嵌入主控制器，例如对于本书的目标，则可以嵌入全工况舒适节能恒扩展体赶温度空调供暖控制器及各种子系统控制器中，从而简化系统、降低成本。

【例 3.5】已知：$n_z = n_t = 1$，热交换器的设计流量 $L_s = 10t/h$，供水压差 $P = 0.055MPa$，热量调节范围 $R_q = 8$，调节特性指数 $n_o = 0.67$，请选择 VP 型调节阀，使系统实现线性特性，即 $n_c = 1$。$n_o = 0.67$，设计流量 $L_s = 10t/h$，供水压力 $P = 0.055MPa$，热量调节范围 $R_q = 8$，$n_c = n_z = n_t = 1$，请选择 VP 型调节阀，使系统实现线性特性。

【解】（1）根据 $R_v = 8$，$n_o = 0.67$，查图 3.3-6，求得 $n_o' = 0.9$。

（2）根据优化设计条件式（3.23）：$n_v \cdot n_o' = 1$，求得 $n_v = 1/n_o' = 1.11$。

（3）根据 $n_v = 1.5$，查图 3.3-4 可选调节阀：

①等百分比型：$P_v = 0.13$；②抛物线型：$P_v = 0.52$。

（4）根据 P_v，查图 3.3-3，得到：

①等百分比型：$R_v = 10$；②抛物线型：$R_v = 22$。

（5）根据式（3.17）可得：$1/R_q = (1/R_v)^{n_o}$，即 $R_q = R_v^{n_o}$，于是：

①等百分比型：$R_q = 10^{0.67} = 4.67 < 7.5$，不满足要求；②抛物线型 $R_v = 22^{0.67} = 7.9 > 7.5$，满足要求。

（6）根据 $P_v = 0.52$，$P = 0.05MPa$，求得调节阀全开压降 = 0.026。

（7）根据调节阀全开压降为 0.026 和全开流量 $L_s = 10t/h$，查图 3.3-5，得 $D_g = 40$。于是，调节阀的优选结果为：抛物线型 $D_g = 40$。

如果无法同时满足调节范围和特性指数，则可以先满足调节范围，然后按式（1.23）用补偿器（实际上在控制器中）进行优化补偿。

第4章 微观/宏观相似原理与单泵（风机）[站]系统优化

本章在广泛应用的泵（风机）的微观相似原理的基础上，提出了宏观相似原理，并且应用微观/宏观相似原理，可定量研究各种单泵（风机）系统，包括基本系统、恒速和恒压（压差）系统，特别是自适应变扬程供水（包括自适应变压开式供水和自适应变压差循环供水两个专利，其控制恒压（压差）系统相同，只是取样点不同，但全工况节能显著）等系统，以及站内按负荷改变并联台数调速节能方案等的实际调节特性和全程实际能耗分析。提出并应用了当量背压和相对当量背压等概念，不但使各种单泵（风机）系统优化实现了数字化、实用化和简化，而且将在下一章介绍分布式等多泵系统的实际能耗的数字优化。

4.1 泵（风机）的微观/宏观相似原理及数字化特性

4.1.1 离心泵/容积泵的比较与微观/宏观相似原理概述

利用相似理论可以大大简化性能试验、加快产品开发设计、加速推广应用。离心泵的相似理论已经比较成熟，大大加快了产品开发和推广应用。

现有成功用于离心泵（风机）的相似原理需要满足相似三要素：几何相似，运动（速度三角形）相似，动力相似（紊流）。因为运动（速度三角形）相似属于微观范畴，所以现有相似原理可称为微观相似原理。然而，在容积泵中，流动被齿轮、活塞等隔离，无法分析速度三角形，而且容积泵中的正向流动也难以发展成紊流，所以微观相似原理不能用于容积泵。

泵的性能包括扬程 H、轴功率 N、效率 η、允许汽蚀余量 $NPSH$ 等与流量 L、转速 r 的关系。其中扬程 H 与流量 L、转速 r 的关系为应用中首先关心的性能，所以首先对它进行讨论。研究泵的性能，归根到底是研究液体在泵中的流动规律。可以说：微观相似原理是研究泵（风机）中的正向微观流动（速度三角形），从而求得了扬程 H 与流量 L 的关系；而这里将介绍的宏观相似原理是研究宏观流量的流动状态和产生的宏观阻力 ΔH 对扬程 H 的影响等。

本章将介绍的宏观相似原理，可用于各种泵（风机），并且使离心泵和容积泵的特性得到统一的解释和应用。为了简单，下面有时只讲泵，其原理实质上通常可用于风机。

动力式泵/容积泵及微观/宏观相似原理的比较列于表 4.1-1。

动力式泵（风机）/容积泵（风机）及微观/宏观相似原理的比较　　表 4.1-1

比较项目		离心式等动力式泵(风机)	活塞、齿轮等容积泵
泵(风机)工作原理		借助叶轮的连续转动,带动流体旋转所产生的离心力把能量连续传递给流体	活塞、齿轮等周期运动使工作容积变化,吸入并压出流体,把能量传递给流体
主流动通道构造		进出口直通,无"隔离作用"	进出口被活塞、齿轮等隔离
主通道的正向流动状态		离心泵:紊流;混流泵:过渡区(接近离心泵);轴流泵:流程短,过渡区	被活塞轮、齿隔离-层流
机械间隙尺寸(使最大 H_m 有限)		较大,切割叶轮时很大,受加工限制,大/小设备间隙难相似,实际能耗不能相似换算	活塞泵特别小;受加工限制,大/小设备间隙难相似,实际能耗不能相似换算
微观相似	研究微观速度三角形相似	相似三准则:几何/运动(速度三角形)/动力(紊流)相似;样机 H-L 曲线需全程实测;分析速度三角形可进行离心泵等动力式泵(风机)结构的优化设计	
	工程应用举例	详见文献[3]、[4],以及本书 4.1.4 节等	无法分析容积泵的微观流动速度三角形相似,所以容积泵不能应用微观相似原理
宏观相似	研究宏观等效模型,无需速度三角形相似	图 4.1-1:①实际泵(风机)$[H,L,P_z=P_n+H_L]$=②实际最大扬程泵(风机)$[L=0:H=H_m,P_z=P_n]$+③宏观"管道"模型$[L,S'$——阻力系数$]$;只需实测两个工作点就能够得到样机的 H-L 实际特性曲线;可用于各种泵(风机)	
	广义相似特性	图 4.1-2:$H/H_m=1-(L/L_m)^n$,离心泵 $n=2$,混流泵/轴流泵 $2<n<1$,容积泵 $n=1$	
	工程应用举例	本书 4.1.4 节和容积泵还有计量功能(第 7 章)	
	实测计算比较	图 4.1-5	图 4.1-3
	应用举例	计算实际调节特性指数 n_v 和能耗分析	计算 n_v 和能耗,计量功能详第 7 章
	应用注意	高黏度齿轮油泵和活塞泵等高压泵,出口必须安装泄压阀,不能也不允许进行最大扬程工况实验,可用两点求法 H_m;容积泵+直通控制阀系统必须采用恒压/自适应变扬程控制;本章只介绍无驼峰离心泵(风机)的 H-L 性能曲线	
性能比较	容积效率 η_V	低,小设备更低,不能完全相似	高,小设备更低,不能完全相似
	最大扬程 H_m	低,可关闭出口阀直接测量 H_m	高,活塞、柱塞、高压油泵等进出口装安全阀
	最大流量 L_m	大,可测 L_m,但必须注意不超过电机额定功率	小,可直接通大气测量 L_m
	H-L 性能曲线	图 4.1-2:$H/H_m=1-(L/L_m)^2$	图 4.1-2:$H/H_m=1-(L/L_m)$
	调节特性指数 n_v	离心泵:图 4.4-3;当量背压 $B'=0$,$n_v\equiv1$	齿轮泵举例:图 4.6-1;活塞泵 $n_v\equiv1$

注：1. 几何相似泵（风机）能够实现微观/宏观相似，但实际上影响性能（特别是效率）的"机械间隙"难以做到精确几何相似，所以小泵的实际性能指标（特别是效率）比大泵有所降低，另见第 5 章；相反，即使几何不相似，只要流动的宏观机制相似，也可实现宏观相似；

2. $H_m(L=0)$ 为最高扬程，$L_m(H=0)$ 为最大流量，l_L 为单位转速理论流量，η_V 为容积效率＝实际流量/理论流量。

4.1.2　泵（风机）的宏观等效模型

宏观等效模型包括 3 部分（图 4.1-1）：

①实际泵（风机）$[H，L，P_z=P_n+HL]$＝②实际最大扬程泵（风机）$[L=0：H=H_m，P_z=P_n]$＋③[等效串联]宏观"管道"模型$[$阻力 $\Delta H=S'L^n]$

其中：②实际最大扬程（$H=H_m，L=0$）泵（风机）

＝②a 理想泵 （虚点线三角形）

　　＋②b 内部微观无规则流动 （虚线圈）/内部泄漏 （虚线箭头）

请注意：有转动就有能耗，即使有效功率 $P_e＝HL＝0$，无效能耗 $P_n＞0$！因为有内部泄漏，就使最高扬程 H_m 和最大 L_m 降低，容积效率降低：$\eta_V＜1$！

③［等效串联］宏观 "管道" 是假想的，为模拟泵 （风机） 内部的宏观流动阻力 ΔH。

请注意：有流动就有阻力、压降及能耗，且流量越大，阻力越大，压降越大，扬程越低！

下面简介如何利用宏观等效模型求泵 （风机） 的各种性能参数和注意事项。

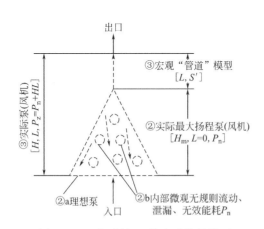

图 4.1-1　泵 （风机） 的宏观等效模型

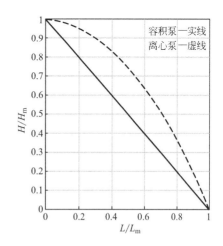

图 4.1-2　泵 （风机） 的广义特性图

4.1.3　泵 （风机） 的实际扬程 （H)-流量 （L) 特性

(1) 泵 （风机） 实际扬程-流量特性的数字化

宏观流量 L 通过等效串联宏观 "管道"，就产生宏观阻力即宏观压降 ΔH：

容积泵 （层流）：$\Delta H＝S'L$

离心泵 （紊流）：$\Delta H＝S'L^2$

其他动力泵 （过度）：$\Delta H＝S'L^n$，$(2＜n＜1)$

于是就方便地得到各种泵 （风机） 的 H-L 特性：

$$H＝H_m－\Delta H＝H_m－S'L^n \tag{4.1}$$

式中，S'——宏观 "管道" 模型的阻力系数；

　　　H_m——最大扬程；

　　　n——泵 （风机） 扬程-流量特性指数：离心泵 $n＝2$；混流泵/轴流泵 $1＜n＜2$；容积泵 $n＝1$。

扬程-流量特性指数 n 的差别是因为泵 （风机） 内部，即宏观 "管道" 模型中的流动状态不同：

1) 齿轮泵、活塞泵等容积泵，因为流动被齿轮、活塞与进出口阀等隔离，流动处于层流区，于是 $n＝1$；

2）离心泵的叶片几乎平行于流动方向，相当于进出口直通，流动面积大，流动通常处于紊流区，即 $n=2$；

3）混流泵叶片与流动方向有比较大的角度，转动叶片有一定的隔离作用，而且流程比较离心泵短，流动难以发展成完全紊流，也不是层流，为过渡区，所以 $2<n<1$，比较接近离心泵，例如有时可取 $n=1.75$；

4）轴流泵叶片几乎垂直流动方向，高速转动叶片隔离作用很强，而且流程很短，流动更难以发展成紊流，也不是层流，为过渡区，所以 $2<n<1$，比较接近容积泵，例如有时可取 $n=1.25$。

（2）泵（风机）的广义扬程-流量特性

根据式（4.1）：令 $L=0$，则 $H=H_m$，即得到最大扬程泵（风机）：

令 $H=0$，则 $H_m=S'L_m^n$ $\hspace{4cm}$ (4.2)

式（4.1）除以式（4.2），得到：

$$H/H_m=1-(L/L_m)^n \hspace{3cm} (4.3)$$

式中，L_m——最大流量（$H=0$）。

式（4.3）可称为泵（风机）的广义扬程-流量特性，将式（4.3）表示在图 4.1-2，即得泵（风机）的广义扬程-流量特性图。图中实线表示容积泵（$n=1$），虚线表示离心泵（$n=2$），其他动力泵在图示两条曲线之间。

式（4.3）中不出现宏观"管道"模型的阻力系数 S'；而且后面还可看到：在求调节特性指数时也不出现 S'。这表示 S' 只是过渡参数，就能大大简化计算。

（3）用两（三）点实测法求泵（风机）样机的 H-L 特性

1）方法1：对无驼峰离心泵（$n=2$）和容积泵（$n=1$），用两点法（应用见【例4.1】）。根据式（4.1），取 a、b 两点（通常不能太近）实测数据（H_a，L_a）和（H_b，L_b）建立方程组：

$$H_a=H_m-S'L_a^n \hspace{3cm} (4.4a)$$

$$H_b=H_m-S'L_b^n \hspace{3cm} (4.4b)$$

两式相减： $\hspace{2cm} H_a-H_b=S'(L_b^n-L_a^n)$

求得过渡参数： $\hspace{1.5cm} S'=(H_a-H_b)/(L_b^n-L_a^n) \hspace{2cm} (4.5)$

代入式(4.4a)： $\hspace{1cm} H_m=H_a+L_a^n(H_a-H_b)/(L_b^n-L_a^n) \hspace{1cm} (4.6)$

即得 H-L 特性： $\hspace{0.8cm} H=H_m-L^n(H_a-H_b)/(L_b^n-L_a^n) \hspace{1cm} (4.7)$

这里，S' 只作为过渡参数，计算简单方便。

2）方法2：对无驼峰离心泵和容积泵，根据式（4.3），求得 H_m 和 L_m。

对高压齿轮油泵和活塞泵，通常无法直接测量得到 H_m，所以方法1非常有用。

3）方法3：对 H-L 曲线无波谷的混流泵/轴流泵（$1<n<2$），因 n 未知，必须多一个测点，即三点法。

（4）泵（风机）实测性能举例

1）容积泵的实际特性举例

低黏度齿轮水泵举例：图 4.1-3 为供暖分户计量调控装置（详见第 7 章）的 F♯齿轮泵样机（20℃水）的实测数据。它表明了流量 L 与扬程 H、转速的关系。从图可见不同

转速下的扬程 H-流量 L 特性曲线为平行直线，所以不但可调节流量-控制室温，而且经过标定可进行流量计量。由于水的黏度系数小，所以 S' 比齿轮油泵小得多，H-L 直线与 H 轴夹角大得多。

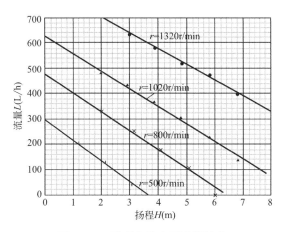

图 4.1-3　微型齿轮水泵实测性能

高黏度齿轮油泵型谱图：图 4.1-4 为某机械设备有限公司的 MGM 系列不锈钢齿轮油泵的型谱图，即在一张图上表明了 MGM 系列高黏度齿轮油泵的扬程 P（纵坐标，bar）和流量（横坐标，L/min）的关系。H-L 性能直线与扬程 H 轴的夹角很小。同时可见，相似齿轮泵的 H-L 性能直线是平行线。

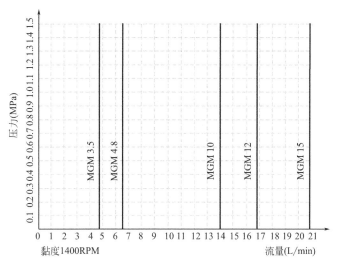

图 4.1-4　齿轮油泵型谱图举例

活塞泵、柱塞泵等的 H-L 性能直线几乎接近平行于 H 坐标轴。

2）离心泵的实际特性举例

【例 4.1】某离心泵 H-L 实验数据见表 4.1-2 第 1 至第 6 行[1]，用宏观相似原理的两点法求 H-L 特性曲线，并且与实验数据进行比较。

离心泵 *H-L* 实验数据和计算的数据　　　　　　　　　表 4.1-2

	R(Hz)	L(m³/h)	0	10	15	20	25	28.5	30	35	40
实测值	50	H(m)		34	32	31	28		24		14
	45	H(m)		28	26	24	20		17		8
	40	H(m)		22	20	18	15		11	7	
	35	H(m)		17	25	13	10		6	2	
	30	H(m)		12	9	7.5	5	2			
计算值	50	H(m)	35.33	34	32.33	30	27	24.5	23.33	19	14
	45	H(m)	28.62	27.29	25.62	23.29	20.29	17.79	16.62	12.29	7.29
	40	H(m)	22.61	21.28	19.61	17.28	14.28	11.78	10.61	6.28	1.28
	35	H(m)	17.31	15.98	14.31	11.98	8.98	6.48	5.31	0.98	
	30	H(m)	12.72	11.39	9.72	7.39	4.39	1.89	0.72		

【解】按式（4.7）用两点法[a($r=50$，$L=10$，$H=34$)，b($r=50$，$L=40$，$H=14$)]计算得到的结果表示在表 4.1-2 第 7 至 11 行，并且用图 4.1-5 中的 5 条实线表示，从上至下转速 r 依次对应的频率为 50Hz、45Hz、40Hz、35Hz、30Hz。同时，将实测点也表示在图中。可见计算曲线和实测点能够很好地相符。

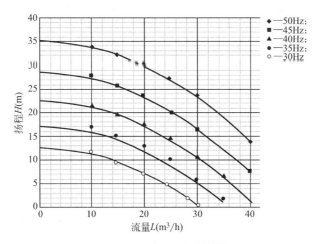

图 4.1-5　离心泵性能举例

4.1.4　相似泵（风机）的实际扬程 *H*-流量 *L* 特性换算：

$$理想泵的流量\ L_L = r \cdot l_L \qquad (4.8)$$

式中，l_L——单位转速理论排量，即一个工作周期的最大排量，可计算或查样本确定；

　　　r——工作周期数，通常为转速（r/min）。

理想泵是一个理论上的模型。因为内部泄漏的存在，使容积效率 $\eta_V < 1$；因为内部泄漏和摩擦的存在，使能量效率 $\eta < 1$。

虽然对高压油泵和活塞泵往往难以测量得到 H_m，但对暖通空调采用的泵（风机），都可使 $H=0$，测量得到内部无效能耗 P_n 和最大流量 L_m：

$$L_m = r \cdot l_m = r \cdot l_L \cdot \eta_V$$

对于调节计算，可认为容积效率 η_V 不变，则：

$$L_{m_1}/L_{m_2} = (r_1/r_2)(l_{L1}/l_{L2}) \tag{4.9}$$

对同一台设备：

$$L_{m_1}/L_{m_2} = r_1/r_2 \tag{4.10}$$

（1）容积泵

模数相同的相似齿轮泵：

$$l_{L1}/l_{L2} = (D_1/D_2)(B_1/B_2)$$

根据式（4.9）：

$$L_{m_1}/L_{m_2} = (r_1/r_2)(D_1/D_2)(B_1/B_2) \tag{4.11}$$

式中，D 和 B——齿轮的节圆直径和齿轮的厚度。

相似的活塞泵、柱塞泵：$l_{L1}/l_{L2} = (D_1/D_2)^2(X_1/X_2)$

根据式（4.10），得：

$$L_{m_1}/L_{m_2} = (r_1/r_2)(D_1/D_2)^2(X_1/X_2) \tag{4.12}$$

式中，D 和 X——活塞的直径和行程。

相似容积泵的最高扬程

因相似容积泵的 H-L 性能直线是平行线，所以同一容积泵的最高扬程：

$$H_{m_1}/H_{m_2} = L_{m_1}/L_{m_2} = r_1/r_2 \tag{4.13}$$

再次提请注意：因为安装（甚至内置）了安全泄压阀，高压齿轮油泵、活塞泵、柱塞泵等的最高扬程 H_{me} 通常难以（也不允许）直接测量！

（2）相似的离心泵：$l_{L1}/l_{L2} = (D_1/D_2)^3(B_1/B_2)$

根据式（4.10），得：$L_{m_1}/L_{m_2} = (r_1/r_2)(D_1/D_2)^3(B_1/B_2)$ 　(4.14)

根据离心泵（风机）的工作原理：借助叶轮的连续转动，带动流体旋转所产生的离心力把能量连续传递给流体，因为离心力正比于出口速度的平方，而出口速度正比于（旋转直径×转速）的平方：

$$H_{m_1}/H_{m_2} = (D_1/D_2)^2(r_1/r_2)^2 \tag{4.15}$$

式中，D 和 B——叶轮的直径和厚度。

对于同一离心泵，D 相同，S' 相同，则：

$$H_{m_1}/H_{m_2} = (L_{m_1}/L_{m_2})^n = (r_1/r_2)^n \tag{4.16}$$

（3）相似原理应用注意

最重要的一条：机械加工间隙通常难以满足相似，这在后文将有相关介绍。

4.1.5　离心泵（风机）的微观/宏观相似原理的比较举例（另见表 4.1-1）

（1）离心泵（风机）的文献都指出了调速时：

$$H_1/H_2 = (L_1/L_2)^2 = (r_1/r_2)^2 \tag{4.17}$$

但通常没有指出 H_1 和 H_2、L_1 和 L_2 的对应关系。所以，就得出了变频离心泵（风机）的流量调节特性为线性的结论。实际上，这只有对以下几种情况才正确：

1）$L = 0$ 时：$H_1/H_2 = H_{m_1}/H_{m_2} = (r_1/r_2)^2$；

2）效率最高点（额定工况）：$H_{e_1}/H_{e_2} = (r_1/r_2)^2$ 　(4.18)

3）背压为 0 且阻力系数不变的系统的工作点（如闭式循环系统）。

其他调速工况（例如背压不为 0）不能用式（4.17）直接进行进行简单换算。

（2）离心泵（风机）按微观相似原理换算：

$H=0$ 时：

$$L_1/L_2=L_{m_1}/L_{m_2}=(D_1/D_2)^3(B_1/B_2)(r_1/r_2) \tag{4.19}$$

$L=0$ 时：

$$H_1/H_2=H_{m_1}/H_{m_2}=(D_1/D_2)^2(r_1/r_2)^2 \tag{4.20}$$

两式分别与宏观相似原理的结果式（4.14）和式（4.15）比较可见，对于离心泵（风机），两种相似原理得到的结果相同。

不同的是：微观相似原理只能用于离心泵（风机），但没有指出 $H\text{-}L$ 曲线的形状，必须对模型进行全程实验，但其对叶片角度/形状的微观分析可进行离心泵（风机）结构的优化设计；从式（4.1）可见：宏观相似原理能用于各种泵（风机），并且指出 $H\text{-}L$ 曲线的形状，只要对模型进行两（三）点实验就可以确定 $H\text{-}L$ 曲线。注意：这不能用于 $H\text{-}L$ 曲线有驼峰或峰谷的泵（风机）。

【例 4.2】宏观相似原理的应用举例，求实际效率最高点

根据泵（风机）的相关专著[3]：内部无效能耗——机械损耗 P_n 基本上只与转速有关，而与流量的关系比较小。泵（风机）的宏观等效模型（图 4.1-1），也得到同样的结果。即：

$$实际轴功率 P_z \approx P_n+P_u=P_n+H \cdot L \tag{4.21}$$

式中，P_n——内部无效能耗（注意：单位与有效功率 $P_u=H \cdot L$ 一致）；

实际轴功率的准确计算很难，所以通常进行实测。作为应用举例，下面介绍轴功率最高效率点的通用近似解，当无完整实际轴功率实测数据时，非常有用。

式（4.3）乘以（L/L_m）得：

$$(H/H_m)(L/L_m)=(L/L_m)-(L/L_m)^{n+1} \tag{4.22}$$

因为对同一个泵（风机），H_m 和 L_m 为常数，所以，有效功率最大，即实际效率最高时：

$$d[(H/H_m)(L/L_m)]/d(L/L_m)=1-(n+1)(L/L_m)^n=0$$

所以，效率最高点 e 的近似位置为：

$$L_e/L_m \approx [1/(n+1)]^{1/n} \tag{4.23}$$

对容积泵 $n=1$：

$$L_e/L_m \approx 0.5 \tag{4.24}$$

对离心泵 $n=2$：

$$L_e/L_m \approx (1/3)^{1/2} \approx 0.58 \tag{4.25}$$

根据式（4.3），效率最高点：$H_e/H_m-1-(L_e/L_m)^n$

对容积泵 $n=1$：

$$H_e/H_m \approx 0.5 \tag{4.26}$$

对离心泵 $n=2$：

$$H_e/H_m \approx 2/3 \tag{4.27}$$

总之，泵（风机）的应用离不开相似原理，后面将介绍各种应用。

4.1.6 再次提醒——使用宏观相似原理的注意事项

（1）对所有动力式泵（风机）（离心、混流、轴流）和低压容积水泵，可关闭出口阀，$L=0$，方便地测量得到 H_m 和内部能耗 P_n。所以，实际最大扬程泵（风机）（图 4.1-1 中的②）是一个可方便测量的样机。但对于高压容积泵，例如高压油泵和活塞泵，出口通常安装（甚至内置）了安全泄压阀，不能也不允许关闭泵的出口阀进行测量，因此也可以建立最大流量模型，可测量 $H=0$ 时的 L_m 和内部能耗 P_n。

因为离心泵等动力式泵应用最广，所以这里采用了最大扬程泵（风机）模型。实际上，最大扬程模型和最大流量模型是基本一致的！

（2）高压容积泵+直通控制阀系统通常必须采用恒压/自适应变扬程控制，不能采用恒速供水系统——因运行可能产生高压，安全泄压阀打开时会造成很大的能耗。

（3）有驼峰的离心泵和有波谷的混/轴流泵等的 H-L 性能不能用宏观等效模型和宏观相似原理。但可以用微观相似原理进行分析和改进。

4.2 有关背压的定义及各种单泵（风机）系统的分类与定性比较

4.2.1 有用背压（简称背压）B 及常用单泵供水系统的背压

（1）有用背压（简称背压）B 的定义

有用背压 B，即流量 $L=0$ 必须提供（背负）的有用的压力（势能）。因为 B 是必须的，所以称为有用背压（简称背压）。

（2）常用单泵供水系统（图 4.2-1）的背压 B 计算如下：

① 开式供水系统，如建筑/小区供水系统

特点：流量 $L=0$，背压 $B=$ 高差 Z。

注意：如果增加水泵直接与城市供水系统相连，设计时必须经自来水公司同意。

② 向压力容器供水，容器内压力为 P

特点：即使流量 $L=0$，背压 $B=$ 高差 $Z+$ 容器内压力为 P。

③ 开口循环系统，如冷却塔，开口高差为 Z

特点：因为流量循环，高差产生的能量部分回收，流量 $L=0$，背压 $B=$ 开口高差 Z。

注意：必须设计定压补水和排气装置，及防排空措施。

④（完全）闭式循环系统

特点：因为流量循环，高差产生的能量全部回收，流量 $L=0$，背压 $B=0$；

注意：必须设计定压补水和排气装置，及防排空措施。

总之，把系统必须提升的有用的势能称为有用背压，简称背压：

$$B=H_{L=0}=Z+P \tag{4.28}$$

式中，$H_{L=0}$——$L=0$ 时泵（风机）必须提升的势能；

$\quad\quad P$——流体提升的有用的压力势能，如蒸汽锅炉的汽包的压力 P［图 4.2-2（b）］；

$\quad\quad Z$——流体提升的有用的高度势能。

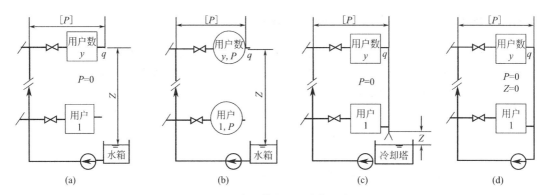

图 4.2-1　单泵供水系统举例示意图

(a) 开式供水；(b) 向压力容器供水；(c) 开口循环供水；(d) 闭式循环供水

4.2.2　现有供水系统的控制目标及当量背压 B'

将几种控制目标不同的供水系统的压力-流量曲线表示在图 4.2-2 中。比较条件：它们的设计工况点相同，都是图 4.2-2 中的 S 点。

（1）现有供水系统的控制目标和能耗定性比较（后面将进行定量比较）

下面按图 4.2-2 和表 4.2-1 中的编号介绍现有供水系统①、③、⑤、⑥。

① 直接控制最终目标的系统（背压 $B=0$）——基本系统

用户数 $y=1$，为单用户系统，当用户数 $y>1$ 时，同步调节可看作单用户。

各种文献都定性或图解介绍了单泵（风机）单用户调节系统。变频泵（风机）是唯一的调节机构，直接控制用户（对象）的输出 Q（$q=Q/Q_s$）（如流量、压力（压差）、水位、热量、温度等）。因此，实现了对目标的直接控制，即实现了一对一按需供给，供应无过剩，所以最节能！本书称这种单泵单用户系统为基本调节系统。各种文献都对它进行了介绍，并且往往将其特性，例如具有线性调节特性等，推广应用。

③ 直接控制最终目标的系统 2（背压 $B>0$）

用户数 $y=1$，为单用户系统，同样，当用户数 $y>1$ 时，同步调节可看作单用户。与①一样，变频泵（风机）是唯一调节机构，直接控制用户（对象）的输出（Q（$q=Q/Q_s$）（如流量、压力（压差）、水位、热量、温度等）。因此，实现了对目标的直接控制，也实现了一对一按需供给，供应无过剩，所以最节能！与①不同的是背压 $B>0$，其调节特性等与①显著不同。

⑤ 恒压供水系统——产生恒压源

这是工程中最常用的多用户供水系统。恒压供水系统的控制目标为水泵出口压力或者扬程，即扬程 H 与流量 L 无关，H-L 曲线为水平线。不论需要的有用背压 B 为何数值，$H=H_s>B$，为常数；当流量 $L=0$ 时，$H=H_{L=0}=$设计工况扬程 H_s。与①、③相比，显然当流量小于设计流量时，能量有浪费。

⑥ 恒速供水系统

无控制目标，不控制（水泵采用固定转速运行），H-L 的变化曲线就是水泵的 H-L 性能曲线。不论需要的背压 B 为何数值，当流量 $L=0$ 时，$H=H_{L=0}$ 为水泵的最大扬程

$H_{so} > H_s > B$；与①、③、⑤相比，恒速供水系统能量浪费更大。

（2）当量背压 B' 的定义

图 4.2-2 中①、③、⑤、⑥系统的设计工况相同，其重要差别在于 $L=0$ 时的供水压力 $H_{L=0}$ 不同，⑤、⑥系统的 $B'=H_{L=0}$ 不但包括了有用背压 B，还包括"无用背压"，它的影响与背压 B 相似，所以将 $B'=H_{L=0}$ 统称为当量背压。

当量背压 B' 可形象地理解为系统 $L=0$ 时泵（风机）"背上的压力包袱"；$B'=H_{L=0}$，而背压 B 表示用户需要的势能，即"有用背压"，所以 $B'=H_{L=0}>=B$。

其中 $B'-B \geqslant 0$，为"无用背压"，类似运输/运载工具的"自重"，而 H_{so} 可以理解为运输/运载工具的最大启动能力。

对系统①、③：$B'=H_{L=0}=B$，B' 完全是"有用背压"，没有浪费。

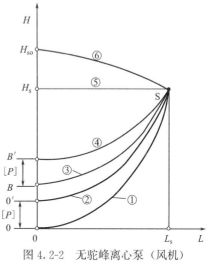

图 4.2-2　无驼峰离心泵（风机）
调节系统 $H\text{-}L$ 曲线

对恒压供水系统⑤：$B'=H_{L=0}=H_s>B$，有部分"无用背压"，即有部分浪费。

对不进行控制的恒速供水系统⑥：$B'=H_{L=0}=H_{so}>H_s>B$，"无用背压"最大，浪费最大。

单泵供水调节系统的定性比较（设计工况均为 s）　　　　表 4.2-1

编号	供水系统名称	0 流量点	有用背压 B	当量背压 B′	$\beta = B'/H_{so}$	H-L 曲线	用户	多用户压头	能耗
⑥	恒速供水系统-不控制	H_{so}	无关	$B'=H_{so}$	1（不调节）	⑥$H_{so}\text{-}s$	多	总过剩最大	最大
⑤	恒压供水系统	H_s	无关	$B'=H_s$	H_s/H_{so}	⑤$H_s\text{-}s$	多	总过剩大	大
④	自适应变扬程开式供水	B'	B	$B'=B+[P]$	$(B+[P])/H_{so}$	④$B'\text{-}s$	多	总过剩小	略>③
③	$B'=B>0$ 的基本系统	B	B	$B'=B$	B/H_{so}	③$B\text{-}s$	单	单用户无过剩	较小
②	自适应变扬程循环供水	$0'$	0	$B'=[P]$	$[P]/H_{so}$	②$0'\text{-}s$	多	总过剩小	略>①
①	$B'=B=0$ 的基本系统	0	0	$B'=0$	$0/H_{so}$	①$0\text{-}s$	单	单用户无过剩	最小

注：1. 多用户集中调节（控制），相当于单用户，各有独立控制为多用户，用户压头过剩越大、能耗越大、越不利调节；

　　2. 多用户独立控制，采用多速/变频泵（风机）或控制阀（手/电动开关阀、直/三通调节阀），详第 3、4 章；

　　3. 开式供水和自适应变扬程开式供水系统控制压力；循环供水和自适应变扬程循环供水系统控制压差。

4.2.3　供水系统控制目标的优化与自适应变扬程供水系统

（1）减少无效背压（$B'-B$）就是供水系统的控制目标优化的路径

从图 4.2-2 的曲线①、③、⑤、⑥可以定性看到：当设计工况 s 点相同时，当量背压

B' 越高，H-L 曲线越上移，能耗将越大；或者无效背压（B'-B）越大，能量浪费就越大。所以，尽量减少无效背压（B'-B），就是供水系统的控制目标优化的路径。

（2）自适应变扬程供水系统

对多用户系统，如果全程控制最不利用户（组）的资用压头 $[P]$（采样位置如图 4.2-1 中的 $[P]$ 所示）满足要求，就一定能够确保满足所有用户的要求，于是就提出了自适应变扬程供水系统。包括自适应变压开式供水系统和自适应变压差循环供水系统两个专利：

1）对自适应变压差循环供水系统，$[P]$ 通常采用差压传感器采样。通常 $B=0$，$B'=[P]$，全程调节曲线为②$0'$-s，略高于 $B=0$ 的基本系统的①$0$-s 曲线；

2）对自适应变压开式供水系统，$[P]$-采用压力传感器采样，通常 $B>0$，全程调节曲线为④B'-s，略高于 $B'=B$ 的基本系统的③B-s 曲线。于是，对基本系统和自适应变扬程供水系统 $L=0$ 时系统背负的压力"包袱" $H_{L=0}$——即当量背压为：

$$B'=H_{L=0}=B+[P] \tag{4.29}$$

式中，$[P]$——最不利用户（组）的资用压头。

对恒速供水系统（$B'=H_{L=0}=H_{so}$）和恒压（压差）供水系统（$B'=H_{L=0}=H_s$）：当量背压 B' 与 B 和 $[P]$ 无关，即 $B'=H_{L=0}>B+[P]$。

如果多用户系统的设计工况相同，根据图 4.2-2 和表 4.2-1 可见：恒压供水系统（$B'=H_{L=0}=H_s$）的 H-L 曲线为⑤，在恒速（不调速）供水系统（$B'=H_{L=0}=H_{so}$）H-L 曲线⑥之下，所以定性而言：恒压供水比恒速供水节能；同样因为自适应变扬程供水系统的 H-L 曲线④（$B'=H_{L=0}=B+[P]$）和②（$B'=H_{L=0}=0+[P]$）都在恒压供水曲线⑤（$B'=H_s$）之下，所以自适应变扬程供水系统比恒压供水系统节能！

因为 $H_{so}>H_s>B+[P]>B>0+[P]>0$，就依次定性表明了图 4.2-2 和表 4.2-1 中各种系统的能耗大小，定量分析详见【例 4.3-2】。

与恒压供水等系统相比，自适应变扬程供水系统的特点还有：

1）能够自动适应用户的高度距离和水泵进口压力 P_{in}（与水源压力有关）；能够自动适应系统中用户的增减；能够自动适应系统流量和管道阻力的变化；能够自动适应系统的改造；能够自动适应设备容量过大的设计误差；能够充分利用水源的压力能。

2）水泵出口的压力变化是自动控制的结果，只要给出最不利用户支路需要的供水压力（范围），就完成了系统的设定，因此系统调试/调适非常简便。

3）比恒压供水显著节能，而且管道阻力越大，节能越显著。

4）智能控制柜内的智能控制器具有自诊断、自学习和故障处理功能，例如经过运行数据的积累，如果压力（差压）传感器出现故障，就自动报警，并利用水泵出口压力传感器实现应急变压或恒压供水。

5）压力（差压）传感器与控制器（柜）之间可以利用 4G/5G 通信，如果距离近，信号传送也可采用有线如 RS485、4-20mA 或电力线载波等，其他通常可采用有线连接，这样不但便于自适应变扬程供水系统的新建，还便于将现有恒压（压差）供水系统改造成为自适应变扬程供水系统。

6）大大减少了各用户间的压头差别，有利于调节阀的选择和系统平衡稳定运行。

7）特别适用于分布式系统的首站和加压泵站控制，有利于分布式系统平衡稳定运行

（详见第 5 章）。

8）自适应变扬程供水系统与恒压供水系统的实施方案的本质差别在于：恒压供水系统以水泵出口压力恒定为控制目标，而自适应变扬程供水系统以最不利用户（组）的资用压头 [P] 为控制目标，其他基本相同。由此可见：在确定控制方案时，图 1.1-1 和表 1.2-1 中指出的"全工况目标参数优化"有多么重要！

4.2.4 相对当量背压 β

为便于进行定量比较，特别提出了相对当量背压 β：相当于当量背压 $B'(=H_{L=0})$ 与水泵最大扬程 H_{so} 之比，即：

$$相对当量背压:\beta=B'/H_{so}=H_{L=0}/H_{so} \tag{4.30}$$

式中，$H_{so}=H_{ms}$——水泵设计转速 $L=0$ 时的扬程，也称"0 流量扬程"，即最高扬程。

因此，可以形象地看到：泵（风机）的相对当量背压 β 越大，则有效载荷比例越小，无效能耗越大，可调节的转速范围越小，全程运行效率越低！当不进行控制时，$\beta=B'/H_{so}=1$，能耗最大，效率最低，也无调节作用。

如果 $\beta=0$，即包袱或自重为 0，所以调节范围最大，效率最高，流量调节特性为线性，即流量调节特性指数 $n_v=1$。对于闭式循环系统，因为势能全部回收，则无论建筑有多高，$B'=B=0$，全程运行效率最高。请特别注意：对闭式循环系统，千万不能把建筑高度看作背压！

如果系统 $\beta>0$，则开始有调节作用的转速为 $r_o>0$，$r<r_o$ 时，$L<0$——水将会倒流。所以开式系统的水泵出口必须安装止回阀；同时，控制过程中，必须限制 $r \geqslant r_o$。

对各种系统，对基本系统和自适应变扬程供水系统，相对当量背压：

$$\beta=B'/H_{so}=H_{L=0}/H_{so}=(B+[P])/H_{so} \tag{4.31}$$

式中，[P]——最不利用户（组）的资用压头。

显然，对于各种设计工况为 s 的系统，全程调节曲线越高，即 B' 越高，β 越大，则可调节的转速范围越小，能耗越高。例如，如果 $\beta=B'/H_{so}=1$，就不能调节，而且能耗最高；如果 $\beta=0$，$r=0$ 至 r_s 都可调节，而且能耗最低，这就是 $\beta=0$ 的基本系统。同样，自适应变扬程供水的 β 小于恒压供水，所以比恒压供水节能！

但是，对图 4.2-1（b）向高压容器供水，如果容器压力高，B' 与 B 非常接近，则自适应变扬程供水、恒压供水、单泵直接控制（如水位）之间的能耗差别也就很接近了。

各种系统的背压、当量背压与相对当量背压及能耗定性比较等见表 4.2-1。后面可看到：相对当量背压 β 在调节特性计算和能耗定量分析中的重要作用！

注意：计算相对当量背压 β 时，B、Z、P 和 [P] 单位的必须统一。

4.2.5 各种供水系统的定性比较与设计注意

图 4.2-2 为各种无驼峰单离心泵（风机）调节系统（设计工况都为 s 点）的 H-L 曲线。表 4.2-1 列出了各种单泵供水调节系统的编号与定性比较。

图 4.2-2 曲线①（对应图 4.2-1（d）闭式循环系统），势能被全部回收，所以 $B=0$；

图 4.2-2 曲线③（对应图 4.2-1（a）开式供水系统），$B>0$。他们可实现对单用户目标的全程直接控制，实现"按需供应"，没有压头过剩，所以最节能。

前文已将这两种泵（风机）单用户调节系统称为基本系统。

对开口循环系统（图 4.2-2（c）），封闭部分势能被回收，Z 为开口的高度；

对于深井回灌和大水体抽水/回灌系统，如果回水管插入取水体，则为闭式循环系统（图 4.2-1（d））；如果回水管未插入取水体，则为开口循环系统（图 4.2-1（c））。

因为通过风机的气体密度变化通常可忽略，$Z=0$，但数毫米的压力 P 不能忽略。

我们常常可以看到一些错误做法，例如：为了看到水泵出水"威风"，有意将出水口提高 ΔH；又如，从深井/大水体抽水的冷却回灌系统，本来可构成循环水系统，可全部回收势能（$B=0$），但有人为了减少管道，使回水管出口距离取水体水面有高差 ΔH。这个 ΔH 就是增加的背压，既增加了工程造价，又造成了能量浪费。

还有一种更为严重的设计错误（不是个例！）。例如，对于高楼热水供暖闭式循环供水系统，因为势能全部回收，则 $B=0$；有人习惯性按开式自来水供水系统设计，取背压 $B=$ 建筑高度，结果在调试时水泵无法启动（好在有过载电气保护，否则将烧坏电机），以至凌晨来电求助，不得不将水泵出口阀门关死后再开不到一圈，把多设计的"背压 B"节流掉，才能启动！可见浪费之大！

同样对于布置在建筑楼顶的冷却塔循环供水系统，因为势能大部分回收，也有取背压 $B=$ 建筑高度的错误之举（例如某 15 层楼宾馆的冷却水水泵扬程高达 90m）。

4.3　各种供水系统的定量比较举例

为加快理解和应用，下文采用"倒叙介绍法"——先介绍应用举例和结果分析。通过例题可以看到：数字化优化设计，且进行能耗分析非常简便；同时，读者可根据例题检索到有关数字化计算的公式。

4.3.1　无驼峰离心泵（风机）系统调节特性指数和系统优化举例（详见 4.7 节）

【例 4.3-1】（1）$B=3$m，$H_{so}=7$m，$r_s=2850$r/min，求 n_v 和起调转速 r_o；

（2）$n_c=n_z=1$，用差压传感器测控流量，求系统特性指数 n_x 和补偿方法；

（3）$n_c=n_z=1$，用流量传感器测控流量，求系统 n_x 和补偿方法；

（4）$n_c=n_z=n_t=1$，调节对象为换热器 $n_o=0.6$，求系统 n_x 和补偿方法。

【解】（1）$\beta=3/7=0.43$，从图 4.4-3 查得流量调节特性指数 $n_v=0.58$，$r_o/r_s=0.65$，于是 $r_o=2850×0.65=1583$r/min；

（2）因为对象 $q=g$，即 $n_o=1$；差压传感器 $t=g^2$，即 $n_t=2$，根据式（1.20）：$n_x=0.58×2=1.18≈1$，不必补偿；

（3）因为对象 $q=g$，即 $n_o=1$；流量传感器 $t=g$，即 $n_t=1$，根据式（1.20）：$n_x=0.58$，根据式（1.23）：补偿器 $n_b=1/0.58=1.72$，因压力反应快，也可不补偿；

（4）根据式（1.20）：$n_x=0.58×0.6=0.348$，根据式（1.25）：补偿器 $n_b=1/0.384=2.6$，因热量反应慢，通常要补偿。

可见：虽然调节机构泵（风机）的流量调节特性指数 n_v 相同，但是如果调节对象的调节特性指数 n_o 不同，或者传感器的调节特性指数 n_t 不同，则系统的调节特性指数 n_x 也不同！

4.3.2 离心泵（风机）系统的全程能耗分析举例（详见 4.8 节）

【例 4.3-2】设计工况都为 s 点的系统的全程能耗和调节特性比较。

已知：见表 4.3-1 第 3 行，第 6 行，B15～B32。

【解】根据表 4.3-1，简介应用 Excel 进行能耗定量分析的步骤：

(1) 基础计算，按 C10：K10 指示的公式，自动完成；

(2) 全程调节能耗计算，按 D14：D32 指示的公式自动完成；

(3) 统计/比较计算，按 P1：R13 和 S12 指示的公式，自动完成；

(4) 选择 E13：O32 自动做出图 4.3-1，表 4.3-1 中计算了 19 条全程调节曲线，为了看起来更清晰，图 4.3-1 中只保留了 13 条曲线，（关于电机功率的 6 条曲线在泵轴功率和变频器之间没有表示）编号/参数见表 4.3-2。

(5) 根据 B14：B32 和 S14：S32 的数据，做出图 4.3-2——全程调节能耗比与相对当量背压 β 的关系。

(6) 根据相对当量背压，可从图 4.4-3 查得流量调节特性指数 n_v，在表 4.3-2 中还直接用式 (4.40) 计算了 n_v，两者结果相同。

说明：表 4.3-1 和图 4.3-1 的编号/参数说明见表 4.3-2。相同的公式可以拷贝-粘贴（公式）！同时，只要改变"已知参数"，Excel 就会自动改变计算结果和图形。

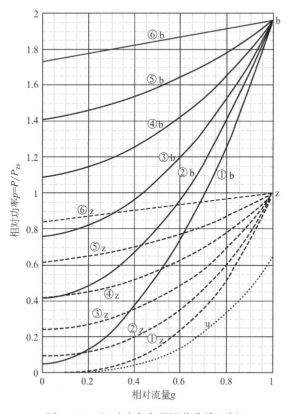

图 4.3-1 相对功率全程调节曲线（例）

用 Excel 进行全程能耗分析（相对功率以设计轴功率 P_{zs} 为标准）

表 4.3-1

	A	B	C	D	E	F	G	H	I	J	K	L	M	N	O	P	Q	R	S
1	已知参数	H_{eo}	H_e	L_e	P_{ze}	P_{zeo}	η_{ze}	r_e	n_p	H_s	L_s	n_r	n_b						
2	参数名称	0流量额定扬程	额定扬程	额定流量	额定轴功率	0流量额定轴功率	轴功率最高效率	额定转速	轴功率特性指复	设计扬程	设计流量	轴功调速特性指数	变频损耗特性指数						
3	数值	58	45	60	11	5.5	0.65	2900	1	43	55	2.7	1						
4	已知参数	P_{de}	η_{d100}	n_d	P_{be}	s_{100}	s_o	加权范围	$g=0\sim0.1$	$0.1\sim0.2$	$0.2\sim0.3$	$0.3\sim0.4$	$0.4\sim0.5$	$0.5\sim0.6$	$0.6\sim0.7$	$0.7\sim0.8$	$0.8\sim0.9$	$0.9\sim1.0$	
5	参数名称	电机额定功率	电机最高效率	电机效率特性指数	变频器额定功率	变频器满负载损耗	变频器0负载损耗	单位	h	h	h	h	h	h	h	h	h	h	
6	数值	22	0.8	0.3	25	0.042	0.012	加权值	3	3	3	2.25	2.25	2.25	2.25	2	2	2	
7																	共计24h	21	
8	基础计算	参数	H_{so}/H_{eo}	r_s/r_e	H_{so}	r_s	P_{zso}/P_{zeo}	P_{zso}	P_{zs}	p_{zso}	η_{pd}								
9		参数名称	相对比值	相对比值	0流量设计扬程	设计转速	相对比值	0流量设计计轴功率	设计工况轴功率	L=0相对工况设计轴功率	泵-电机配置系数								
10		计算公式	式(4.33)	式(4.33)	式(4.33)	式(4.33)	式(4.53)	式(4.53)	式(4.5①)	P_{zso}/P_{zs}	式(4.58)								
11		计算结果	0.930	0.964	53.924	2796.234	0.906	4.985	5.948	0.838	0.540								
12								计量单位							1	无量纲	kWh	kWh	$\sum p/\sum p_{z0}$
13	相对功率 编号-名称 条件	相对当量背压β	功率函数	$g\rightarrow$	0	0.1	0.2	0.3	0.4	0.5	0.6	0.7	0.8	0.9	1.0	相对功率积分(4.69)	平均日能耗(4.70)	日加权能耗(4.71)	全程调节能耗比
14	①u 有效功率 β=0	0	$p_{ut}(g_t)$	式(4.45)	0	0.001	0.005	0.018	0.042	0.081	0.140	0.223	0.333	0.474	0.650	0.164	23.429	20.181	0.623
15	①z 泵轴 β=0	0	$p_{zt}(g_t)$	式(4.55)	0	0.002	0.011	0.034	0.076	0.141	0.235	0.363	0.530	0.740	1.000	0.263	37.593	32.476	1.000
16	①d 电机 β=0	0	$p_{dt}(g_t)$	式(4.60)	0	0.021	0.080	0.175	0.305	0.471	0.672	0.911	1.186	1.499	1.851	0.625	89.161	78.385	2.372
17	①b 变频器 β=0	0	$p_{bt}(g_t)$	式(4.68)	0.050	0.072	0.133	0.230	0.364	0.535	0.743	0.989	1.272	1.595	1.957	0.694	99.036	87.937	2.634
18	②z 泵轴 β=0+0.2	0.2	$p_{zt}(g_t)$	式(4.55)	0.095	0.103	0.121	0.153	0.200	0.267	0.355	0.469	0.612	0.787	1.000	0.361	51.598	46.752	1.373
19	②d 电机 β=0+0.2	0.2	$p_{dt}(g_t)$	式(4.60)	0.357	0.376	0.422	0.497	0.601	0.734	0.896	1.089	1.312	1.566	1.851	0.860	122.721	114.052	3.264

续表

	A	B	C	D	E	F	G	H	I	J	K	L	M	N	O	P	Q	R	S
20	②b 变频器 $\beta=0+0.2$	0.2	$p_{bt}(g_t)$	式(4.68)	0.419	0.438	0.485	0.562	0.669	0.806	0.974	1.172	1.402	1.663	1.957	0.936	133.602	124.673	3.554
21	③z 泵轴 $\beta=0.4$	0.4	$p_{zt}(g_t)$	式(4.55)	0.243	0.253	0.273	0.305	0.350	0.410	0.486	0.581	0.697	0.835	1.000	0.481	68.707	64.531	1.828
22	③d 电机 $\beta=0.4$	0.4	$p_{dt}(g_t)$	式(4.60)	0.688	0.707	0.746	0.807	0.888	0.992	1.117	1.266	1.437	1.632	1.851	1.086	155.037	148.285	4.124
23	③b 变频器 $\beta=0.4$	0.4	$p_{bt}(g_t)$	式(4.68)	0.759	0.779	0.819	0.881	0.965	1.072	1.201	1.354	1.531	1.731	1.957	1.169	166.888	159.934	4.439
24	④z 泵轴 $\beta=0.4+0.2$	0.6	$p_{zt}(g_t)$	式(4.55)	0.421	0.432	0.453	0.481	0.519	0.568	0.627	0.699	0.784	0.884	1.000	0.616	87.922	84.642	2.339
25	④d 电机 $\beta=0.4+0.2$	0.6	$p_{dt}(g_t)$	式(4.60)	1.009	1.029	1.062	1.109	1.170	1.245	1.335	1.441	1.561	1.698	1.851	1.308	186.739	181.830	4.967
26	④b 变频器 $\beta=0.4+0.2$	0.6	$p_{bt}(g_t)$	式(4.68)	1.090	1.111	1.145	1.193	1.256	1.333	1.426	1.534	1.659	1.799	1.957	1.398	199.541	194.484	5.308
27	⑤z 泵轴 恒压 $B'=H_s$	0.79742434	$p_{zh}(g_t)$	式(4.55)	0.617	0.631	0.650	0.673	0.702	0.736	0.775	0.821	0.874	0.933	1.000	0.760	108.553	106.323	2.888
28	⑤d 电机 恒压 $B'=H_s$	0.79742434	$p_{dh}(g_t)$	式(4.60)	1.320	1.341	1.369	1.403	1.444	1.493	1.549	1.612	1.684	1.763	1.851	1.524	217.610	214.476	5.789
29	⑤b 变频器 恒压 $B'=H_s$	0.79742434	$p_{bh}(g_t)$	式(4.68)	1.410	1.432	1.460	1.496	1.538	1.588	1.646	1.711	1.785	1.866	1.957	1.621	231.339	228.110	6.154
30	⑥z 泵轴 $r=r_s;$ $B'=H_{so}$	1	$p_{zs}(g)$	式(4.55)	0.838	0.854	0.870	0.887	0.903	0.919	0.935	0.951	0.968	0.984	1.000	0.919	131.192	130.180	3.490
31	⑥d 电机 $r=r_s;$ $B'=H_{so}$	1	$p_{ds}(g)$	式(4.60)	1.635	1.657	1.679	1.701	1.723	1.744	1.766	1.787	1.808	1.830	1.851	1.744	248.951	247.604	6.622
32	⑥b 变频器 $r=r_s;$ $B'=H_{so}$	1	$p_{bs}(g)$	式(4.68)	1.735	1.758	1.780	1.803	1.825	1.847	1.869	1.891	1.913	1.935	1.957	1.847	263.620	262.233	7.013

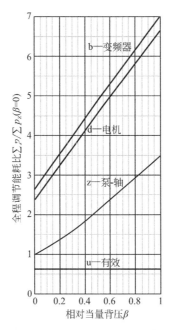

图 4.3-2　全程调节的各种功率比

【例 4.3-2】表 4.3-1 和图 4.3-1 中的编号/参数说明表（u 为有效功率）　　表 4.3-2

变频器-实线	轴功率-虚线	供水系统名称（举例）	O 流量点	背压 B	当量背压 B′	$\beta = B'/H_{so}$	n_v 式(4.40)	r_o/r_s 式(4.38)
⑥b	⑥z	恒速供水系统-不控制	H_{so}	无关	$B' = H_{so}$	1	不能调节！	1
⑤b	⑤z	恒压供水系统	H_s	无关	$B' = H_s$	0.797	0.521	0.893
④b	④z	自适应变扬程开式供水	B'	B	$B' = B + [P]$	0.6	0.547	0.775
③b	③z	$B' = B > 0$ 的基本系统	B	B	$B' = B$	0.4	0.586	0.632
②b	②z	自适应变扬程循环供水	O'	O	$B' = [P]$	0.2	0.653	0.447
①b	①z	$B' = B = 0$ 的基本系统	0	0	$B' = 0$	0	1	0

　　【结果分析】图 4.3-1 与图 4.2-2 曲线的形状虽然有些不同，但各种系统的定性关系一致，而且从表 4.3-1、表 4.3-2、图 4.3-1 和图 4.3-2 还可定量地看到：

　　（1）有效功率与实际能耗相差很大，所以优化设计不能以有效功率为依据。

　　曲线 u 为有效功率（以设计工况实际轴功率为基准）调节曲线 $p_{ut}(g_t)$，比其他实际能耗曲线低得多；例如，各种供水系统的全程调节实际轴功率为有效功率的 3.5～5.65 倍！电机、变频器的能耗差别就更大了！

　　（2）相对当量背压 $\beta = B'/H_{so}$ 对能耗特性和调节特性指数 n_v 的影响特别大。

　　例如从①依次变到⑥：$\beta = 0 \sim 1$，各种功率依次增加，调节特性指数 $n_v = 1$（线性）至

0（不能调节），$r_o/r_s=0 \sim 1$（不能调节），所以，不能将 $B=0$（$\beta=0$）的实验和分析结果推广应用到 $B'>0$（$\beta>0$）的系统！

可见：单变频泵（风机）"调节特性为线性/非线性/快开/不能调节等，以及系统节能显著/不显著等"是有条件的，重要判据就是相对当量背压 β。

（3）泵（风机）和电机的额定效率对能耗有重要影响。

因为泵（风机）和电机通常配套供应，从图 4.3-1 和图 4.3-2 可见：各种电机功率都比相应的轴功率大得多。这是因为泵（风机）和电机的额定效率 η_{ze} 比较低。离心泵额定效率 $\eta_{ze_1}=60\% \sim 90\%$，多数 $\eta_{ze}=60\% \sim 80\%$，最高达 92%，最低 $<30\%$，离心风机额定工况效率 $\eta_{ze}=70\% \sim 90\%$[3]。一般电机额定效率 $\eta_{de}=75\% \sim 92\%$。可见泵（风机）和电机的效率变化范围大，选择范围大，本例额定工况水泵 $\eta_{ze}=65\%$ 电机的 $\eta_{de}=80\%$。因此提高泵（风机）和电机的效率非常重要！

（4）变频调速的优点多，但设计时必须综合考虑

变频器的额定效率达 96%，比其他调速方案的效率高得多，比泵（风机）与电机的额定效率高得多。从图 4.3-2 中变频器曲线 b 与电机曲线 d 非常靠近，可见变频器的效率很高。然而，变频器内部具有电子电路，因此在运行时必然要耗电，即使输出功率为 0，也要耗电，根据专家测算，变频器最大自身耗电量约为额定功率 P_{be} 的 $3\% \sim 5\%$，本例约为 4%。

另外，变频调速可以克服设计误差或者错误，能够使"大马"自动适应"小车"，实现正常启动和运行。对大型泵（风机），采用变频器可实现软启动/停止，可减少对局部电网的冲击，或者可减少局部电网的容量。而且，高质量的变频器有良好的内部滤波，内部电容往往能够提高用电的功率因素。但请注意，劣质变频器则可能增加对电网的干扰！

虽然变频器有以上优点，但因为系统的能耗主要由应用工艺系统的特点和泵（风机）与电机的效率决定，所以，在选用变频调速时，应该综合考虑工艺需要、系统特点、能耗（运行费）、调节性能、造价（折旧费）等因素，不能简单地说："采用变频器就一定节能"。下一章还可看到许多条件不宜采用变频泵！

（5）总能耗与负载分布有关，加权积分有重要意义

一个具体的供水系统，供水量（负载）通常是变化的，但变化不一定是均匀的，如本例：对于流量从 0 至 100%，各流量段运行时间不同（见表 4.3-1），因为高负载（流量）运行时间比平均值减少，低负载（流量）运行时间比平均值增加，所以日加权能耗（R14：R32）比相应的平均日能耗（Q14：Q32）降低；反之，如果高负载（流量）运行时间比平均值增加，则日加权能耗比平均日能耗增加。

总之，我们一定要具体分析，不能进入习惯性误区，如：不能把有效功率分析用于实际能耗比较；不能把背压为 0 系统的结论习惯性用于背压大于 0 的系统；不能简单说"采用变频器一定节能"等。

4.3.3　容积泵调节系统的调节特性指数和系统优化举例（详见 4.6 节）

【例 4.3-3】已知：齿轮泵的 $r_s=2000r/min$，$B'/H_s=0.5$，$L_s=6L/min$，从样本查得容积泵的最大实际单位排量 $l_m=5L/min$，求调节的最低转速和特性指数。

【解】因为 $L_{ms}=l_m \times r_s=5 \times 2000=10000L/min$，从而得到 $L_s/L_{ms}=0.6$。

从图 4.6-1 按图内箭头所示，可求得流量调节特性指数 $n_v = 0.81$。

根据 $r_0/r_s = (B'/H_s)$ $(1 - L_s/L_{ms}) = 0.5 \times (1 - 0.6) = 0.2$，于是 $r_0 = 400\text{r/min}$。

表明对于流量 g 从 0 调节到 100%，转速从 400r/min 调节到 2000r/min。

4.3.4 离心泵并联工作数字化分析举例

【例 4.3-4】4 泵优化并联（图 4.4-1）。（1）求设计（额定）工况效率最高（$\beta \approx 2/3$）时的运行台数 $i = 1, 2, \cdots, b_t = 4$ 时，各泵的相对流量增量 Δg_{si}；（2）求恒压供水的相对流量增量 Δg_{si}；（3）求【例 4.3-2】⑤z（1 台调速定压供水）变为 2 台并联按负荷投入 1 台或 2 台时的相对能耗比。

【解】（1）利用 Excel，根据式（4.84）可求解，结果见表 4.3-3：左面黑体字为累计启动第 i 泵的相对流量 g_{si}；右面黑体字为增开第 i 泵的相对流量增量 $\Delta g_{si} = g_{si} - g_s (i-1)$，可见：它们都与相对当量背压 β 和 i 有关；当 $\beta = 0$ 时，i 越大，流量增量越小，表示并联台数不宜过多；同时随着 β 增加，流量增量的差别减少；当 β 达到恒压控制供水时，$\Delta g_{si} = 1/b_t = 0.25$，为常数，即每增开一台泵的相对流量增量相同。

水泵并联相对流量 g_{si} 和增量 Δg_{si} 与当量背压 β 和台数 i 的关系举例　　　表 4.3-3

$\beta \rightarrow$	0	0.2	0.6	0.66667	$b_t/i \downarrow$	$i \downarrow$	0	0.2	0.6	0.66667	$\leftarrow \beta$
$g_{s1} \rightarrow$	**0.408**	**0.371**	**0.272**	**0.25**	4	1	**0.408**	**0.371**	**0.272**	**0.25**	$\leftarrow \Delta g_{s1}$
$g_{s2} \rightarrow$	**0.707**	**0.667**	**0.535**	**0.5**	2	2	**0.299**	**0.295**	**0.262**	**0.25**	$\leftarrow \Delta g_{s2}$
$g_{s3} \rightarrow$	**0.891**	**0.869**	**0.779**	**0.75**	1.333	3	**0.184**	**0.202**	**0.244**	**0.25**	$\leftarrow \Delta g_{s3}$
$g_{s4} \rightarrow$	**1**	**1**	**1**	**1**	1	4	**0.109**	**0.131**	**0.221**	**0.25**	$\leftarrow \Delta g_{s4}$

（2）根据式（4.85）：所有并联泵恒压控制的 $\Delta g_{si} = 1/b_t = 0.25$，为常数，而且并联总台数 b_t 不受限制。这对并联泵恒压控制供水非常有利。

有人根据自己的经验或想象，对并联泵的相对流量增量 Δg_{si} 有两种观点：①认为总流量应该与开启台数成正比，即 Δg_{si} 为常数；②通过某种实测认为 Δg_{si} 随开启台数增加而减少。不能简单说对错，只因应用条件不同。

（3）根据表 4.3-1 第 27 行，按式（4.69）得到的只用 1 台变频控制的相对功率，积分为 0.76043119；变为 2 台并联按负荷投入 1 台（$g = 0 \sim 0.5$）或 2 台（$g = 0.5 \sim 1$）时，根据式（4.89），相对能耗为：（$g = 0 \sim 0.5$ 积分）/2 +（$g = 0.5 \sim 1$ 积分）= 0.5937655；能耗比为 0.7808274，约减少了 22%。台数越多节能越显著，且备用系数越大，越容易自动调适。

4.4 离心泵（风机）调节系统的调节特性指数与调节特性优化

4.4.1 离心泵（风机）扬程-流量（H-L）特性的数字化

宏观相似原理导出的式（4.1）表明了各种泵（风机）的数字化 H-L 特性。同时，泵

（风机）样本通常给出了性能图，包括额定转速 r_e 时的扬程 H、轴功率 P_z、效率 η、气蚀余量（NPSH）等与流量 L 的关系，例如：D 型卧式（多级）离心泵的单级性能如图 4.4-1 所示。根据所示 $H\text{-}L$ 曲线的形状，可用二次曲线方程来表示，即：

$$H = a + bL + cL^2$$

流量 $L=0$，$H=H_{eo}=H_m$，代入上式可得：$a = H_{eo} = H_m$。

对于无驼峰特性，通常可以认为 $L=0$ 处为抛物线的顶点，则：

$\mathrm{d}H/\mathrm{d}L = b + 2cL = 0$，由于 $L=0$，可得 $b=0$，同时设 $c=-S'$，即式（4.1）：

$$H = H_m - S'L^2 = H_{eo} - S'L^2 \tag{4.32}$$

表明无驼峰特性曲线的二阶表达式与宏观相似原理的结果式（4.1）相同，可见两种相似原理没有矛盾，而且能够相互补充。

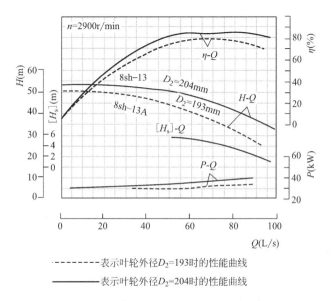

图 4.4-1　单级离心泵基本性能曲线举例

4.4.2　无驼峰离心泵（风机）设计工况和额定工况的关系

通常，样本只给出了额定转速（$r=r_e$）的特性曲线，可以得到：H_e、L_e 和 0 流量扬程 H_{eo}，而设计工况不一定是额定工况。根据式（4.32）：

对额定工况点 e（$r=r_e$，$H=H_e$，$L=L_e$）：$H_{eo} - H_e = S'L_e^2$

对设计工况点 s（$r=r_s$，$H=H_s$，$L=L_s$，通常选择在额定工况 e 点附近）：

$$H_{so} - H_s = S'L_s^2$$

两式相比：$(H_{so}-H_s)/(H_{eo}-H_e) = (H_{so}/H_{eo}-H_s/H_{eo})/(1-H_e/H_{eo}) = (L_s/L_e)^2$

根据相似原理：$H_{so}/H_{eo} = (r_s/r_e)^2$，于是整理可得：

$$H_{so}/H_{eo} = (r_s/r_e)^2 = (1-H_e/H_{eo})(L_s/L_e)^2 + H_s/H_{eo} \tag{4.33}$$

由于额定参数 r_e、H_e、H_{eo}、L_e 可从样本查得，设计工况参数 H_s、L_s 已知，因此，可以根据式（4.33），可方便地求得设计工况转速 r_s 和 H_{so}。

4.4.3 离心泵（风机）基本调节系统的调节特性指数与优化设计

基本调节系统指变频控制泵（风机）的转速 r，从而改变流量 $L(g)$，直接控制对象的输出目标 $Q(q)$。也是许多文献介绍的系统。

（1）无驼峰离心泵（风机）调节系统的工作图

对同一台离心泵（风机）调速的相似对应点：

相对流量：$g=L/L_s=r/r_s$ (4.34a)

相对扬程（风机-全压）：$H/H_s=(r/r_s)^2$ (4.34b)

式中，r、r_s——泵（风机）的任意转速、设计转速；

  L、L_s——泵（风机）在任意转速 r、设计转速 r_s 时的流量；

  H、H_s——任意转速 r、设计转速 r_s 时的扬程（风机-全压）。

无驼峰离心泵（风机）的工作图如图 4.4-2 所示。

因为 $r=r_o$，$L=0$。如果系统 $H=B>0$，$r<r_o$ 时，$L<0$，水将会倒流。所以开式系统水泵出口必须安装止回阀；也就是说，控制过程中，必须限制 $r>r_o$，而且转速只能从 r_o 调节到 r_s，所以，有效相对转速为：

$$x=(r-r_o)/(r_s-r_o) \quad (4.35)$$

图中，L——横坐标，为流量；

  r——转速；

  H——纵坐标，为扬程（风机-全压）；

  B'——当量背压，见式（4.30）；

  曲线 0——额定转速（$r=r_e$）H-L 特性曲线，$L=0$ 时有最高扬程 H_{eo}；

  曲线 1——设计转速（$r=r_s$）H-L 特性曲线，$L=0$ 时有最高扬程 H_{so}；

  曲线 2——任意转速（$r=r$）H-L 特性曲线，$L=0$ 时有最高扬程 H_{ro}；

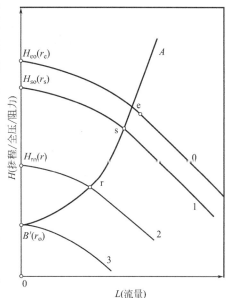

图 4.4-2　无驼峰单级离心泵（风机）工作图

  曲线 3——转速 $r=r_o$ 时的 H-L 特性曲线，$L=0$ 时有最高扬程 $B=$ 背压；

  曲线 A——背压+阻力曲线；

  e——额定工况点，从样本查得：$r=r_e$，$L=L_e$，$H=H_e$，通常为效率最高点；

  s——设计工作点：为阻力曲线 A 与水泵设计转速（$r=r_s$）曲线 0 的交点，$L=L_s$，$H=H_s$，通常必须选择在额定工作点附近；

  r——任意工作点，为阻力曲线 A 与水泵任意转速 r 的曲线 2 的交点。

（2）无驼峰离心泵（风机）流量调节特性指数

根据式（4.32）：$H_{ro}-H=S'L^2$

系统当量背压+阻力：$H=B'+SL^2$，即 $H-B'=SL^2$ (4.36)

式中，H_{ro}——任意转速 r，$L=0$ 时的扬程；

S——系统的阻力系数，严格来说，对开式系统还应该包含出口动能系数。

两式相加得
$$H_{ro}-B'=(S+S')L^2$$
$$L^2=(H_{ro}-B')/(S+S')$$

同理，对于设计转速：$L_s^2=(H_{so}-B')/(S+S')$

两式相比，调节时的相对流量：$gt^2=(L/L_s)^2=(H_{ro}-B')/(H_{so}-B')$
$$gt^2=(H_{ro}/H_{so}-B'/H_{so})/(1-B'/H_{so})$$

根据式（4.31），相对当量背压 $\beta=B'/H_{so}=B'/H_{so}=(B'+[P])/H_{so}$

则
$$gt^2=(H_{ro}/H_{so}-\beta)/(1-\beta)$$

根据相似原理：$H_{ro}/H_{so}=(r/r_s)^2$

代入可得：
$$gt^2=[(r/r_s)^2-\beta]/(1-\beta) \tag{4.37}$$

这里必须再次指出：只有 $r_o \leqslant r \leqslant r_s$ 才能调节，$r<r_o$ 不能调节。此时，泵（风机）的可调节区的相对输入（相对转速）x 必须按式（4.35）计算。于是：
$$r/r_s=x(1+r_o/r_s)$$

对同一台泵（风机）调速，根据式（4.34b）：
$$\beta=B'/H_{so}=(r_o/r_s)^2 \tag{4.38}$$

所以，对于调节过程：$r/r_s=x[1+(\beta)^{1/2}]$ (4.39)

显然，只有当量背压为 0，$\beta=0$ 时，才能从转速 $r=0$ 起进行调节。

为了求得调节特性指数，必须求得可调节区的相对输入 $x=0.5$ 流量。

根据式（4.39）：$(r_{50}/r_s)^2=[0.5+0.5\beta^{1/2}]^2$，代入式（4.37）可得：
$$gt_{50}^2=[(0.5+0.5\beta^{1/2})^2-\beta]/(1-\beta)$$
$$gt_{50}=[(0.5+0.5\beta^{1/2})^2-\beta]^{1/2}/(1-\beta)^{1/2}$$

根据式（1.18）：

$n=\log(y_{50})/\log(0.5)$，可得变频离心泵（风机）的流量调节特性指数：
$$n_v=0.5\times\log\{[(0.5+0.5\beta^{1/2})^2-\beta]/$$
$$(1-\beta)\}/\log(0.5)=f(\beta) \quad (4.40)$$

为使用方便，按式（4.40）和式（4.38），即 $r_o/r=\beta^{1/2}$，作图于图 4.4-3。

从图 4.4-3 可见：如果 $\beta=0$，则 $r_o=0$，特性指数 $n_v=1$，即调节特性为线性，且起始调节转速 $r_o=0$。然而，随着 β 增加，特性指数 n_v 减小，r_o/r_s 增加，即有调节作用的转速范围减少。当 $\beta>0.6$，特性指数 $n_v<0.55$，已经接近快开特性，并且根据式（4.39）或图 4.4-3，$r_o/r_s=\beta^{1/2}>0.77$，即只有设计转

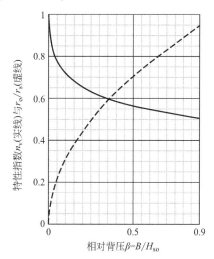

图 4.4-3　无驼峰离心泵（风机）调节特性

速的 77%～100% 有调节作用！如果 β 趋向 1，则 r_o 趋向 r_s，就不能调节了，即恒速系统！

还可看到：调节特性指数与阻力系数 S 及泵的 S' 无关，只与 β 有关！

4.4.4 有驼峰离心泵（风机）的使用限制

图 4.4-4 为有驼峰离心泵（风机）工作图。

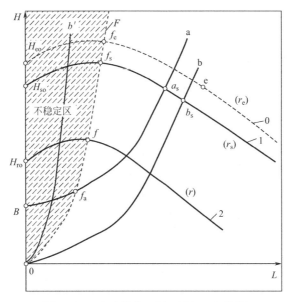

图 4.4-4　有驼峰离心泵（风机）工作图

图中，0（虚线）——额定转速 $r=r_e$，有驼峰点 f_e（Hf_e，Lf_e）；

  1（实线）——设计转速 $r=r_s$，有驼峰点 f_s（Hf_s，fL_s）；

  2（实线）——任意转速 $r=r_f$，有驼峰点 f（H_f，L_f）；

  对于驼峰点构成的曲线 F（点线）：$H(L)=S_f \cdot L^2$ (4.41)

  于是可得临界阻力系数： $S_f=H_e/L_e^2$ (4.42)

  驼峰点构成的曲线 F（虚线），将图 4.4-4 分成两部分：

（1）左边阴影区为不稳定工作区，管道阻系数 $S \geqslant S_f=H_e/L_e^2$，水泵可能发生十分有害的喘振现象，造成机器振动，噪声加剧，严重时造成器损坏等严重事故。例如：如阻力曲线 b'（背压 $B=0$，阻力系数 $S>S_f$），全部工作在不稳定工作区，不能采用调速进行控制。

（2）右边为稳定工作区，管道阻系数 $S<S_f=H_e/L_e^2$，例如，阻力曲线 b（背压 $B=0$，阻力系数 $S<S_f$ 的变频调节系统）全部工作在稳定工作区，且调速时的流量特性指数 $n_v=1$。但是，如果多用户采用阀门调节，当阀门关小时，会使阻力系数 $S>S_f$，阻力曲线变成 b'，进入不稳定工作区。所以不能用阀门调节。

（3）背压 $B>0$ 时，如阻力曲线 a，如果采用变频调速，就有部分工作在稳定工作区，部分工作在不稳定工作区。所以背压 $B>0$ 时，不能进行变频和变阻力调节，因此也没有必要研究其流量调节特性指数了。

  因此，对于 $B>0$ 建筑开式供水，不能采用有驼峰水泵。特别是消防泵，背压 $B>0$，且背压变化大，规范规定：消防泵流量扬程性能曲线应为无驼峰、无拐点的光滑曲线。对不调节流量的普通抽水系统，背压 $B>0$ 也可采用有驼峰特性水泵。

（4）有驼峰特性泵（风机）系统的能耗分析

虽然有/无驼峰离心泵（风机）的扬程-流量特性曲线形状有本质的差别，对应用有很大的影响，但是它们的额定轴功率-流量特性曲线形状没有本质差别，因此能耗分析也没有本质差别。限于篇幅，就不具体介绍了。

4.5 单泵（风机）调节系统的全程能耗分析

4.5.1 泵（风机）的有效轴功率

许多文献通常都介绍了水泵的有效（有用）轴功率的计算：

$$P_u = \rho HL/102(\text{kW}) \tag{4.43}$$

根据相似原理得到泵（风机）调节转速时的相对有效轴功率调节函数：

$$p'_{ut}(g_t) = P_{ut}(g_t)/P_{us} = (H/H_s)(L/L_s) = g^3 = (r/r_s)^3 \tag{4.44}$$

式中，P_u、p'_{ut}——任意转速 r 时的有效轴功率、相对有效轴功率；

P_{us}——设计转速 r_s 时的有效轴功率；

r、r_s——实际转速、设计转速；

ρ——介质密度。

为分析比较方便，我们都以实际设计（工作点）轴功率 P_{zs} 为基准，于是以实际设计轴功率 P_{zs} 为基准有效轴功率调节函数：

$$p_{ut}(g_t) = P_{ut}(g_t)/P_{zs} = \eta_{zs}(P_u/P_{us}) = \eta_{zs} \cdot g^3 = \eta_{zs} \cdot (r/r_s)^3$$

因为设计工作点 s 通常接近额定工况点 e，因此在近似换算和比较时可认为：$\eta_{zs} \approx \eta_{ze}$，于是以实际设计轴功率 P_{zs} 为基准的相对有效轴功率调节函数：

$$p_{ut}(g_t) = P_{ut}(g_t)/P_{zs} \approx \eta_{ze} \cdot g^3 = \eta_{ze} \cdot (r/r_s)^3 \tag{4.45}$$

式中，η_{zs}、η_{ze}——设计（工作点）效率、额定（工作点）效率。

显然，用式（4.44）和式（4.45），按有效功率计算非常简单，但没有考虑实际存在的内部损失，如果用来分析实际能耗，就会得出一些不符合实际的结论。例如：各种全分布式系统的有效功率（能耗）相同，但不同方案的全分布式系统的实际功率（能耗）是不同的（详见第 5 章）。

4.5.2 泵（风机）实际轴功率（简称轴功率）特性

（1）额定转速轴功率特性指数

泵（风机）说明书通常给出了如图 4.5-1 所示的性能曲线图，表明了额定转速各种参数随流量变化的曲线（函数），对能耗分析有直接影响的有：效率函数 $\eta_{ze}(L)$，额定转速轴功率函数 $P_{ze}(L)$。由于效率函数 $\eta_{ze}(L)$ 已经包含在 $P_{ze}(L)$ 中，所以最重要的是额定转速轴功率函数 $P_{ze}(L)$。

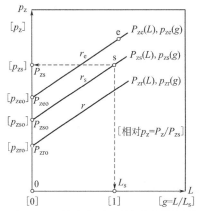

图 4.5-1　轴功率/相对轴功率分析图

注：图中曲线说明见表 4.5-1。

图 4.5-1 说明（相对参数均以设计工况为基准）　　　　表 4.5-1

曲线/函数	转速 r	$g=0$ 相对轴功率	注 $[g=L/L_s,\ p_z=P_z/P_s]$
$P_{ze}(L),p_{ze}(g)$	额定转速 $r=r_e$	$p_{zeo}=P_{zeo}/P_{zs}$	e——额定工况（点）：$P_{ze},H_e,H_{eo},L_e,\eta_{ze_{100}}$
$P_{zs}(L),p_{zs}(g)$	设计转速 $r=r_s$	$p_{zso}=P_{zso}/P_{zs}$	s——设计工况（点）：$P_{zs},H_s,H_{so},L_s,\eta_{zs_{100}}$
$P_{zr}(L),p_{zr}(g)$	任意转速 $r=r$	$p_{zro}=P_{zro}/P_{zs}$	n_p——轴功率特性指数，n_r——轴功率转速特性指数

注：图中三条线可能为曲线或直线，为简单起见，都用了直线表示。

额定转速 $r=r_e$ 时，实际轴功率 $P_{ze}(L)=P_{zeo}+K_eL^{n_p}$ 　　　　　　　　（4.46）

可得：

$$P_{ze}(L)=P_{zeo}-K_eL^{n_r}$$

额定工作点轴功率：　　　　　　$P_{ze}-P_{zeo}=K_eL_e^{n_p}$

两式相除得到额定转速轴功率表达式：

$$[P_{ze}(L)-P_{zeo})]/(P_{ze}-P_{zeo})=(L/L_e)^{n_p}=g^{n_p}$$

$$P_{ze}(L)=P_{zeo}+(P_{ze}-P_{zeo})g^{n_p}$$　　　　　　　　　　（4.47）

式中，K_e——比例常数，即额定轴功率线的斜率，在功率分析中将不会现；

L、$g(=L/L_e)$——流量、相对流量；

L_e——额定工况流量；

$P_{ze}(L)$——转速 $r=r_e$ 轴功率与流量的关系函数，简称额定转速轴功率函数；

P_{ze}——转速 $r=r_e$ 额定工况点的轴功率值，简称额定轴功率；

P_{zeo}——额定转速 r_e，流量 $L=0$ 时的轴功率；

n_p——轴功率特性指数，如果轴功率曲线为直线，则 $n_p=1$。

（2）泵（风机）设计转速实际轴功率（简称设计转速轴功率）特性

因为设计工作点通常不是额定转速的额定工作点，与调节特性一样，能耗分析最好以设计工作点为基准。因为通常设计工况点与额定工况点很接近，于是，同理可得对设计转速 $r=r_s$：

实际设计轴功率

$$P_{zs}(L)=P_{zso}+K_sL^{n_p}$$　　　　　　　　　　（4.48）

$$P_{zs}(L)=P_{zso}+(P_{zs}-P_{zso})g^{n_p}$$　　　　　　　　　　（4.49）

式（4.47）与式（4.49）有相同的格式，它们的转速不同。

式中，K_s——比例常数，即设计轴功率线的斜率，在功率分析中将不会现；

$P_{zs}(L)$——$r=r_s$ 时轴功率与流量的关系函数，简称设计转速轴功率函数；

P_{zs}——转速为 $r=r_s$ 设计工况点的轴功率值，简称设计轴功率；

P_{zso}——设计转速 r_s，流量 $L=0$ 时的轴功率；

如果用小写字母表示相对功率，则：

$p_{zs}(g)=P_{zs}(L)/P_{zs}$——相对设计轴功率与相对流量的关系函数，简称相对设计转速轴功率函数；

$p_{zso}=P_{zso}/P_{zs}$——为设计转速 $g=0$ 时的相对轴功率。

则式（4.49）变为：相对设计轴功率函数：

$$p_{zs}(g)=p_{zso}+(1-p_{zso})g^{n_p} \tag{4.50}$$

式（4.50）与式（1.10）的形式完全相同，$r=r_s$ 时，实际轴功率是"有泄漏"环节，而相对有效轴功率是"无泄漏"环节，见式（4.44）、式（4.45）。

前面已介绍，由于额定参数 r_e、H_e、H_{eo}、L_e 可从样本查得，设计工况参数 H_s、L_s 已知，因此，根据式（4.35），可方便地求得设计工况转速 r_s 和 H_{so}。

显然，最好是设计工况＝额定工况，则 $r_s=r_e$，$H_{so}=H_{se}$。

（3）泵（风机）实际轴功率与转速的关系

1）理论基础

根据泵（风机）的相关专著[3] 及宏观相似原理：

转速为 r 时的实际轴功率：$P_{zr}\approx P_u+P_n\propto r^3$

式中，P_n——内部机械摩擦损失功率，与流量无关，主要与转速有关，$P_n\propto r^3$；

$P_u\propto r^3$——有效轴功率，根据式（4.44）确定。

因此，转速为 r 的对应相似点的相对实际轴功率：

$$p_{zr}(g)=P_{zr}/P_{zs}\approx[P_{zs}(L)/P_{zs}]r^3$$

于是式（4.50）变成：

$$p_{zr}(g)=p_{zs}(g)\times(r/r_s)^3=[p_{zso}+(1-p_{zso})g^{n_p}](r/r_s)^3 \tag{4.51}$$

从表面看，式（4.51）与表示相对有效功率的式（4.44）都与转速的 3 次方成正比，其实质上的差别在于实际轴功率考虑了内部机械摩擦损失，因此大于有效轴功率。例如 $L=0$ 时，如果 $r>0$，则实际轴功率>0，而有效功率$=0$。

2）实际轴功率与转速的关系

式（4.51）与相似原理表示的功率换算关系相同。实际上，对同一台泵（风机）的对应相似工况点：扬程和流量基本符合相似原理，但是转速下降时，效率有所下降。因此，式（4.51）应该改写成：

$$p_{zr}(g)=p_{zs}(g)\times(r/r_s)^{n_r}=[p_{zso}+(1-p_{zso})g^{n_p}](r/r_s)^{n_r} \tag{4.52}$$

式中，n_r——轴功率与转速换算指数，简称功率-转速特性指数。通常 $n_r<3$，通过多组数据分析，一般可取 $n_r=2.6\sim2.8$。n_r 越小，表示转速下降时轴功率曲线向上移动，总功耗就增大。

（4）根据额定转速轴功率特性求设计转速轴功率特性（图 4.5-1）

通常样本只给出了额定转速轴功率曲线，为比较方便，采用设计轴功率作为基准。设计时，通常设计工况不是额定工况，式（4.35）和式（4.33）已经介绍了如何根据额定工况的 L_e、H_e、r_e、H_{eo} 和设计需要的 L_s、H_s，求得设计转速 r_s 和 H_{so}。在这个基础上，我们将根据额定转速轴功率特性求设计转速轴功率特性。

根据式（4.46），设计工况点（r_s，L_s，H_s，P_{zso}，P_{zs}）：$P_{zs}-P_{zso}=KL_s^{n_p}$

额定工况点（r_e，L_e，H_e，P_{zeo}，P_{ze}）：$P_{ze}-P_{zeo}=KL_e^{n_p}$

两式相比：$(P_{zs}-P_{zso})/(P_{ze}-P_{zeo})=(L_s/L_e)^{n_p}$

$$(P_{zs}/P_{zeo}-P_{zso}/P_{zeo})/(P_{ze}/P_{zeo}-1)=(L_s/L_e)^{n_p}$$

对相似对应点（$L=0$，$g=0$）：$P_{zso}/P_{zeo}=(r_s/r_e)^{n_r}$

于是：
$$P_{zso}=P_{zeo}\times(r_s/r_e)^{n_r} \tag{4.53}$$

$$[P_{zs}/P_{zeo}-(r_s/r_e)^{n_r}]/(P_{ze}/P_{zeo}-1)=(L_s/L_e)^{n_p}$$

可求得：
$$P_{zs}=P_{zeo}\times[(P_{ze}/P_{zeo}-1)(L_s/L_e)^{n_p}]+(r_s/r_e)^{n_r} \tag{4.54}$$

4.5.3 泵（风机）调节系统的全程实际轴功率特性（简称轴功率调节特性）函数

前面讨论的是泵（风机）本身的实际轴功率特性。与工作流量、流量调节特性等一样，泵（风机）在实际系统中的轴功率也不能单独确定，必须由泵（风机）本身的实际轴功率特性和系统阻力的平衡点确定。变频调速过程的实际轴功率，必须由泵（风机）本身的实际轴功率特性和系统流量调节特性确定。下面根据流量调节特性指数，介绍无驼峰离心泵（风机）流量调节时的实际轴功率特性的数字解。

求解轴功率调节特性（函数），即求解轴功率方程式（4.52），与流量调节方程式（4.37）联立方程组：

根据式（4.37）：$(r/r_s)^2=g_t^2(1-\beta)+\beta$，代入式（4.52），即得到泵（风机）调速时轴功率与流量 g_t 的关系，即相对轴功率调节函数：

$$p_{zt}(g_t)=[p_{zso}+(1-p_{zso})g_t^{n_p}][g_t^2(1-\beta)+\beta]^{n_r/2} \tag{4.55}$$

请注意：式（4.50）表示泵（风机）设计转速（$r=r_s$）相对轴功率 $p_{zs}(g)$ 与 g 的关系，转速不变（$r=r_s$）；式（4.52）表示任意转速（r）相对轴功率 $p_{zt}(g)$ 与 g 和转速 r 的关系，转速变化；而式（4.55）表示调速时的轴功率与被调节流量 g_t 的关系，转速随 g_t 改变——转速从 r_o 调节至 r_s。

如果 $\beta=1$，则 $r_o=r_s$，就无法调节了，于是 $p_{zt}(g_t)=p_{zso}+(1-p_{zso})g_t^{n_p}$，式（4.55）变成了式（4.50），即：如果 $\beta=1$，则 $p_{zt}(g_t)=p_{zs}(g)$，或者说调速不但不能节能，反而要增加变频器的额外能量损耗和造价！更准确地说，如果 $\beta=1$，则 $r_o=r_s$，就完全不能采用调速控制了。

4.5.4 电机效率特性指数和电机功率

任何一种连续调速方法，电机效率都随负载率降低而降低。根据图 4.5-2 所示典型电机的效率与负载率的关系：

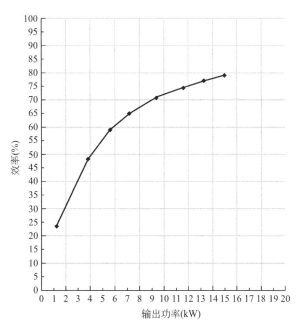

图 4.5-2 典型电机效率与负载率的关系

电机效率可以表示为： $$\eta_d = \eta_{d_{100}} \cdot F_d^{n_d} \qquad (4.56)$$

电机消耗功率： $$P_d = P_z / \eta_d \qquad (4.57)$$

式中，P_z——泵（风机）的轴功率；

$\quad\quad F_d$——电机负载率；

$\quad\quad \eta_d$——电机相对效率特性指数，不同的电机可能不同，对本例 $\eta_d = 0.3$；

$\quad\quad \eta_{d_{100}}$——满负载效率，不同的电机可能不同：一般 $\eta_{d_{100}} = 75\% \sim 92\%$，对本例 $\eta_{d_{100}} = 0.8$。提高效率，将使电动机的制造成本增加。

因为设计转速（$r = r_s$）电机负载率：$Z_{ds}(g) = p_{zs}(g) \cdot P_{zs}/P_{de}$

于是，设计转速电机效率：$\eta_{ds}(g) = \eta_{d_{100}} \cdot Z_d^{n_d} = \eta_{d_{100}} (P_{zs}/P_{de})^{n_d} [p_{zs}(g)]^{n_d}$

式中，P_{de}——电机的额定（铭牌）功率。

令 $$\eta_{pd} = \eta_{d_{100}} \times (P_{zs}/P_{de})^{n_d} \qquad (4.58)$$

对选定的泵（风机）和电机组合，$\eta_{d_{100}}$、P_{zs}、P_{de}、n_d 是常数，所以 η_{pd} 为常数。因为 η_{pd} 与泵（风机）和电机组合配备有关，所以可称为机电组合效率。

于是，根据式（4.57）和式（4.52），设计转速电机功率：

$$p_{ds}(g) = p_{zs}(g)/\eta_{pd}(g) = [p_{zs}(g)]^{(1-n_d)}/\eta_{pd} \qquad (4.59)$$

式中，$p_{zs}(g) = P_{zs}(g)/P_{zs}$——设计转速相对轴功率，按式（4.50）计算。

同理，流量调节时的电机相对功率（简称电机相对功率调节函数）为：

$$p_{dt}(g_t) = P_{dt}(g_t)/P_{zs} = [p_{zt}(g_t)]^{(1-n_d)}/\eta_{pd} \qquad (4.60)$$

式中，$p_{zt}(g_t)$——相对轴功率调节函数，即式（4.55）。

请注意式（4.60）和式（4.59）的不同：式（4.59）为泵（风机）设计转速相对轴功率函数 $p_{zs}(g)$ 与流量 g 的关系，转速是不变的；而式（4.60）表示调速时电机相对功率调节函数与被调节的流量 g_t 的关系，转速是改变的！

从式（4.58）、式（4.59）、式（4.60）可看到，电机的能耗不但与轴功率有关，而且与电机的特性（n_d 和 $\eta_{d_{100}}$）及泵（风机）-电机的配置（η_{pd}）有关，如果"大马拉小车"，即 P_{de}/P_{zs} 过大，也会额外增加能耗。

4.5.5 泵（风机）的调速与变频器的能耗特性

实际应用时，通常把泵（风机）＋执行器（包括：电机＋启动/停止/调速装置）统称为泵（风机）。

（1）泵（风机）的调速分类

泵（风机）的分类方法很多，因为全工况优化涉及调速，所以，下面简单介绍一下按泵（风机）的调速分类：

1）单速泵（风机）。

2）多速（通常为 2/3 速）泵（风机）——利用双/三速电动机，通过接触器转换改变极数得到两/三挡转速，如三速风机盘管中的风机。

3）连续调速泵（风机）

① 变频调速：变频器是利用电力半导体器件的高速通断作用，将工频变换为电压、频率都可调的交流电源的电能控制装置。现在使用的变频器主要采用"交—直—交"方式（VVVF 变频或矢量控制变频），先把工频交流电源通过整流器转换成脉动直流电源，经过滤波作用再把直流电源转换成频率、电压均可控制的交流电源供给电机。实际运行中，变频调速是带来节能、经济运行的重要措施。而且，由于价格低，得到了普及。

变频器选型原则：风机电动机的变频器选型时需符合如下要求：

（a）变频器的额定容量大于电动机的额定功率；

（b）变频器的额定电流大于或等于电动机的额定电流；

（c）变频器的额定电压大于或等于电动机的额定电压。

变频器本身运行时也要消耗电能，对于几十千瓦以下的变频器，一般满负荷时的消耗占额定容量的 3%～4%。

② 无刷直流电动机调速（详见第 7 章）。

③ 其他调速。

自从变频调速和无刷直流电动机调速出现后，泵（风机）已经很少采用其他调速方法。

（2）变频器的能耗特性

任何能量变换都会有损耗，变频调速时，即使电机功率为 0，即变频器输出 0，变频器的负载率 $f_b=0$，变频器也有附加能耗。

图 4.5-3 给出了典型变频器的效率 η_b 与负载率 f_b 的关系，似乎也可以用电机功率和变频器的效率求变频器的实际功率。然而，因负载率 $f_b=0$ 时，变频器也有损耗，如果按变频器效率 $\eta_b=0$，电机功率 $P_d=0$，则变频器功率 $P_{bo}=P_{do}/\eta_{bo}=0$。所以，与图 4.4-2 中直接应用实际轴功率特性曲线一样，而利用变频器的损耗率 s 与负载率 f_b 的关系可求变频器功率损耗。

变频器效率：
$$\eta_b=P_d/P_b \tag{4.61}$$

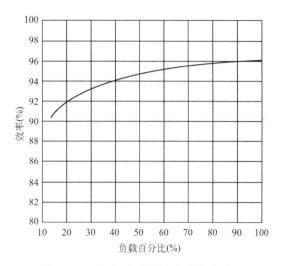

图 4.5-3　典型变频器效率与负载率关系

负载率：$\qquad\qquad f_b=P_d/P_{be}$ $\qquad\qquad$ (4.62)

功率：$\qquad\qquad\qquad P_b=P_d+S$ $\qquad\qquad$ (4.63)

相对损耗率：$\qquad\qquad s=S/P_{be}$ $\qquad\qquad$ (4.64)

变频器绝对损耗：$\qquad S=s\times P_{be}$ $\qquad\qquad$ (4.65)

式（4.61）除以式（4.62）：$\eta_b/f_b=P_{be}/P_b$，代入式（4.63）～式（4.65）可得：

变频器相对损耗率：$\qquad s=S/P_{be}=f_b(1-\eta_b)/\eta_b$ $\qquad\qquad$ (4.66)

根据图 4.5-3 和式（4.66）整理得到表 4.5-2，并作出变频器相对损耗率 s 的曲线（图 4.5-4 实线），利用特性指数定义，可以表示为：

$$s=S/P_{be}=s_o+(s_{100}-s_o)f_b^{n_b} \qquad\qquad (4.67)$$

可求得变频器相对损耗率特性指数 $n_b=\log[(s_{50}-s_o)/(s_{100}-s_o)]/\log(0.5)$

式中，s_{100}、s_{50}、s_o——以变频器额定功率 P_{be} 为基准的 100%、50%、0 负载率的损耗率。

本例：$s_{100}=0.042$，$s_o=0.012$，$s_{50}=0.0275$，$n_b\approx 1$（图 4.5-4 中虚线为直线，$n_b=1$）。

变频器绝对损耗：$S=P_{be}[s_o+(s_{100}-s_o)f_b^{n_b}]=P_{be}[s_o+(s_{100}-s_o)(P_d/P_{be})^{n_b}]$

变频器绝对功率：$P_b=P_d+S=p_d\cdot P_{zs}+P_{be}[s_o+(s_{100}-s_o)(P_d/P_{be})^{n_b}]$

为比较方便，以实际轴功率 P_{zs} 为基准的变频器相对功率：

$$p_b=P_b/P_{zs}=p_d+(P_{be}/P_{zs})[s_o+(s_{100}-s_o)(p_d\cdot P_{zs}/P_{be})^{n_b}] \qquad (4.68)$$

式（4.68）表明了以实际轴功率 P_{zs} 为基准的变频器相对功率与电机相对功率的关系。如果 $p_d=p_{ds}(g)$，则表示设计转速下变频器相对功率函数 p_{bs}（g）；如果 $p_d=p_{dt}$（g_t），则表示变频器相对功率调节函数 $p_{bt}(g_t)$。

从式（4.68）可见，即使电机功率 $P_d=0$，变频器 $p_b=P_b/P_{zs}=s_o$（P_{be}/P_{zs}）>0！

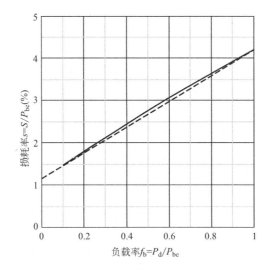

图 4.5-4　典型变频器损耗率与负载率关系

典型变频器的效率与损耗率　　　　　　　　　　　　　　　表 4.5-2

图号/曲线	变频器负载率：$f_b = P_d/P_{be}(\%)$	15	20	60	100
图 4.5-3	以变频器输出功率 P_b 为基准的效率： $\eta_b = P_d/P_b(\%)$	90.3	91.95	95.05	96.0
图 4.5-4 实线	以额定功率 P_{be} 为基准的损耗率：$s = (1-\eta_b)f_b/\eta_b(\%)$	1.46	1.61	2.97	4.0
图 4.5-4 虚线	以额定功率 P_{be} 为基准的损耗率 s 的近似直线：$s = 0.012 + 0.03f_b^{n_b}$，可取 $n_b \approx 1$				

4.5.6　利用积分或加权积分求总功耗

利用综合能耗特性指数并对代表周期进行积分或加权积分的方法请见 1.4.2 节。这里介绍利用 Excel 积分或加权积分求代表日的总功耗（见【例 4.3-2】）

（1）用图形求面积计算总相对功耗

如果 g 分为 10 等分（11 个标志），即 $g = g_0$，g_{10}，…，g_{90}，g_{100}，则：11 个标志处的各种相对功率为：px_0，px_{10}，…，px_{90}，px_{100}

$$\sum px = 0.5[(px_0 + px_{10}) + (px_{10} + px_{20}) + (px_{20} + px_{30}) + \cdots + (px_{90} + px_{100})]$$
$$= 0.5(px_0 + px_{100}) + px_{10} + px_{20} + px_{30} + \cdots + px_{90}$$

$$(4.69)$$

（2）不加权日能耗

日（24h）总能耗 $= 24 \cdot P_{zs} \cdot \sum px$（kWh）　　　　　　　　　　　（4.70）

（3）加权日能耗

按相对流量 g 分成 10 等分，各段流量运行时间依次为 h_i（$i = 0$，1，2，…，9），总计共 24h。则加权日能耗 $= 0.5 \cdot P_{zs} \cdot \sum \{h_i \cdot [px_i + px_{(i+1)}]\}$（kWh）　　（4.71）

（4）全年加权总能耗

同式（4.71），其中 h_i 为各段流量的全年运行时间（h）。

注意：这里按相对流量 g 分 10 等分，进行加权积分，也可以按其他参数：例如相对转速 x，对象输出 q 等进行分段，利用 Excel 进行积分或加权积分。

4.6　容积泵的特点与调节特性指数

4.6.1　容积泵调节特性指数的通用数字解

如前所述，高压齿轮油泵、活塞泵、柱塞泵等容积泵的最高扬程 H_m 通常难以（也不允许）测量！在这里计算容积泵调节特性指数时，将不出现 H_m，所以使用更方便。同时可以看到：对于容积泵，建立最高扬程模型和建立最大流量模型的结果相同。

根据式（4.1），容积泵 $n=1$，H-L 性能为直线：$H=H_m-S'L$

如果 $H=0$，则 $H_m=S'L_m$，代入上式得：$H=S'(L_m-L)$

对于泵的设计工况（脚标 s）：$H_s=S'(L_{ms}-L_s)$

两式相除：$H/H_s=(L_m-L)/(L_{ms}-L_s)=(L_m/L_{ms}-L/L_{ms})/(1-L_s/L_{ms})$

因为：$L/L_{ms}=(L/L_s)(L_s/L_{ms})=g(L_s/L_{ms})$，$L_m/L_{ms}=r/r_s$，代入上式得：

$$H/H_s=[(r/r_s)-g(L_s/L_{ms})]/[1-(L_s/L_{ms})] \tag{4.72}$$

管道系统特性：$H=B'+SL^2$，$H-B'=SL^2$

对于管道的设计工况（脚标 s）：$H_s-B'=SL_s^2$

两式相除：$(H-B')/(H_s-B')=(L/L_s)^2=g^2$

可得：

$$H/H_s=B'/H_s+(1-B'/H_s)g^2 \tag{4.73}$$

设：$a=B'/H_s$，表示当量背压与设计扬程比之比，B' 可大于、等于或小于 0。可称为以设计扬程 H_s 为标准的相对当量背压。注意：β 以 H_{ms} 为标准。

以 $b=L_s/L_{ms}$ 表示设计流量与设计转速下最大流量之比，可称相对设计流量。

于是根据式（4.72）、式（4.73），可得容积泵流量特性曲线方程：

$$[(r/r_s)-g(L_s/L_{ms})]/[1-(L_s/L_{ms})]=B'/H_s+(1-B'/H_s)g^2$$
$$(1-a)(1-b)g^2+bg+[a(1-b)-r/r_s]=0 \tag{4.74}$$

解方程可求得有效解，就可以得到容积泵流量特性曲线：

$$g=f(a,b,r/r_s)=f(B'/H_s,L_s/L_{ms},r/r_s) \tag{4.75}$$

显然，上式变量太多，使用很不方便，采用流量调节特性指数则非常方便！

如果 $g=0$，则 $H=B'$，于是求得为克服当量背压的相对转速：

$$r_0/r_s=a(1-b)=(B'/H_s)(1-L_s/L_{ms}) \tag{4.76}$$

因为相对转速：$x=(r-r_0)/(r_s-r_0)=(r/r_s-r_0/r_s)/(1-r_0/r_s)$ \tag{4.77}

如果 $x=50\%$，则 $0.5=(r_{50}/r_s-r_0/r_s)/(1-r_0/r_s)$，并将式（4.76）代入：

$$r_{50}/r_s=0.5(1-r_0/r_s)+r_0/r_s=0.5[1+a(1-b)]$$

代入式（4.74）：$(1-a)(1-b)g_{50}^2+bg_{50}+[0.5a(1-b)-0.5]=0$ \tag{4.78}

$$g_{50}=\{-b+sqrt\{b\times b-4(1-a)(1-b)[0.5a(1-b)-0.5]\}\}/[2(1-a)(1-b)]$$

$$\tag{4.79}$$

根据式（1.18）：$n_v=\log(g_{50})/\log(0.5)=f(a,b)=f(B'/H_s,L_s/L_{ms})$，作出容积

泵的特性指数图——图 4.6-1，使用方便，物理意义更清楚！

图中，纵坐标为流量调节特性指数 n_v；横坐标 B'/H_s 为以设计扬程 H_s 为标准的相对当量背压；参变数 L_s/L_{ms} 为相对设计流量。同时，根据式（4.26），容积泵效率最高点 $L_s/L_{ms} \approx 0.5$，在图中用粗实线表示，在设计时可优先采用。

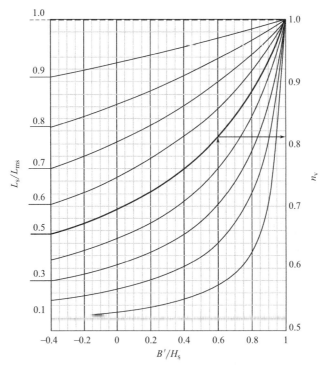

图 4.6-1 齿轮泵的流量调节特性指数举例

注：粗实线 $L_s/L_{ms}=0.5$，效率最高（近似）

4.6.2 容积泵调节特性的特点

根据图 4.6-1，还可以进一步可看到容积泵调节特性的特点。

（1）$B'/H_s=0$，即当量背压 $B'=0$ 时，容积泵的 $n_v \leqslant 1$，而 $B'=0$ 时，离心泵的 $n_v=1$。

（2）对可正反转的齿轮水泵，当 $B'/H_s<0$，即 $B'<0$，也能工作，可实现"无泄漏"，这时齿轮泵起节流调节作用。离心泵和活塞泵都做不到。

（3）当 $L_s/L_{ms}=1$，则 $n_v \equiv 1$，而且根据式（4.76）：$r_0/r_s \equiv 0$，表示无论 B'/H_s 和管道阻力为何值，调节特性都为线性，而且转速都能从 0 调节至 r_s。

第一种情况是：$L_s/L_{ms}-1$，表示 $H\text{-}L$ 特性曲线与扬程坐标 H 平行。活塞泵/柱塞泵非常接近这种情况。所以，只要确保 H_s 小于允许压力，活塞泵和柱塞泵就有很接近线性的调节特性，所以活塞泵和柱塞泵的设计和调适非常方便。高压齿轮油泵也接近这种情况。

第二种情况是：$B'=H_s=0$，$L_s=L_{ms}$，即扬程为 0，但极低扬程系统通常用轴流泵，而不用容积泵，所以对容积泵没有实际意义。

（4）当 $B'/H_s = 1$，即得恒压控制供水系统，而且 $n_v \equiv 1$。

（5）如果 $L_s/L_{ms} = 0$，则 $L_s = 0$，无实际价值。

4.6.3　容积泵的特殊用途

容积泵除了提升流体以及变频调节流量两大基本功能外，还有流量计量功能。如用在加油机、液体加料系统和"供暖分户计量调控装置"（详见 1.4.4 节）中。

必须注意的是：活塞泵和高粘度液体齿轮泵的进出口之间必须安装泄压阀，以确保运行安全。同时，它们有很强的自吸能量，启动非常方便。另外，齿轮水泵可以反转，可在 H-L 坐标的 4 个象限工作，反转时，齿轮泵相当于节流调节装置。活塞泵等往复泵还便于用蒸汽直接驱动，特别适于蒸汽锅炉备用供水。

4.7　按负荷改变并联调速台数的全程调节分析

对大流量泵站，特别是在变频器普及前，通常可采用多台同参数泵并联，按负荷改变并联调速台数，这样全程调节节能率提高，能够自动克服"大马拉小车"的浪费，能够降低振动与噪声，而且增加了设备的备用系数，并提高了泵站的可靠性。但请注意：并不是并联台数越多越好。因为台数越多造价越高，泵越小设计工况效率越低（详见 3.2.4 节），有时并联台数 $b_t > 4$，增加的流量相当小（详见 4.3.4 节）。所以，即使对大流量泵站，并联台数也不宜太多！

许多专著定性或图解给出了某种特殊条件下的流量与并联台数的关系。这里将应用宏观相似原理，给出各种条件下数字解，从而克服片面性。

容积泵的流量基本上与并联台数成正比，所以这里只介绍离心泵并联的全程调节分析。

4.7.1　离心泵并联的全程调节分析

（1）离心泵并联工作数字化分析

为简化系统并提高设备备用系数，通常采用多台相同的泵（风机）并联。各支路必须安装止回阀（图中未表示）。多泵并联的系统图如图 4.7-1 所示。

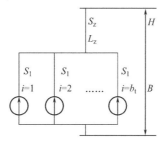

图 4.7-1　多泵（风机）并联工作示意图

S_1—各并联支路的管路阻力系数；S_z—并联后的总管路阻力系数；$i = 1,2,\cdots$—并联泵编号，$i = b_t$ 为并联泵的最多台数；B—背压；H—水泵工作扬程；L_z—总流量

1) 通用公式

水泵扬程 $\qquad H = B + S_z L_z^2 + S_1(L_z/i)^2$ $\qquad$ (4.80)

2) 多泵（风机）独立并联，即 $S_z = 0$

因为简单、安全、可靠，排水、提灌、蓄能电站等系统通常采用多泵独立并联工作，即总管路阻力系数 $S_z = 0$，于是 $L_i = L_1 = L_2 = \cdots = L_z/i$。此时，无论并联台数为多少，总流量与台数成正比。

3) 总管路长，$S_1/S_z \approx 0$

根据图 4.7-2：B'-0 为系统当量背压-阻力曲线，站内可并联运行的相同参数的离心泵台数为 b_t（图 4.7-2 中 $b_t = 4$），每台泵的最大扬程都为 H_m（并联的必要条件），每台泵的最大流量都为 L_m；根据负荷改变并联台数 i，$i = 1, 2, \cdots, b_t$。因此第 i 台并联的最大流量 $L_{mi} = i \cdot L_m$，根据式（4.3），离心泵 $n = 2$，水泵性能：

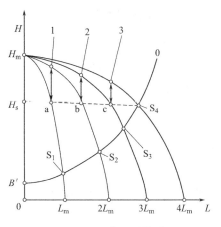

图 4.7-2　离心泵并联

对 s_i 点： $\qquad 1 - H_{si}/H_m = [L_{si}/(i \cdot L_m)]^2$

对设计工况（$i = b_t$） $\qquad 1 - H_{sbt}/H_m = [L_{sbt}/(b_t \cdot L_m)]^2$

两式相比： $\quad (1 - H_{si}/H_m)/(1 - H_{sbt}/H_m) = (b_t/i)^2(L_{si}/L_{sbt})^2$ $\qquad$ (4.81)

系统当量背压+阻力：$H = B' + SL^2$，即 $H - B' = SL^2$

对 s_i 点 $\qquad H_{si} - B' = SL_{si}^2$

对设计工况 $H_{sbt} - B' = SL_{sbt}^2$

两式相比： $\qquad (H_{si} - B')/(H_{sbt} - B') = (L_{si}/L_{sbt})^2$

$\qquad (H_{si}/H_m - B'/H_m)/(H_{sbt}/H_m - B'/H_m) = (L_{si}/L_{sbt})^2$

代入 $\beta = B'/H_m$：$(H_{is}/H_m - \beta)/(H_{sbt}/H_m - \beta) = (L_{si}/L_{sbt})^2$

$$H_{si}/H_m = \beta + (H_{sbt}/H_m - \beta)(L_{si}/L_{sbt})^2 \qquad (4.82)$$

设各泵相对运行流量： $\qquad g_{si} = L_{si}/L_{sbt}$ $\qquad$ (4.83)

将式（4.82）和式（4.83）代入式（4.81），则：

$$\{1 - [\beta + (H_{sbt}/H_m - \beta)(g_{si})^2]\}/(1 - H_{sbt}/H_m) = (b_t/i)^2(g_{si})^2$$

$$g_{si} = L_{si}/L_{sbt} = \mathrm{sqrt}\{(1 - \beta)/[(H_{sbt}/H_m - \beta) + (1 - H_{sbt}/H_m)(b_t/i)^2]\} \quad (4.84)$$

（2）设计（额定）工况优化方案

通常，系统设计（额定）工况应该在最高效率点附近，根据式（4.25）

$$L_{sbt}/b_t \approx (1/3)^{1/2} \approx 0.58$$

根据式（4.27），对设计（额定）工况，$H_{sbt}/H_m = 1 - (L_{sbt}/b_t)^2 \approx 2/3$，代入式（4.84）可简化，得到设计（额定）工况优化（效率最高）的公式：

$$g_{si} \approx \mathrm{sqrt}\{(1 - \beta)/[(2/3 - \beta) + (1/3)(b_t/i)^2]\} \approx 2/3$$

根据式（4.3），可求得 H_{si}/H_m，从而求得各泵的工作点；同时可求得相对流量增量 $\Delta g_{si} = g_{si} - g_s(i-1)$ 和最后开启一台的相对流量增量 Δg：

$$\Delta g \approx 1 - \mathrm{sqrt}\{(1 - \beta)/[(2/3 - \beta) + (1/3)(b_t/(b_t - 1))^2]\} \qquad (4.85)$$

根据式（4.85）（$\beta \leqslant H_{sbt}/H_m \approx 2/3$ 才有实际意义）作图于图 4.7-3，从图可见：当 $\beta=0$ 时，并联总台数 b_t 增加，Δg 明显减少，所以总并联台数不宜过多，这与各种文献分析的结果相同；但是，随着 β 增加，Δg 的差别逐渐减少，特别是优化恒压控制（$\beta = H_{sbt}/H_m \approx 2/3$），$\Delta g \equiv 1/b_t$，即每台泵的流量增量相同。

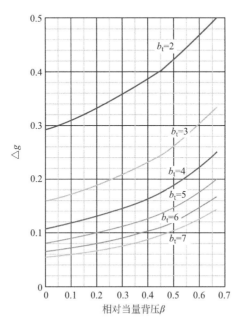

图 4.7-3　离心泵并联末泵流量增量 Δg

（3）任意恒压供水（如图 4.7-2 中虚线 H_s-a-b-c-S_4 所示）

因为恒压控制时：
$$\beta = H_s/H_m = H_{sbt}/H_m \tag{4.86}$$

代入式（4.84）：$g_{si} = L_{si}/L_{sbt} = \text{sqrt}\{(1-\beta)/[(1-\beta)(b_t/i)^2]\}$

$$g_{si} = L_{si}/L_{sbt} = \text{sqrt}\{1/(b_t/i)^2\} = i/b_t \tag{4.87}$$

即恒压控制时相对流量与投入运行的台数 i 成正比，即任一台的相对流量增量 $\Delta g = 1/b_t =$ 常数
$$\tag{4.88}$$

可见：对任意恒压供水，设计工况流量与开启台数成正比，而且台数不受限制，这对恒压供水非常有益。

（4）控制方案与节能分析举例简介

1）根据负荷改变运行台数，实现有不灵敏区多段开关控制。

此方案最适于进行恒压供水控制。例如：按图 4.7-2，如果 $H < H_s - \Delta$，压力沿 H_m →a→1→b→2→c→3→S_4 中的某一个箭头增开一台泵。$H > H_s + \Delta$ 反之。不灵敏区 Δ 越大，启动/停止次数越少。

2）根据负荷分段改变并联台数同步调速，可进一步节能。

能耗分析可用 Excel，繁而不难；编程计算就非常简便了。能耗功率 $\sum P = P_{sz} \cdot \sum p_x$，相对能耗 $\sum p_x$ 积分公式如下：

$$\sum p_x = \sum_{i=1}^{b_t} \left[\frac{i}{b_t} \int_{g_s(i-1)}^{g_{si}} fx_t(g_t)\mathrm{d}g \right] \tag{4.89}$$

式中，对轴功率：$p_x=p_z$，$fx_t(g_t)=fz_t(g_t)$ 按式（4.55）计算；

对电机功率：$p_x=p_d$，$fx_t(g_t)=fd_t(g_t)$ 按式（4.60）计算；

对变频器功率：$p_x=p_z$，$fx_t(g_t)=fb_t(g_t)$ 按式（4.68）计算；

$i=1,2,\cdots,b_t$——开启并联调速的台数；b_t——最大并联调速的台数；

$g_{si}=L_{si}/L_{sbt}$——第 i 台开启的最大相对流量，求 g_{si} 的公式：通用公式为式（4.84），恒压控制为式（4.87）。

代入式（1.32），可求得分时加权的总功率。

由于恒压控制每增开一台的流量增量相同，且台数不受限制，能耗分析也简单（见【例4.3-4】），这对应用恒压供水非常有利。

如果 $b_t=1$，即单台或多台并联同步调节——相当于单台，则得到与式（1.31）相同的公式：

$$\sum p_x=\int_0^1 fx_t(g_t)\mathrm{d}g \tag{4.90}$$

利用式（1.32）就可求得加权运行的总功率。如果利用离心泵的通用数字特性（详见下章），能耗分析和方案比较将更方便。

（5）常见的错误做法

常见的错误做法：多台并联，只对其中一台离心泵进行变频调速。

大家知道，直流发电机必须电压相等才能并联，交流发电机必须电压相等、相位同步才能并联，否则会发生严重事故。与直流发电机一样，泵（风机）必须扬程相等才能并联。显然当变频泵和定速泵都以设计转速运行时，扬程相同，能够运行良好。问题是当变频泵转速降低时，就不满足并联要求的条件了，各泵的运行状态都会受到影响，开始也有连续调节的作用，但变频泵转速降低到一定数值时，变频泵的流量 $L=0$，好在出口安装的止回阀会关闭，因此不会发生"短路"反向流。这种系统看起来能够"正常"运行并调节流量，而且单台变频器"造价低"，也不会像发电机并联一样发生严重事故，因此未引起人们的重视。但实际上系统运行状态不好，能量浪费大，所以不能采用。

4.7.2　容积泵的并联运行流量数字化分析

（1）通用公式

根据图 4.7-4 和式（4.3），$n=1$，推导过程与离心泵类似。

对 s_i 点：$\quad 1-H_{si}/H_m=L_{si}/(i\cdot L_m)$

对设计工况（$i=b_t$）：$\quad 1-H_{sbt}/H_m=L_{sbt}/(b_t\cdot L_m)$

两式相比：$\quad (1-H_{si}/H_m)/(1-H_{sbt}/H_m)=(b_t/i)(L_{si}/L_{sbt}) \tag{4.91}$

将式（4.82）和式（4.83）代入式（4.91），可得：

$$g_{si}=L_{si}/L_{sbt}=(1-\beta)/[(H_{sbt}/H_m-\beta)+(1-H_{sbt}/H_m)(b_t/i)] \tag{4.92}$$

式（4.92）即多容积泵并联数字化分析的通用公式。可根据应用条件简化。

（2）设计（额定）工况优化方案

通常，系统设计（额定）工况应该在最高效率点附近：

$$L_{sbt}/(b_t)\approx0.5 \tag{4.93}$$

根据式（4.3），对设计（额定）工况，$\beta=H_{sbt}/H_m=1-(L_{sbt}/b_t)\approx0.5$，代入式（4.92）可简化，得到：

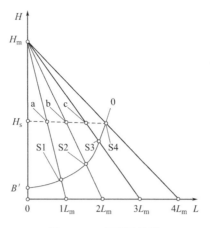

图 4.7-4 容积泵并联

$$g_{si} = L_{si}/L_{sbt} \approx (1-\beta)/[(0.5-\beta)+0.5(b_t/i)] \qquad (4.94)$$

可根据相对当量背压 β 和 b_t/i 求 g_{si}；根据式（4.3），可求得 H_{si}/H_m，从而求得各泵的工作点；还可求得设计工况的最后一台泵的相对流量增量 Δg：

$$\Delta g \approx 1-(1-\beta)/\{(0.5-\beta)+0.5[b_t/(b_t-1)]\} \qquad (4.95)$$

根据式（4.95）（$\beta \leqslant H_{sbt}/H_m \approx 0.5$，才有实际意义）作图于图 4.7-5，从图可见：当 $\beta=0$ 时，随着并联台数 b_t 增加，每增加一台 Δg 明显减少，所以并联台数不宜过多；但是，随着 β 增加，Δg 的差别逐渐减少，特别是恒压控制（$\beta = H_{sbt}/H_m \approx 0.5$），$\Delta g \equiv 1/b_t$，即每台泵的流量增量 Δg 相同。

（3）任意恒压控制方案（如图 4.7-4 虚线 H_s-a-b-c-S_4 所示）

恒压控制，将式（4.86）代入式（4.92），可得：

$$g_{si} = L_{si}/L_{sbt} = i/b_t, \Delta g = \Delta g_{si} = 1/b_t = 常数 \qquad (4.96)$$

因为容积泵通常用于特殊目标（如超高压、计量等），因此，能耗不是最重要；同时，也因篇幅所限，就不介绍容积泵的全工况调节能耗分析了。

4.7.3 水泵并联的能耗和造价分析

因为多台并联小泵的总造价（包括设备、管道、安装、调试等）肯定比额定工况相同的一台大泵高，而且小泵（包括电机等）的效率肯定比大泵低，因此多台并联小泵全开的总能

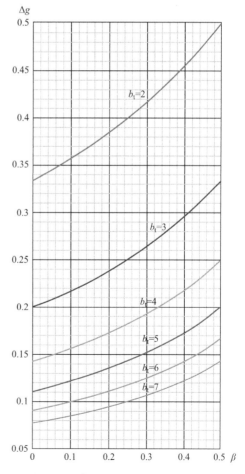

图 4.7-5 离心泵并联末泵流量增量 Δg

耗肯定比额定工况相同的一台大泵高。所以在额定工况流量相同的情况下进行比较,多台小泵并联肯定不如单台大泵。利用第 5 章的广谱离心泵性能和离心泵额定效率等资料,可以方便的进行数字分析比较。

但是,采用多台并联的初心是:

(1) 全工况分段调节节能(如多台冷水机组与水泵的一对一配置)。

(2) 增加系统的备用系数。对此需要说明的是:实际民用建筑工程中,当设置有多台冷(热)源机组时,相应也设置有多台水泵,鉴于实际工程的下述情况:

1) 多数时间处于部分负荷运行的时段,多台水泵实际上成为互为备用;

2) 空调供暖系统非全年运行,存在较长的水泵检修、维护时间;

3) 绝大多数空调供暖房间非全天 24h 运行,或节假日运行,同样,水泵的故障排除也是易事;

4) 采用设计备用泵方案,既增加初投资、工程量,也增加了设备与管路所占建筑用地。

5) 存在设计误差。

因此,必须结合工程实际,应尽量减少备用泵的设置,传统的机房运行管理,整个制冷季节(供暖季节)运行中,水泵全部开启的不合理现象依旧存在,导致了水输送系统用能的显著升高。

对于多台并联泵组的工程应该重视整个制冷季节(供暖季节)分段投入能耗,并综合冷(热)源的能耗,全面进行比较优化,从而给出水泵和冷(热)源投入运行边界的操作手册,即使未建立良好的自动控制,也可较好地解决“大马拉小车”的问题。

4.8 单泵(风机)站系统调适的特点

如 1.1.1 节所述供暖空调系统设计工况冷负荷和设备容量的偏高是普遍现象,加上错误的设计,问题就更大。因此调适非常重要!

《建筑节能与可再生能源利用通用规范》GB 55015—2022 明确规定:当建筑面积大于 $100000m^2$ 的公共建筑采用集中空调系统时,应对空调系统进行调适。随着我国对建筑空调系统实际运行效果和能效要求的不断提高,调适技术已经在我国得到快速发展,相应的技术标准已编制,并在复杂和大型工程中进行了应用。

调适的一个重要工作是确定控制系统的设定值:单用户基本系统的设定值很容易确定;但对于多用户系统,由于设计误差(甚至错误)存在,“大马拉小车”的现象很常见,所以恒压供水系统通常不能用设计值作为系统“恒压”设定值。因此在调适时确定“恒压”的设定值比较麻烦,而且系统改造后,“恒压”设定值将会改变。而自适应变扬程供水统的最不利用户资用压头 $[P]$(自适应变压开式供水系统用压力传感器采样,自适应变压差循环供水统用差压传感器采样),则通常可以采用设计标准,或者通过实验确定也只涉及一个用户;即使系统改造,也只要确定最不利用户资用压头 $[P]$;如果 $[P]$ 及最不利用户位置不变,则什么也不必变。因此,自适应变扬程供水系统的调适非常方便。

克服“大马拉小车”浪费的最好办法是进行泵站的优化设计,如根据负荷分段自动改变并联台数同步调速。如果已经能够达到用户要求,就不会再多启动一台设备,自动完成了调适，多余的设备可作备用。

4.9　调节阀和调速泵的比较

调节阀和调速泵（风机）的应用比较见表 4.9-1。

调节阀和调速泵（风机）的应用比较

表 4.9-1

项目	调节阀(直通/三通调节阀)	调速(变频)泵(风机)
工作条件	不能独立工作(调节)，必须有流体源	能独立工作(调节)
调节原理	改变阀位→改变调节阀阻力→调节流量	改变转速→改变扬程→调节流量
节流损失	本质上有宏观节流损失	本质无宏观节流损失，但有内部微观能耗
研究调节特性原理	研究流体源特性、调节阀的阻力变化和工艺管路阻力对流量的影响	研究调速泵扬程-流量特性与实际能耗，与管路阻力、背压等的能量平衡有关
常用工况特性指数	有几种调节阀 $n_v=0.2\sim2.7$，实际调节特性指数选择范围较大，但不连续	背压 $H_0\geqslant0$ 时，$n_v\leqslant1$，实际调节特性指数选择范围较小，但有连续性
有无泄漏/调节范围	本质有泄漏； 管道阻力大时，调节范围 R_v 比较小	背压 $H_0\geqslant0$，无泄漏，加止回阀，调节范围 $R_v=\infty$；可反转齿轮泵 $R_v=\infty$
调节特性/优化方法	(1)调节阀优选(n_v 范围比较大)； (2)可利用控制器优化补偿	(1)调速泵优选(n_v 范围比较小)； (2)可利用控制器优化补偿
调节特性指数等举例	两通调节阀：图 3.3-3～图 3.3-5 互补三通调节阀图 3.4-4，图 3.3-3～图 3.3-5	离心泵：图 4.4-3；当量背压 $B'=0$，$n_v\equiv1$ 齿轮泵举例：图 4.6-1； 活塞泵 $n_v\equiv1$
节能设计的要点	在确保调节范围和调节特性指数条件下，尽可能采用小阀权度的调节阀，可减少能耗。采用分布式泵阀(开关，直通/三通调节阀)调节系统，可显著节能(见第5章)	尽可能选择高效率泵(风机)，并工作在最高效率区，以提高运行效率。以泵代阀通常可节能，但有时也不一定节能(见第4、5章)
寿命/维修/故障处理	磨损较小，寿命较长，维修较简单 故障处理——开通旁通阀，应急手动调节	转速高，磨损较大，寿命较短，维修较复杂，对象热惰性大可更换处理； 重要流体源应该采用备泵(见4.7节)
应用注意	(1)不能按固有特性选择调节阀，必须按实际特性设计。考虑管路阻力和流体源特性对调节阀调节特性的影响； (2)多用户流体源差别很大，防止调节干扰，可采用互补三通调节阀，系统稳定性好，流体源可不控制，但全程能耗大； (3)资用压头足够，应该采用调节阀； (4)水源不控制时，须修正 n_v，特别是要修正调节范围 R_v	(1)须考虑管路阻力和背压对变频泵调节特性的影响，必须按实际特性设计； (2)不能采用多台离心泵并联只用一台调速，必须全部并联台数同步调速(见第4章)； (3)出口加止回阀，活塞泵和高压齿轮油泵进出口之间必须装安全泄压阀； (4)资用压头不够，必须采用调速泵； (5)不采用流量特性曲线为驼峰的离心泵进行调速

总之，控制阀（开关和两通/三通调节阀）本质上是利用改变阻力进行流量调节，节流损失不可避免。所以，单泵（风机）+控制阀系统通常比调速泵要增加能耗。但对于多用户系统，则要具体分析（详见第5章）。使用调节阀时，在保证调节范围和调节特性指数的前提下，应采用尽可能小的阀权度，则可以大大减少节流损失；如果管路阻力很大和/

或要求总流量不变，可采用互补三通调节阀，虽然能耗比较大，但能够完全消除调节干扰，系统简单，流体源可不控制。还要特别指出一点：电动开关阀虽然调节特性是快开型，通常被排除在调节阀之外，但其泄漏量非常少，所以得到了广泛应用，而且其调节特性可以改进（详见第 7 章）。

4.10　智能泵（风机）

（1）实际应用时，通常把泵（风机）＋执行器（包括：电机＋启动/停止/调速装置）统称为泵（风机）。所以，对变频调速泵（风机）而言，智能泵（风机）实质上是变频器实现智能化。例如：

1）调节特性的自动调适和补偿。

2）直接控制目标。这样，采用一个智能泵（风机），就构成了一个控制系统。

3）嵌入主控制器。例如，调节特性的自动调适和补偿器等，既可以与变频器组成一体，也可嵌入主控制器，对于本文的目标，则可以嵌入全工况舒适节能恒扩展体感温度空调供暖控制器及各种子系统控制器中，从而简化系统、降低成本。

（2）智能泵与主机（冷水机组）的一体化优化控制

如前所述，变频泵的合理运行带来显著的用能节约，同时会降低机房内水泵运行的噪声。但是对于和冷水机组匹配的冷水泵、冷却水泵（包括冷却塔风机），其变频运行工况必须与冷水机组的运行工况一并优化，协调控制，以获得变频冷水机组＋变频冷水泵＋变频冷却水泵的能效最大化，这也正是建设高效空调制冷机房任务中的重要基础工作之一。

当前机房的节能一体化优化控制的群控系统纷纷推出，它们以整体能耗最低、整体效率最高为目标，以机房中各设备的基本特性为基础，以实时制冷负荷为控制依据，通过获得专利的寻优识别算法，跟踪冷水机组、冷冻水泵、冷却水泵、冷却塔及水力系统的运行曲线，对冷水机房中各设备进行实时、主动集成寻优控制，从而整个冷水机房达到高效冷水机房规定的相关指标，具体见《高效空调制冷机房评价标准》T/CECS 1100—2022 和《高效空调制冷机房系统能效监测与分级标准》T/CRRAS 1039—2023。

第5章 分布性准则与分布式
输配系统的优化

5.1 分布式等多泵系统的特点和数字化优化设计与应用概述

本章将运用离心泵的通用数字化特性和分布性准则，介绍分布式泵/泵阀系统的优化设计和调适。

5.1.1 分布式等多泵系统的特点

（1）组合性和复杂性

因为组合复杂、台数多而分散，如果按单泵（站）系统的方法进行计算，则很繁琐，甚至无法用图解法进行定性分析。所以，长时间以来，通常只用有效功率进行分布式系统的能耗计算和方案比较。这就得出了一些习惯性结论，产生了一些误导。本章的目的就是寻找新的更加符合实际的简单实用的优化设计方法。

（2）初步设计方案优选阶段全部性能资料收集难

特别是在进行初步设计方案优选时，对于分布式等多泵系统，往往没有也难以先确定各泵的具体型号规格和性能资料及生产厂家。所以必须寻找一种能够反映泵的内在规律性的数字化性能资料，可不涉及泵的具体型号、规格、厂家、材料、加工精度等个体因素，能够避免试验、作图、查图等不可避免的误差，同时可克服人为的倾向性，就能够快速求得各种分布式系统的实际能耗和实际调节特性，从而方便的进行方案的定量比较，完成方案优选。

5.1.2 分布式系统数字化优化设计与应用概述

因分布式系统的额定工况对初步设计的方案优选、设备选择、调节特性、全工况/全程能耗分析、造价等有决定性影响，所以本章先重点介绍分布式系统等的额定工况的实际能耗分析和优化设计，以及全工况控制方案，然后简介调节特性指数的快速计算（5.9节）、全工况调节能耗的快速评估（5.10节）以及调适特点（5.11节）。

因为分布式等多泵系统种类多、应用灵活，为便于读者快速检索计算公式和参考应用，特将主要系统优化设计要点、图、例汇总于表5.1-1。

实际使用时还应该适当考虑：多泵总价和维护成本通常比单泵高。

分布式系统设计工况数字化优化设计及举例汇总（具体计算详见表 5.3-1） 表 5.1-1

编号-系统名称		示意图	$[P]$	优化设计方法应用举例	j_{nz1}	j_{nd1}	j_{nz2}	j_{nd2}
5.3 单泵站系统	a-高速单泵系统 11	图 5.3-1	ΔH_y	例 5.3,小容量单泵——可用高速单泵,能耗小	标准1	标准1		
	b-低速单泵系统 13	图 5.3-1	ΔH_y	例 5.3,大容量单泵——低速,以降噪/振,能耗大			标准2	标准2
	c-优化高扬程系统 16	图 5.3-1	ΔH_y	例 5.3 高扬程——采用低速多级,提高 n_s,降噪/振	小	小	0.25	0.25
	c'-优化大流量系统 15 全工况调节节能见 2.6 节			例 5.3 大流量——多台并联＋备用,每台功率/噪/振小,可高速,按负荷改变并联调速台数调节节能	小	小	0.253	0.249
5.4 典型分布式泵系统	d-传统典型分布式泵系统 f_1	图 5.4-1		例 5.4-1,传统典型方案,未考虑优化,用单级单泵	0.153	0.121	0.370	0.344
	e-优化典型分布式泵系统 f_2	图 5.4-1 图 5.4-2		例 5.4-2,高扬程采用多级泵,使比转速 $n_s>100$	0.270	0.241	0.458	0.433
	e'-快速优化设计			例 5.4-2,同上,用图 5.4-2 快速计算,可分析影响因素	≈0.28		≈0.47	
	f-2 段典型分布式泵系统 f_3	图 5.4-3		例 5.4-3＝例 5.4-2＋分段泵 c_1, m/x ＝5＜9 户/段	0.292	0.264	0.474	0.451
	g-不宜采用典型分布式泵系统的情况举例(通常可用分布式泵阀系统)	图 5.4-1 图 5.4-2		①$\Delta H_g/\Delta H_y<0.1$(如有分/集水器、同程式等); ②节能率 $j_{nz}<0.15$(图 5.4-2); ③求造价/维修费低; ④流量很小,泵效率很低(需计量采用容积泵除外)	<0.15		<0.15	
5.5 典型分布式泵阀系统	h-2 段分布式泵阀系统 f_4	图 5.5-1	$\Delta H'_y$	例 5.4-3:$m=10$,分段 $x=2$ 等分,电动球阀 $P_v=0$	0.195	0.186	0.402	0.392
	i-3 段典型分布式泵阀系统 f_5	图 5.5-1	$\Delta H'_y$	例 5.4-3:$m=10$,分段 $x=3$ 不等分,电动球阀 $P_v=0$	0.255	0.243	0.446	0.435
	j-2 段典型分布式泵阀系统 f_6	图 5.5-1	$\Delta H'_y$	例 5.4-3:$m=10$,分段 $x=2$ 等分,调节阀 $P_v=0.2$	0.164	0.155	0.309	0.369
	k-3 段典型分布式泵阀系统 f_7	图 5.5-1	$\Delta H'_y$	例 5.4-3:$m=10$,分段 $x=3$ 不等分,调节阀 $P_v=0.2$	0.224	0.212	0.402	0.392
	m-分段典型分布式泵阀系统的应用条件			①不宜采用典型分布式泵系统的情况(见 g);②使每段资用压头变化＜3 倍,以利调节阀选择; ③调节阀 $P_v<0.2$(j、k);电动开关球阀 $P_v≈0$ 节能显著(见 h、i),P_v 增加,节能减少; ④如要求系统流量稳定,采用互补三通调节阀(见 j、k),不需控制就能实现恒流系统				

编号-系统名称		优化设计方法应用举例
5.6 分布性准则	n-典型系统的分布性准则：$F_b = (m/x)\Delta H_g/\Delta H_y$	①F_b 和 m/x 相同的典型分式泵(泵阀)系统相似，同系统内各段的水压图、设备相同，有利于设计、采购、维修； ②兼顾性能和造价：$F_b = 0-2(m/x<4)$宜采用分布式泵阀系统； $F_b = 3-6(8>m/x>4)$宜采用分布式泵系统；$F_b = 2\sim3$，分布式泵系统性能较好，泵阀系统造价低
	p-综合考虑性能(节能/可靠性/稳定性)和造价/维修	①首站影响全局，可靠性级别高；分段泵影响后面用户，可靠性级别较高；用户分布泵只直接影响该用户，可靠性级别低； ②提高可靠性，造价有所增加； ③小 m/x，则性能高，大 m/x，则造价低； ④大功率泵站可多台并联＋备用，按需要改变并联台数同步变频调节，调节节能显著，见 2.6 节
5.7 其他分布式系统	q-非典型分布式系统举例：非典型混合分布式系统(图 5.7-1)	①ΔH_{gi} 不同，其他同典型系统：按 $F_b = \sum[(\Delta H_{gi}/\Delta H_{yi})]/x$ 的典型系统设计； ②图 5.7-1：可先令 ΔH_y 相同，设计同①，但个别用户 ΔH_y 很大，采用分布泵； ③设计非常灵活，原则是"按需分配"，分别对待，克服"大锅饭"的浪费！
	r-多级分布式系统	①当第 2 级分布泵不是末端级，通常可按加压泵进行设计和控制； ②当末端级流量很小，离心泵效率很低，通常采用控制阀，如须计量可采用容积泵实现计量调控
	s-分布式换热/混水器	提高供水温能节能；混水器价低反应快，调均压管！换热器能隔离，调试简单稳定性好
	t-开式分布式系统	①考虑背压 B！ ②经外网(如城市供水)同意并确保稳定，才能与外网直联成分布式
5.8	u-分布式系统的调节和调适，如果 2 级泵后为末端调速泵，则按 d/e/f 处理；末端为控制阀时，按 i/j/k 处理	①末端变频泵/控制阀直接控制对象的目标参数； ②首泵和分段泵采用自适应变扬程供水系统(见 2.1.5 节)，[P]见本表，[P]和采样位置见各系统图； ③站内采用多台并联＋备用，按需改变并联台数同步变频调节，全程调节节能显著，见 4.10 节 ④如果采用互补三通调节阀，泵可不控制，站内采用多台并联＋备用，在调适时确定开启台数
5.9	v-调节特性指数快速计算	运用离心泵的通用数字化特性可快速计算调节特性指数
5.10	w-全工况能耗快速数字分析	运用离心泵的通用数字化特性可快速进行全工况调节能耗数字分析

注：1.j_{nz} 表示额定工况实际轴功率节能率；j_{nd} 表示额定工况电机节能率；1 或 2 表示用标准 1 或 2 计算；

　　2.节能率 j_{nz1}/j_{nd1} 以高速单级单泵 11 为标准 1，相当于对小功率系统；j_{nz2}/j_{nd2} 以低速单级单泵 13 为标准 2，相当于对大功率系统；轴功率节能率 $j_{nz2}>j_{nz1}$，电机节能率 $j_{nd2}>j_{nd1}$；系统容量(功率/流量)越大，分布式大，使用分式越有益；

　　3.典型分布式泵系统 f_1 至 f_3 的首站自适应变扬程供水系统，理论上可取 [P]=0，为便于控制，建议取 $[P]\approx0.1H_{so}$ 或 $[P]\approx0.1H_s$。

5.2　离心泵的比转速与数字化通用特性

为进行多泵系统的数字化优化设计，首先就必须研究泵的数字化特性资料。

5.2.1　离心泵的相似与比转速

离心泵的通用特性涉及离心泵的比转速 n_s（specific speed of pump），n_s 是从现有相似原理中引出的相似准则数[3,4]，它说明了相似泵的流量 L_e、扬程 H_e、转速 r_e 间的关系。通常用最佳工况（也称额定工况，尾缀 e）点的比转速 n_s 来代表一系列几何相似泵。不同国家有不同的单位制，因此比转速表达式也有所不同，我国和苏联比转数 n_s 的定义表达式为：

$$n_s = 3.65 r_e (L_e)^{1/2} / H_e^{3/4} \qquad (5.1)$$

美、英、日、德的 n_s 表达式为：

$$n_s = r_e (L_e)^{1/2} / H_e^{3/4} \qquad (5.2)$$

式中，r_e——泵的额定转速（r/min）；

L_e——单吸泵的额定流量（双吸泵取流量的 1/2），各国的计量单位见表 5.2-1；

H_e——单级泵的额定扬程（多级泵取单级扬程），各国的计量单位见表 5.2-1；

e——表示最佳工况（通常称额定工况）的尾缀。

与水泵类似，也可以定义风机的比转速。本书仅具体介绍水泵。

各国水泵比转速计算单位制和比转速换算　　表 5.2-1

国家	中国/苏联	美国	英国	日本	德国
额定转速 r_e 单位	r/min	r/min	r/min	r/min	r/min
额定流量 L_e 单位	m^3/s	（美）gal/min	（英）gal/min	m^3/min	m^3/s
额定扬程 H_e 单位	m	ft	ft	m	m
比转速换算系数	1	14.16	12.89	2.12	3.65
	0.0706	1	0.91	0.15	0.26
	0.0776	1.1	1	0.165	0.28
	0.4709	6.68	6.079	1	1.72
	0.2740	3.88	3.53	0.58	1

5.2.2　比转速的主要性质

（1）几何相似的离心泵，比转速相同

设 $x = D'/D = B/B'$ 为几何相似比例系数，如果转速 r 不变，则根据相似原理：

流量 $L'/L = (D'/D)^2 (B/B') = x^3$，扬程 $H'/H = (D'/D)^2 = x^2$；

所以，根据式（5.1）：$n'_s/n_s = (L'/L)^{1/2} / (H'/H)^{3/4} = x^{3/2} / x^{3/2} = 1$

式中，D、B——离心泵的直径、宽度；双吸泵取 $0.5B$，注意这里 B 不是背压！

该性质有三重意义：①几何相似的离心泵，比转速一定相同；②比转数不同的离心泵，其几何形状一定不相似；③但也不排除有几何不相似的泵比转数可能相同。

（2）调速时，比转速不变

根据相似原理：$L'/L = r'/r$，$H'/H = (r'/r)^2$；

所以，根据式（5.1）：$n'_s/n_s = (r'/r)(r'/r)^{1/2} / [(r'/r)^2]^{3/4} = 1$

因此，可以看到：离心泵的比转速和离心泵的相似原理的一致性。

（3）请特别注意：调速时，效率会随转速的下降而有所下降，因此虽然有效轴功率可用相似原理换算，但实际轴功率不能用微观相似原理换算！这与宏观相似原理一致。所以，要全面研究泵（风机）的性能，就必须综合应用微观/宏观相似原理。

5.2.3　离心泵的比转数与叶轮形状及性能简介

比转数的大小与输送液体的性质无关，而与叶轮形状有关。泵的各种性能曲线形状与比转速有密切关系。比转数与叶轮形状及性能特点的关系见表 5.2-2。

比转数与叶轮形状及性能的关系 表 5.2-2

泵的类型	离心泵			混流泵	轴流泵
	低比转数 n_s	中比转数 n_s	高比转数 n_s		
比转数 n_s	30/50～100	100～200	200～300	300～500	500～1200
叶轮形状示意图					
尺寸比 D_2/D_0	≈2.5～3	≈2～2.3	≈1.4～1.8	≈1.1～1.2	≈0.8～1
叶片形状叶轮特点	圆柱形叶片叶轮窄而长	入口处扭曲，出口圆柱形	扭曲叶片叶轮宽而短	扭曲叶片	翼型

注：$n_s<80$，可能出现驼峰，在运转中会发生不稳定现象。

5.2.4　广谱离心泵的通用特性图

利用比转速可以对泵本身的结构进行优化设计[3,4]。这里只介绍利用比转速进行应用系统优化设计的相关资料。

（1）额定转速离心泵的通用相对特性图

图 5.2-1 表示了额定转速（$r=r_e$）下离心泵主要相对特性与比转速 n_s 及相对流量 g 的关系，从左至右分别为：

1）相对扬程：
$$H/H_e=f_1(g,n_s) \tag{5.3}$$

2）相对轴功率：
$$P_{ze}/P_e=f_2(g,n_s) \tag{5.4}$$

3）相对效率：
$$\eta/\eta_e=f_3(g,n_s) \tag{5.5}$$

图 5.2-1 中采用了我国和苏联的单位制和比转速定义，其纵、横坐标的标志按本书标志符进行了统一调整[4]。显然，图 5.2-1 的 3 个图都可以利用特性指数进行数字化，而且只要已知额定工况的扬程 H_e、流量 L_e 和轴功率 P_e，就可以利用图 5.2-1 绘制出额定转速下离心泵的性能图。

（2）实际额定工况效率 η_e

根据 528 台泵的实验数据绘制的图 5.2-2[3]，表明了实际额定效率 η_e 与比转速 n_s 及流

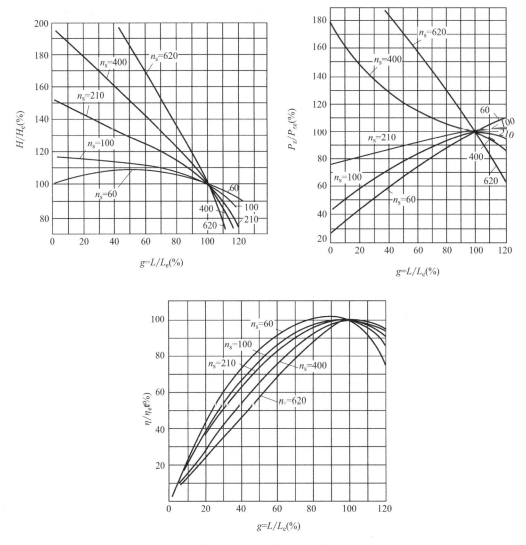

图 5.2-1 广谱离心泵性能（曲线交点为额定工况点 e）

量的关系。

原图比转速和流量都用美国单位制（比转速 n_s 式（5.2），流量 q_v 单位为 gal/min）。为使用方便，图中增加了我国单位制［式（5.1）］比转速 n_s 坐标：

根据表 5.2-1 n_s（中国）$=n_s$（美国）$/14.16$

流量换算公式： $L_e(\mathrm{m^3/h})=q_v(\mathrm{gal/min})/4.04032$。

显然，因为生产国、制造工艺和精度等的差别，图 5.2-2 所表示的额定效率与我国水泵效率的数据可能有差别，但其表示的相对规律可用于进行多泵系统实际功率比较，从而进行分布式等多泵复杂系统设计方案优选。可克服以前只能用有效功率进行能耗计算和比较的缺点，可得出更接近实际的结论。可以肯定，一定能够利用大数据得到我国水泵的数字化通用特性。

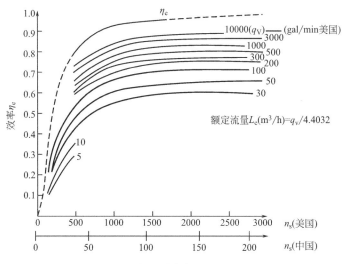

图 5.2-2　离心泵额定效率与比转速及流量的关系

5.2.5　离心泵的数字化通用特性

（1）特性图与数字表达式的优缺点

特性图的最大优点是形象化，例如，从图 5.2-2 可见，当 n_s（中国）>800 时，n_s 对效率的影响非常小；最大的缺点是在进行分布式等多泵复杂系统设计时/不能进行快速计算和分析比较。所以各取其长：在需要简单形象应用时采用图形化，在需要进行复杂分析运算时采用数字化公式。

因此，特别需要能够反映泵工作原理的连续的数字化通用性能表达式，能够利用计算机进行快速计算和优化设计。数字化计算的主要优点有：

1）可完全实现数字化计算和分析，可编程，也可利用 Excel 等工具进行方案比较和优化设计，特别是便于进行复杂系统的优化设计和全工况能耗分析；

2）利用连续的数字化表达式，可克服因为制造、装配、性能测量、做图、查图取值等不可避免的个体误差和人为倾向性；

3）在进行复杂系统方案比较（如初步设计）时，往往不能也不必先确定泵的型号规格等，可在方案确定后，再确定型号规格、生产厂家、价格（与材料、加工精度、能耗、寿命等有关）。

总之，利用数字化通用特性（性能）表达式，可使分布式等多泵系统优化设计与调适实现数字化和简化，从而走出只能用有效功率进行比较而形成的误区。

（2）离心泵实际额定效率 η_e 的数字化通用表达式

通过数字分析，图 5.2-2 表示的 η_e 可表示为：

$$\eta_e = K_\eta (1 - 2.71828^{n_s/29}) \tag{5.6}$$

$$L_e \leqslant 100 \mathrm{m^3/h}: \qquad K_\eta = 0.577 L_e^{0.0710} \tag{5.7}$$

$$L_e > 100 \mathrm{m^3/h}: \qquad K_\eta = 0.661 L_e^{0.0413} \tag{5.8}$$

式中，K_η——为与流量有关的系数，根据图 5.2-2 表示在图 5.2-3（a）；

L_e——为单吸泵的额定流量（m^3/h），双吸泵取总流量的 1/2。

按式（5.6）～式（5.8）计算的 η_e 与按图 5.2-2 取得的实测值的比较举例见图 5.2-3（b），可见两者能够很好地相符。

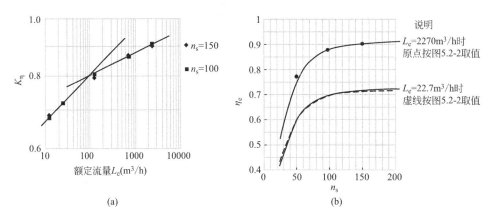

图 5.2-3　离心泵的实际额定效率系数

（a）系数 K_η；（b）计算值（实线）与图 5.2-2 比较

从图 5.2-2 和式（5.6）可看到——可用宏观相似原理解释：

1）比转速 n_s 越高，泵的额定效率 η_e 越高

解释：n_s 越高，相同轴速的泵内流程越短（表 5.2-2），泵的宏观阻力越小。

2）比转速相同时，额定流量 L_e 越大，额定效率 η_e 越高

解释：尺寸越小，间隙—泄漏不能按比例变小，壳体宏观阻力越大。

3）低比转速泵（n_s＜100），n_s 和 L_e 对 η_e 的影响很大，不但 η_e 降低很快，而且 n_s＜80 时可能出现驼峰，在运转中会发生不稳定现象，所以在自动/手动调节系统中应该尽量避免选用 n_s＜80 的低比转速泵。

4）常用的中高比转速泵（n_s＞100），n_s 对 η_e 的影响很小，这将使常用分布式系统的能耗分析变得非常方便。

5）如果比转速 n_s＝∞、L_e＝∞（即 r_e＝∞，和/或 L_e＝∞，和/或 H_e＝0），则 η_e＝1。实际上这就是理想工况功率＝有效功率。

（3）其他特性的数字化与应用请见本章 5.8 节、5.10 节。

5.2.6　电机效率和实际能耗的数字表达式

因为水泵往往与电机一体，所以在进行方案比较时，实际上更必须比较电机的实际能耗。下面根据国内相关数据求电机的实际能耗的数字化公式。

（1）电机的满负载额定效率 $\eta_{d_{100}}$ 和满负载额定功率 $P_{d_{100}}$

泵额定工况时的电机效率和功率用 η_{de} 和 P_{de} 表示。请注意其差别！

表 5.2-3 和表 5.2-4 给出了在选择电机时的安全系数[8]。实质上该安全系数一方面是因为电机规格不连续，另一方面也考虑了电机功率越小，效率越低等因素。表 5.2-5 给出了 WL 型（左）和 S 型（右）水泵部分参数。表 5.2-4 和表 5.2-5 表示配套电机满负载额

定功率 $P_{d_{100}}$ 与泵额定轴功率 P_{ze} 的近似关系。将电机满负载额定功率 $P_{d_{100}}$ 和水泵额定功率 P_{ze} 的关系表示于图 5.2-4，可得：

$$P_{d_{100}} = 1.7 P_{ze}^{0.944} \tag{5.9}$$

选择水泵配套电机的安全系数 $K_A = P_d / P_z$　　　　表 5.2-3

水泵轴功率(kW)	<1.0	1~2	2~5	5~10	10~25	25~60	60~100	>100
K_A	1.7	1.7~1.5	1.5~1.3	1.3~1.25	1.25~1.15	1.15~1.10	1.10~1.08	1.08~1.05

配套电机与泵额定轴功率的关系（根据表 5.2-3）　　　　表 5.2-4

水泵轴功率 P_{ze}(kW)	1	2	5	10	25	60	100
电机 $P_{d_{100}} = K_A P_{ze}$(kW)	1.7	3	6.5	12.5	28.75	66	108

WL 型（左）和 S 型（右）水泵参数举例　　　　表 5.2-5

项目	WL 型										S 型				
水泵额定轴功率 P_{ze}(kW)范围	0.44	2.5	5.2~5.4	7.3~7.7	10.6~12.2	20~24.8	31.5~36.8	38.1~46.7	50.2~60.5	76.3~91.6	108	257	315	432	680
平均 P_{ze}(kW)	0.75	2.5	5.3	7.5	10.9	22.4	34.1	42.4	55.3	83.9	108	257	315	432	680
电机功率 $P_{d_{100}}$ (kW)	1.275	4	7.5	11	15	30	45	55	75	110	132	315	355	560	800
平均 $K_A = P_{d_{100}}/P_{ze}$	1.7	1.6	1.42	1.47	1.38	1.34	1.32	1.30	1.36	1.31	1.22	1.13	1.13	1.30	1.18

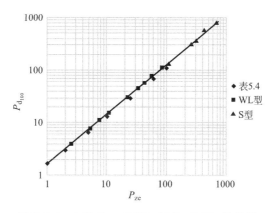

图 5.2-4　电机 $P_{d_{100}}$（kW）与 P_{ze}（kW）的关系

（2）电机满负载效率 $\eta_{d_{100}}$ 与电机满负载功率 $P_{d_{100}}$ 的关系

表 5.2-6 和图 5.2-5 表明了 Y 系列异步电机 $\eta_{d_{100}}$ 与 $P_{d_{100}}$ 的关系，可得：

$$\eta_{d_{100}} = 0.825 P_{d_{100}}^{0.0251} \tag{5.10}$$

Y系列电机满负载效率 $\eta_{d_{100}}$ 与满负载功率 $P_{d_{100}}$ 的关系　　　表 5.2-6

转速(r/min)	0.75	4	7.5	11	15	22	45	75	110	220	315
2900	0.75	0.855	0.862	0.872	0.882	0.89	0.915	0.92	0.925	0.935	0.952
1450	0.745	0.845	0.87	0.88		0.885	0.923	0.927	0.935	0.944	0.952

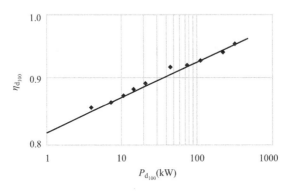

图 5.2-5　Y 系列电机 $\eta_{d_{100}}$ 与 $P_{d_{100}}$ 的关系

因为受电机极数的影响比较小，所以可不计电机极数的影响。

（3）泵额定工况的电机实际功耗（能耗）P_{de}

根据式（5.9）、式（5.10）等式，泵额定工况的电机效率可以表示为：

$$\eta_{de} = P_{de}/P_{d_{100}} = \eta_{d_{100}} \cdot f_{de}^{n_d} = 0.825 P_{d_{100}}^{0.0251}(P_{ze}/P_{d_{100}})^{n_d} \qquad (5.11)$$

式中，$P_{d_{100}}$ 和 $\eta_{d_{100}}$——电机满负载（额定）功率和效率，注意：$P_{de} < P_{d_{100}}$；

$f_{de} = P_{de}/P_{d_{100}}$　　　泵的额定工况时的电机负载率；

n_d——电机相对效率特性指数，不同的电机可能不同，典型电机可取 $n_d \approx 0.3$；代入式（5.11）得：

$$\eta_{de} = P_{de}/P_{d_{100}} = \eta_{d_{100}} \cdot f_{de}^{n_d} = 0.825 P_{ze}^{0.3}/P_{d_{100}}^{0.275}$$
$$= 0.825 (P_{ze}/P_{d100})^{0.3} P_{d_{100}}^{0.025} \qquad (5.12)$$
$$P_{de} = P_{d_{100}} \eta_{de} = 0.825 P_{ze}^{0.3} P_{d_{100}}^{0.725}$$

将式（5.9）代入，泵额定工况时的电机功率：

$$P_{de} = 0.825 P_{ze}^{0.3}(1.7 P_{ze}^{0.944})^{0.725}$$
$$P_{de} = 1.21 P_{ze}^{0.985} \qquad (5.13)$$

设：b_d 为泵站内并联电机数，一个双吸泵 $b_d = 1$，x 个泵并联 $b_d = x$；c_d 为泵站内串联泵电机数，一个多级泵 $c_d = 1$，x 个单级泵串联 $c_d = x$。于是，泵站内泵额定工况的电机总功率：

$$P_{de} = 1.21 b_d \cdot c_d \cdot (P_{ze}/b_d/c_d)^{0.985} \qquad (5.14)$$
$$P_{de} = 1.21 (b_d \cdot c_d)^{0.015} P_{ze}^{0.985} \qquad (5.15)$$

可见：对同样的目标，电机个数越多，则每个电机的负担的额定轴功率将越小，相对应的电机的效率略有降低，泵额定工况的总耗电量将略有增加。

必须再说明的是：这里的 P_{de} 是泵额定工况时的电机总功率，而不是电机的满载（额定）功率 $P_{d_{100}}$。如果站内有多个电机，根据式（5.9），单台电机满载（额定）功率：

$$P_{d_{100}} = 1.7(P_{ze}/b_d/c_d)^{0.944} \tag{5.16}$$

然后可根据电机的不连续的规格表选择电机。

有效轴功率：
$$P_u = \rho \cdot H \cdot L/102 \tag{5.17}$$

式中，$P_z = P_u/\eta$、P_u——实际轴功率（kW），有效轴功率（kW）；

H、L、ρ——扬程（m）、流量（m^3/s）、介质密度（kg/m^3）。

下面介绍单泵站系统和各种分布式系统设计（额定）工况的数字化优化设计（要点及举例汇总见表 5.1-1）。汇总表和各系统图还表明了采用自适应变扬程供水系统的控制目标 $[P]$ 和采样位置（如图 4.2-1 中的 $[P]$ 所示）。

5.3　泵站额定工况的优化设计

各种供水系统都由一个或者多个泵站组成，所以，做好每个泵站内的优化设计，对额定工况优化节能、调节节能、增加设备备用系数等都有重要意义。

5.3.1　提高泵站系统额定工况效率的主要方法

从图 5.2-2 和式（5.6）~式（5.8）可见：泵的额定轴效率与比转速 n_s 和流量 L_e 有关。因此，当目标扬程和流量确定后，为了实现尽可能高的效率，尽量提高比转速是提高泵效率的重要方法；而且，因为 $n_s > 100$ 额定效率变化很小，所以为了提高泵的额定工况效率，就是使 $n_s > 100$。同时，根据式（5.1），可知比转速 $n_s \propto r_e \times L_e^{1/2}/H_e^{3/4}$，所以提高泵额定效率的主要方法有：

（1）尽可能采用高转速 r_e，但请注意：大功率、高转速可能噪声大、振动大；

（2）高扬程采用多级泵，降低每个泵的扬程 H_e；

（3）大功率、高扬程可采用低转速多级泵（如【例 5.3】单泵站 16 和单泵站 17）；

（4）大功率、大流量可采用多台（通常不超过 4 台）高转速泵并联，如【例 5.3】单泵站 15 为 2 台并联，可增 1 台备用，而且多泵并联可以提高站内设备的备用系数，可根据负荷改变并联台数同步变频调节，全工况调节节能显著（见 4.7）；

（5）从式（5.15）可见，对于同样的额定轴功率，电机数越少，电机越大，电机的功耗越小；另外，还必须考虑：功率越大，转速越高，振动和噪声就越大，所以必须按（3）和（4）进行优化。

5.3.2　典型单泵（站）系统额定工况优化设计实例

图 5.3-1 为典型单循环泵（站）系统举例[1]。该系统只有一个泵（站），所以称为单泵（站）系统（简称为单泵系统），实际上可为单泵，也可能是多泵并联。

所谓"典型"系统，是指用户均匀分布的系统，即各用户额定工况阻力 ΔH_y 相同，各用户额定工况流量 L_y 相同，各相邻用户间的干管额定工况阻力 ΔH_g 相同。研究"典型"系统（如典型分布式泵系统和典型分布式泵阀系统等），不但可简化计算，而且便于得到分布式系统优化设计的原则和规律性。

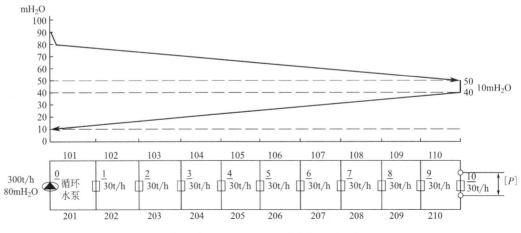

图 5.3-1　典型单循环泵（站）系统举例（［P］＝ΔH_y）

【例 5.3】 图 5.3-1 为典型单循环泵（站）供热系统举例，图中：上为水压图，下为管路示意图。0 为热源泵（首泵），1～10 为用户和管段编号，101～110 为供水干管段编号，201～210 为回水干管段编号。设用户编号为 i（i＝1，2，3，…，m）。

求图 5.3-1 各种单泵站系统额定工况的有效轴功率 P_u、额定工况实际轴功率 P_{ze} 和电机功耗（能耗）P_{de}，并且与传统单级单泵系统进行比较。

【解】 利用 Excel 的计算过程和结果见表 5.3-1 第 1～11 行。各行计算公式都可以用单泵（站）11 进行拷贝，只要根据水压图填写"已知"数据，就能够自动计算出结果。

从计算结果可看到：

（1）表 5.3-1 中 I5：I11 和式（5.17）表明：各种单泵站系统的额定工况的有效功率都为 P_u＝65.36kW，与泵站内泵的组成结构无关，只与目标（$\sum H_e$ 和 $\sum L_e$）有关。

（2）额定工况实际轴功率 P_{ze} 与比转速和流量有关

表 5.3-1 中 N5：N11 和式（5.6）～式（5.8）表明：比转速越大（转速 r_e 越高，比转速 n_s 越高；串联比转速增加，并联比转速减少），单泵流量越大（并联使单泵流量减少），效率越高，实际轴功率越小。

其中：a 为单泵站 11 的比转速 n_s＞100，实际轴功率 P_{ze11}＝79.68kW 为最低，但 r_e＝2900 为最高转速，振动和噪声最大。B 为单泵站 13 的 r_e＝960，n_s＜100，P_{ze13}＝103.71kW＝1.30P_{ze11} 为最高，但转速为最低，振动和噪声最小。

（3）泵额定工况的电机实际功耗 P_{de} 与轴功率有关以及和电机的数量有关

表 5.3-1 中 P5：P11 和式（5.14）表明：电机实际功耗不但与轴功率有关，而且与电机的数量有关（独立并/串联使电机数量增加，双吸泵和多级泵不增加电机数量），电机数越多，P_{de} 增加。虽然单泵站 14 和 15 的 P_{ze} 相同，但电机功耗不同；虽然单泵站 16 和 17 的 P_{ze} 相同，但电机功耗不同。

（4）各种实际功耗（能耗）比 b_n 和节能率 j_n 与比较基准有关

为进行客观比较，要有统一的标准：①以传统典型高速单级单泵系统 11 为标准 1，相当于对小功率系统；②以传统典型低速单级单泵系统 13 的能耗为标准 2，相当于对大功率系统。

用 Excel 计算功率分析计算举例（改变"已知"就自动改变结果）

表 5.3-1

#	A	B	C	D	E	F	G	H	I	J	K	L	M	N	O	P	Q	R	S
1	参数标志	r_e	ΣL_e	ΣH_e	b_t	b_d	c_t	c_d	P_u	n_s	η_{e1}	η_{e2}	η_{ze}	P_{ze}	b_{nz11}	P_{de}	b_{nb11}	b_{nz13}	b_{nb13}
2	参数名称	额定转速	额定流量	额定扬程	并联	电机	串联	电机	有效轴功	比转速	L>100效率	L≤100效率	轴效率	实际轴功率	实际轴	电机功耗	电机实际	实际轴	电机实际
3	单位说明	r/min	m³/h	m	台数	台数	台数	台数	kW	单级单吸	L>100效率	L≤100效率	条件选择	kW	功率比11	kW	功耗比11	功率比13	功耗比13
4	计算公式	已知	已知	已知	已知	已知	已知	已知	式(5.17)	式(5.1)	式(5.6)式(5.8)	式(5.6)式(5.7)	选择	P_u/η_{ze}	P_{ze}/P_{ze11}	(5.14)式	P_{de}/P_{de11}	P_{ze}/P_{ze13}	P_{de}/P_{de13}
5	传统单泵11:1 泵1电机高 r_e	2900	300	80	1	1	1	1	65.359	114.230	0.820	0.848	0.820	79.678	1	90.282	1	0.743	0.746
6	单泵站12:1 泵1电机中 r_e	1450	300	80	1	1	1	1	65.359	57.115	0.719	0.744	0.719	90.795	1.139	102.678	1.137	0.846	0.848
7	单泵站13:1 泵1电机低 r_e	960	300	80	1	1	1	1	65.359	37.814	0.609	0.630	0.609	107.237	1.345	120.970	1.339	1	1
8	单泵站14: 双吸1电机高 r_e	2900	300	80	2	1	1	1	65.359	80.773	0.762	0.772	0.762	85.683	1.075	96.981	1.074	0.799	0.801
9	单泵站15:2 并2电机高 r_e	2900	300	80	2	2	1	1	65.359	80.773	0.762	0.772	0.762	85.683	1.075	97.995	1.085	0.799	0.810
10	单泵站16:4 级1电机低 r_e	960	300	80	1	1	4	1	65.359	106.954	0.815	0.843	0.815	80.132	1.005	90.789	1.005	0.747	0.750
11	单泵站17:4 串4电机低 r_e	960	300	80	1	1	4	4	65.359	106.954	0.815	0.843	0.815	80.132	1.005	92.696	1.026	0.747	0.766
12	(以上单泵站图5.1)																		
13	传统典型分布式泵系统 0	例5.2	图5.4-2						传统	(n_s 随意)									
14	分布式首站 0-0	2900	300	10	1	1	1	1	8.169	543.375	0.836	0.865	0.836	9.765		11.419			
15	分布泵站 0-1	2900	30	16	1	1	1	1	1.307	120.784	0.748	0.723	0.723	1.807		2.167			
16	分布泵站 0-2	2900	30	22	1	1	1	1	1.797	95.122	0.732	0.706	0.706	2.542		3.033			
17	分布泵站 0-3	2900	30	28	1	1	1	1	2.287	79.383	0.711	0.687	0.687	3.329		3.956			
18	分布泵站 0-4	2900	30	34	1	1	1	1	2.777	68.626	0.689	0.665	0.665	4.172		4.942			

空调供暖系统全工况数字优化

续表

	A	B	C	D	E	F	G	H	I	J	K	L	M	N	O	P	Q	R	S
19	分布泵站 f1-5	2900	30	40	1	1	1	1	3.267	60.751	0.667	0.644	0.644	5.073		5.990			
20	分布泵站 f1-6	2900	30	46	1	1	1	1	3.758	54.705	0.645	0.623	0.623	6.030		7.102			
21	分布泵站 f1-7	2900	30	52	1	1	1	1	4.248	49.899	0.624	0.603	0.603	7.043		8.276			
22	分布泵站 f1-8	2900	30	58	1	1	1	1	4.738	45.975	0.604	0.584	0.584	8.112		9.512			
23	分布泵站 f1-9	2900	30	64	1	1	1	1	5.228	42.703	0.586	0.566	0.566	9.236		10.809			
24	分布泵站 f1-10	2900	30	70	1	1	1	1	5.718	39.927	0.568	0.549	0.549	10.413		12.164			
25	总计与功率(能耗)比								43.300					67.526	0.847	79.376	0.879	0.629	0.656
26	f1节能率 $j_n=1-a_n$														0.152		0.120	0.370	0.343
27	优化典型分布式泵系统-f2 例 5.3 图 5.4-2 图 5.4-3								优化 $(n_s>100)$										
28	分布式首站 f2-0	2900	300	10	1	1	1	1	8.169	543.375	0.836	0.865	0.836	9.765		11.419			
29	分布泵站 f2-1	2900	30	16	1	1	1	1	1.307	120.784	0.718	0.723	0.723	1.807		2.167			
30	分布泵站 f2-2	2900	30	22	1	1	2	1	1.797	159.976	0.757	0.731	0.731	2.456		2.932			
31	分布泵站 f2-3	2900	30	28	1	1	2	1	2.287	133.507	0.753	0.727	0.727	3.145		3.741			
32	分布泵站 f2-4	2900	30	34	1	1	2	1	2.777	115.415	0.746	0.720	0.720	3.853		4.569			
33	分布泵站 f2-5	2900	30	40	1	1	4	1	3.267	171.830	0.758	0.732	0.732	4.460		5.277			
34	分布泵站 f2-6	2900	30	46	1	1	4	1	3.758	154.730	0.757	0.731	0.731	5.140		6.069			
35	分布泵站 f2-7	2900	30	52	1	1	4	1	4.248	141.137	0.754	0.728	0.728	5.828		6.867			
36	分布泵站 f2-8	2900	30	58	1	1	4	1	4.738	130.039	0.752	0.726	0.726	6.524		7.675			
37	分布泵站 f2-9	2900	30	64	1	1	4	1	5.228	120.784	0.748	0.723	0.723	7.230		8.492			
38	分布泵站 f2-10	2900	30	70	1	1	4	1	5.718	112.933	0.745	0.719	0.719	7.946		9.321			
39	总计与功率(能耗)比								43.300					58.159	0.729	68.534	0.759	0.542	0.566
40	f2节能率 $j_n=1-a_n$														0.270		0.240	0.457	0.433

续表

	A	B	C	D	E	F	G	H	I	J	K	L	M	N	O	P	Q	R	S
41	2段典型分布式泵系统f3	例5.4	图5.5-1						优化	$(n_s>100)$									
42	分布式首站f3-0	2900	300	10	1	1	1	1	8.169	543.375	0.836	0.865	0.836	9.765		11.419			
43	分布泵站f3-1	2900	30	16	1	1	1	1	1.307	120.784	0.748	0.723	0.723	1.807		2.167			
44	分布泵站f3-2	2900	30	22	1	1	2	1	1.797	159.976	0.757	0.731	0.731	2.456		2.932			
45	分布泵站f3-3	2900	30	28	1	1	2	1	2.287	133.507	0.753	0.727	0.727	3.145		3.741			
46	分布泵站f3-4	2900	30	34	1	1	2	1	2.777	115.415	0.746	0.720	0.720	3.853		4.569			
47	分布泵站f3-5	2900	30	40	1	1	2	1	3.267	102.171	0.738	0.712	0.712	4.583		5.421			
48	串型分布泵站f3-c1	2900	150	30	1	1	1	1	12.254	168.556	0.810	0.821	0.810	15.119		17.564			
49	分布泵站f3-6	2900	30	16	1	1	1	1	1.307	120.784	0.748	0.723	0.723	1.807		2.167			
50	分布泵站f3-7	2900	30	22	1	1	2	1	1.797	159.976	0.757	0.731	0.731	2.456		2.932			
51	分布泵站f3-8	2900	30	28	1	1	2	1	2.287	133.507	0.753	0.727	0.727	3.145		3.741			
52	分布泵站f3-9	2900	30	34	1	1	2	1	2.777	115.415	0.746	0.720	0.720	3.853		4.569			
53	分布泵站f3-10	2900	30	40	1	1	2	1	3.267	102.171	0.738	0.712	0.738	4.426		5.238			
54	总计与功率（能耗比）								43.300					56.422	0.708	66.465	0.736	0.526	0.549
55	f3节能率 $j_n=1-h_n$														0.291		0.263		
56	2段典型分布式泵阀系统f4	例5.5	图5.5-1						优化	$(n_s>100)$	2段分布泵	$P_v=0$	等分						
57	分布式首站f4-0	2900	300	50	1	1	1	1	40.849	162.507	0.833	0.861	0.833	49.010		55.939			
58	串型分布泵站f4-c1	2900	150	30	1	1	1	1	12.254	168.556	0.810	0.821	0.810	15.119		17.564			
59	总计与功率（能耗比）								53.104					64.129	0.804	73.503	0.814	0.473	0.450
60	f4节能率 $j_n=1-h_n$										3段分布泵	$P_v=0$	不等分		0.195		0.185		
61	3段典型分布式泵阀系统f5	例5.5	参考图5.5-1																

续表

	A	B	C	D	E	F	G	H	I	J	K	L	M	N	O	P	Q	R	S
62	分布式首站 b_5-0	2900	300	44	1	1	1	1	35.947	178.858	.834	0.863	0.834	43.060		49.243			
63	串型分布泵站 b_5-c1	2900	180	18	1	1	1	1	8.823	270.845	.819	0.834	0.819	10.772		12.578			
64	串型分布泵站 b_5-c2	2900	90	18	1	1	1	1	4.411	191.516	.794	0.793	0.793	5.562		6.559			
65	总计与功率（能耗）比								49.183					59.395	0.745	68.382	0.757		
66	b_5能效率 $j_n=1-t_n$														0.254		0.242		
67	2段典型分布式泵阀系统 b_6	例5.6	参考 图5.5-1	图5.5-1					优化	（n_s>100）	2台分布泵	P_v=0.2	等分						
68	分布式首站 b_6-0	2900	300	52.5	1	1	1	1	42.892	156.668	.832	0.861	0.832	51.503		58.740			
69	串型分布泵站 b_6-c1	2900	150	30	1	1	1	1	12.254	168.556	.810	0.821	0.810	15.119		17.564			
70	总计与功率（能耗）比								55.147					66.622	0.836	76.305	0.845		
71	b_6能效率 $j_n=1-t_n$														0.163		0.154		
72	3段典型分布式泵阀系统 b_7	例5.6	参考 图5.5-1	图5.5-1					优化	（n_s>100）	3台分布泵	P_v=0.2	不等分						
73	分布式首站 b_7-0	2900	300	46.5	1	1	1	1	37.990	171.597	.834	0.862	0.834	45.534		52.029			
74	串型分布泵站 b_7-c1	2900	180	18	1	1	1	1	8.823	270.845	.819	0.834	0.819	10.772		12.578			
75	串型分布泵站 b_7-c2	2900	90	18	1	1	1	1	4.411	191.516	.794	0.793	0.793	5.562		6.559			
76	总计与功率（能耗）比								51.225					61.869	0.776	71.167	0.788		
77	b_7能效率 $j_n=1-t_n$														0.223		0.211		
78	参数标志	r_e	$\sum L_e$	$\sum H_e$	b_t	b_d	c_t	c_d	P_u	n_s	η_{c1}	η_{c2}	η_{ze}	P_{ze}	$b_{nze\text{-}11}$	P_{de}	$b_{nd\text{-}11}$		
79	参数名称	额定转速	额定流量	额定扬程	并联	电机	串联	电机	有效轴功	比转速	L≥100效率	L≤100效率	轴功效率	实际轴功	实际轴功率比	电机功耗	电机实际		
80	单位或说明	r/min	m³/h	m	台数	台数	台数	台数	kW	单级单吸	式(5.6)	式(5.6)	条件选择	kW	功率比-11	kW	功率比-11		
81	计算公式	已知	$\sum L_e/b_t$	$\sum H_e$	已知	已知	已知	已知	式(5.17)	式(5.1)	式(5.8)	式(5.7)	选择	P_u/η_{ze}	P_{ze}/P_{ze11}	式(5.14)	P_{de}/P_{de11}		

注：单台单吸泵流量 $L_e=\sum L_e/b_t$；单台单级泵扬程 $H_e=\sum H_e/c_t$。

5.4　典型分布式循环泵供水系统额定工况的优化设计

早在 2004 年的供热技术交流会议上，清华大学石兆玉教授就在"供热系统循环水泵传统设计思想亟待更新"的学术论文中提出了"分布式输配系统，完全克服了传统循环水泵设计的弊端，这是供热技术在工艺上的一次重大革新。该设计方法已被国家住建部批准，成为国家建筑标准设计"。并且出版了国家建筑标准设计图集《分布式冷热输配系统用户装置设计与安装》13K511。

笔者根据石老师的愿望，首先研究了各种分布式输配系统（简称分布式系统）设计工况的实际能耗特性，并提出了典型系统的分布性准则，定量确定了各种分布式循环供水系统的实际应用范围。

为实现同一个目标的分布式系统方案很多[1]，这里首先介绍传统典型（树）枝状分布式循环泵供水系统，简称典型分布式泵系统（图 5.4-1）。传统典型分布式循环泵供水系统都采用单级单吸泵（举例 f_1），而优化典型分布式循环泵供水系统（举例 f_2、f_3）将对每个泵站进行优化设计。

5.4.1　传统典型分布式循环泵供水系统

【例 5.4-1】求图 5.4-1 传统典型分布式泵系统 f1（每个泵站都采用单级单泵）的有效轴功率、实际轴功率、实际电机功率和节能率等。

【解】传统典型分布式泵系统 f_1 利用 Excel 的计算过程和结果见表 5.3-1 第 13～26 行。各分布泵：f1-0 至 f1-10 的计算公式都可以用"单泵站 11"进行拷贝，只要根据图 5.4-1 的水压图填写"已知"数据，就自动得到计算结果。

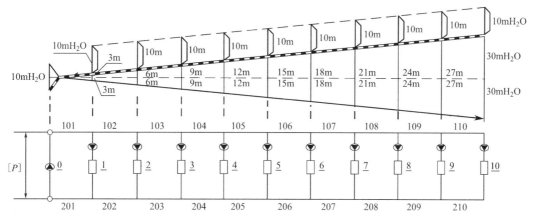

图 5.4-1　典型分布式循环泵供水系统举例（$[P] \approx 0.1Hso$）

干管段 $\Delta H_g = 3+3 = 6m$，用户 $\Delta H_y = 10m$，0 热源泵（首泵）：扬程 10mH₂O，流量 300t/h；

用户泵：流量 30t/h，扬程依次为 16m、22m、28m、34m、40m、46m、52m、58m、64m、70m

从表 5.3-1 第 13～26 行可见（汇总见表 5.1-1）：如果按有效轴功率（I 列，5～11 行，65.359kW）计算，不论单泵方案（例 5.4-1 的 7 种方案）和分布式泵系统方案（包括例 5.4-2 的 f_1，例 5.4-3 的 f_2 和 f_3）的有效功率节能率都相同：$j_{nu} = 33.8\%$，而本例的实际

轴功率节能率为 $j_{nz1}=0.153$、$j_{nz2}=0.37$。

5.4.2 典型分布式循环泵供水系统的快速优化设计

在 5.3.1 节中介绍了提高额定工况效率的重要方法就是提高比转速，使 $n_s>100$。所以这里介绍 $n_s>100$ 典型分布式循环泵供水系统的快速优化设计方法和计算图。

虽然利用表 5.3-1 可以计算各种单泵（站）和多泵（站）系统（包括分布式系统）额定工况的有效功率和实际轴功率、实际电机功率，并进行方案比较，但不便于进行快速方案比较，更无法找出采用典型分布式系统的规律性。

从图 5.2-2 可以看到，对于常用的中高比转速（$n_s>100$），效率受比转速的影响很小，这就为进行分布式循环泵供水系统的快速设计提供了有利条件：即 $n_s \geqslant 100$ 时，可以忽略比转速对效率的影响。

设各用户流量为 L_{ey}，传统单泵流量为 L_{e_1}，分布式循环泵供水系统首泵（编号：0）流量为 L_{e_0}，则：$L_{e1}=L_{e_0}=m \cdot L_{ey}$。

设外部供回干管段（编号：$101+201$，$102+202$，…）的管道阻力为 ΔH_g；首站内部干管道（编号：0）的管道阻力为 ΔH_0；用户段的平均管道阻力为 ΔH_y。于是：

传统单泵系统（图 5.3-1，用户数为 m）设计扬程：

$$H_{e1}=\Delta H_0+m \Delta H_g+\Delta H_y$$

所以，根据式（5.17），并设 k_p 为比例常数，则：
传统单泵系统的实际额定轴功率：

$$P_{ze1}=k_p \times m \times L_{ey}(\Delta H_0+m \Delta H_g+\Delta H_y)/\eta_{y1} \tag{5.18}$$

各泵站内部消耗的实际额定轴功率为：

分布式泵系统（图 5.4-1，用户数为 m）：首泵扬程 $H_{e_0}=\Delta H_0$，流量 $L_{e_0}=m \times L_{ey}$，所以，分布式泵系统首泵内消耗的实际额定轴功率：

$$P_{zef_0}=k_p \cdot m \cdot L_{ey} \Delta H_0/\eta_{e_0}$$

第 i 分布泵：扬程 $H_{ei}=\Delta H_y+i \cdot \Delta H_g$，流量 $L_{ei}=L_{ey}$，所以，第 i 分布泵的实际额定轴功率：

$$P_{ze_i}=k_p(\Delta H_y+i \cdot \Delta H_g)L_{ey}/\eta_{e_i}$$

于是，分布系统的总实际额定轴功率：$P_{zef}=P_{ze_0}+\sum P_{ze_i}$

$$P_{zef}=k_p\{[H_0(m \cdot L_{ey})/\eta_{e_0}]+\sum[\Delta H_y+i \cdot \Delta H_g)L_{ey}/\eta_{e_i}]\} \tag{5.19}$$

为了使每个分布泵的比转速都大于 100，分布泵可为单个单级泵或多泵。这样 $n_s>100$，根据式（5.6）至式（5.8），分布泵流量相同，所以 $\eta_{e_i} \approx \eta_{e_1}$，则式（5.19）变为：

$$P_{zef}=k_p L_{ey}\{(m \Delta H_0/\eta_{e_0})+(1/\eta_{e_1})[m \Delta H_y+(\sum i)\Delta H_g]\}$$

因为 $i=1$、2、3、…、m，为等差级数，$\sum i=0.5(1+m)$

所以：$P_{zef}=k_p \cdot m \cdot L_{ey}\{(\Delta H_0/\eta_{e_0})+[\Delta H_y+0.5(1+m)\Delta H_g]/\eta_{e_1}\} \tag{5.20}$

为比较方便，如图 5.3-1：$\Delta H_0=\Delta H_y$ 即首站内的阻力 ΔH_0 与用户阻力 ΔH_y 相同，于是：

$$P_{zef}=k_p \cdot m \cdot L_{ey}\{(\Delta H_y/\eta_{e_0})+[\Delta H_y+0.5(1+m)\Delta H_g]/\eta_{e_1}\} \tag{5.21}$$

$$P_{ze1}=k_p \cdot m \cdot L_{ey}(m\Delta H_g + 2\Delta H_y)/\eta_{ed} \qquad (5.22)$$

$$P_{zef}/P_{ze1}=\{(\Delta H_y \cdot \eta_{ed}/\eta_{e_0}) + [\Delta H_y + 0.5(1+m)\Delta H_g]\eta_{ed}/\eta_{e_1}\}/(m\Delta H_g + 2\Delta H_y)$$

因为 $n_s>100$，且流量相同，所以 $\eta_{e_0}=\eta_{ed}$，η_{ed} 为单泵效率。

根据式（5.6）至式（5.8），$\eta_{ed}/\eta_{e_1}\approx m^{n_n}$，于是轴功率能耗比：

$$b_{nz}=P_{zef}/P_{ze1}=\{\Delta H_y + [\Delta H_y + 0.5(1+m)\Delta H_g]m^{n_n}\}/(m\Delta H_g + 2\Delta H_y)$$

即　$b_{nz}=1-j_{nz}=\{1+[1+0.5(1+m)\Delta H_g/\Delta H_y]m^{n_n}\}/(m\Delta H_g/\Delta H_y + 2)$　(5.23)

式中，$j_{nz}=1-b_{nz}$——轴功率节能率。

根据式（5.6）、式（5.7）、式（5.8），可以简化为：

L_e' 与 $L_e<100 \mathrm{m^3/h}$：$\eta_e'/\eta_e\approx(L_e'/L_e)^{0.0710}$，$n_n=0.710$

L_e' 与 $L_e>100 \mathrm{m^3/h}$：$\eta_e'/\eta_e\approx(L_e'/L_e)^{0.0413}$，$n_n=0.413$

$L_e'<=100 \mathrm{m^3/h}$，$L_e\geqslant100 \mathrm{m^3/h}$，可取两式的平均值，$n_n=0.521$

而对于有效功率，则效率与流量无关（也与比转速无关），相当于 $n_n=0.0$。这里，n_n 可称为中高比转速额定工况实际效率特性指数。

为便于形象和快速数字比较，将式（5.23）图示于图 5.4-2（b）、（c）、（d）并将理想节能率示于图 5.4-2（a），从而使初步设计方案比较和优选变得非常方便！

将式（5.23）和图 5.4-2 的用途简介如下。

（1）典型分布式泵系统的快速计算

【例 5.4-2】利用图 5.4-2 快速计算图 5.4-1 分布式泵系统 $n_s>100$ 时的能耗比和节能率等，并与用表 5.3-1 计算的结果进行比较。

【解】首先，必须使各分布泵的 $n_s>100$。

1）利用图 5.4-2 快速计算

因为：$\Delta H_g=2\times3=6\mathrm{m}$，$\Delta H_y=\Delta H_o=10\mathrm{m}$，$\Delta H_g/\Delta H_y=0.6$，支路数 $m=10$，首站泵 $L_o=300\mathrm{m^3/h}>100\mathrm{m^3/h}>$ 分布泵 $L_i=30\mathrm{m^3/h}$；

所以：采用图 5.4-2（c）可以很快查得：轴功率节能率 $j_{nz}=0.28$。

2）利用 Excel 的计算：过程和结果见表 5.3-1 第 27~40 行（分布式泵系统 f2）：轴功率节能率 $j_{nz}=0.27$（附表 5.1）。

3）比较：两者相差小，满足工程计算精度要求。

用图 5.4-2 可快速计算，但必须满足比转速 $n_s>100$，以及 $\Delta H_o=\Delta H_y$ 等条件；而利用表 5.3-1 可计算各种非典型分布式泵系统，而且可以计算对应的电机节电率等。另外，【例 5.4-2】经过优化的分布式泵系统的节能率 $j_{nz1}=0.27\sim0.28$，【例 5.4-1】未经过优化的传统分布式泵系统的节能率 $j_{nz1}=0.153$。可见提高各泵的比转速达 $n_s>100$，是分布式泵系统优化设计的一个重要方法。

（2）分析影响节能率的因素和规律

图 5.4-2 最重要的用途是：利用图形的形象化特点，分析影响典型分布式循环泵供水系统轴功率节能率的因素和规律，从而确定分布式泵系统的应用条件和优化设计方法。从图 5.4-2 可看到：

1）因流量为用户要求而通常不能改变，所以，为到达同样的目标，提高比转速达 $n_s>100$ 是非常重要的优化设计方法，在不改变流量和转速的前提下，采用多级泵是最简

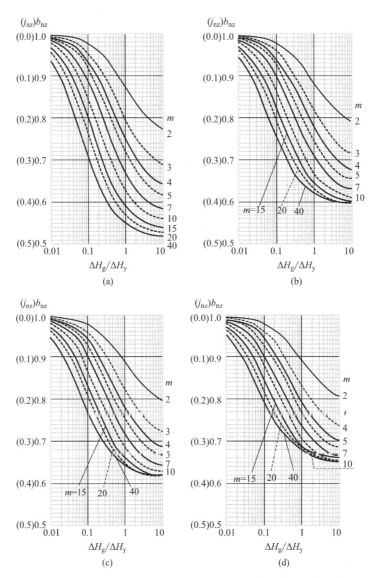

图 5.4-2 $n_s \geqslant 100$ 分布式循环泵供水系统额定工况轴功率的能耗比与节能率

(a) 有效功率；(b) $L_0 > L_1 \geqslant 100\text{m}^3/\text{h}$；(c) $L_0 > 100\text{m}^3/\text{h} > L_1$；(d) $L_1 < L_0 < 100\text{m}^3/\text{h}$

便的方法。其他提高比转速的方法与单泵站系统相同（详见 5.3.1 节）。

请特别注意，式（5.23）和图 5.4-2（b）、（c）、（d）的应用条件为：所有泵的 $n_s \geqslant 100$，$\Delta H_y = \Delta H_o$。如果任一泵的比转速 $n_s < 100$，效率下降快，就不能用它进行快速计算。

2）额定效率特性指数 nn 的影响——流量越小，效率越低。

额定效率特性指数 n_n 表明了额定工况实际效率与流量的关系。

对理想情况——图 5.4-2（a），相当于有效功率的效率 $\eta_e = 1$，不受流量的影响，即 $n_n = 0$；或者说，根据式（5.6）至式（5.8），$L_e = \infty$，$L'_e/L_e = 1$，$n_s = \infty$，则 $\eta_e = 1$。

因为有损耗，实际功率总比有效功率大，或者说：分布式泵系统实际轴功率节能率 j_{nz} 总是比理想工况的节能率小！

3）当支路数 $m \leqslant 10$，$\Delta H_g / \Delta H_y < 1$ 时，图 5.4-2 的 4 个图非常相似，表明理想工况和实际工况的节能率变化规律大致相似，此时，对图 5.4-1 所示的典型分布式泵系统，可用有效功率进行近似的定性比较，但实际能耗比较会产生比较大的误差；当 $m > 10$ 和 $\Delta H_g / \Delta H_y > 1$ 时，将可能发生决定性错误：支路数 m 增加，以及 $\Delta H_g / \Delta H_y$ 增加，节能率反而会降低！

4）m 的影响和典型分布式泵系统的应用范围 1

如果 $m = 1$，则能耗比 $b_{nz} = 1$，节能率 $j_{nz} = 0$，表示 m 必须大于 1 才有分布式泵系统，这一点与常识相符。

当单泵 $n_{s1} > 100$ 和各分布泵 $n_{si} > 100$，支路数 $m < 10$ 时：m 增加，节能率 j_{nz} 增加；但 $m > 5$ 后，j_{nz} 增加变缓慢；如果 $m \geqslant 10$：有效轴功率节能率 j_{nz} 同样随 m 增加而增加，但 $\Delta H_g / \Delta H_y$ 比较大时，实际轴功率节能率 j_{nz} 则可能反而减少——n_n 越大，这种现象出现越早。所以图 5.4-1 中典型分布式泵系统的支路数 m 通常不宜超过 10，最好不要超过 $5 \sim 6$。因此，合理确定用户支路数 m 对分布式泵系统优化设计很重要。如果 $m \geqslant 10$，建议采用分段分布式泵系统（详见 5.5 节）。

5）$\Delta H_g / \Delta H_y$ 的影响和典型分布式泵系统的应用范围 2

从式（5.23）和图 5.4-2（b）、（c）、（d）可以看到：如果典型分布式泵系统各支路间的干管阻力 $\Delta H_g = 0$，例如从分水器（箱）和集水器（箱）进行用户分支，又如对同程式系统，$\Delta H_g = \Delta H_{g供} + \Delta H_{g回} \approx 0$，$\Delta H_g / \Delta H_y \approx 0$，表示 $\Delta H_g = 0$ 时系统无"分布性"，节能率 $j_{nz} = 0$，即分布式泵系统不能节能。总之，随着 $\Delta H_g / \Delta H_y$ 增加，节能率 j_{nz} 增加；当 $\Delta H_g / \Delta H_y > 5$，其影响变缓慢。当 $\Delta H_g / \Delta H_y > 10$，$m \geqslant 10$，$m$ 和 $\Delta H_g / \Delta H_y$ 增加，节能率可能降低。此时，可以采用控制阀实现分户控制。

后面可看到，通过 m 和 $\Delta H_g / \Delta H_y$ 对节能率影响的综合分析，将导出分段分布式系统、分布式泵阀系统和分布性准则 Fb。

5.4.3　典型分段分布式泵系统的优化设计

从图 5.4-2（b）、（c）、（d）可以看到：随用户数 m 增加，典型分布式泵系统的节能率增加，$m > 5$ 以后节能率增加变缓慢，当 $m > 10$ 并且 $\Delta H_g / \Delta H_y$ 比较大时，节能率反而会下降，这时可增加中间加压泵站（如图 5.4-3 的 c1），就将图 5.4-1 所示典型分布式泵系统（用户数 $m = 10$）分割成 $x = 2$ 段，每段 $m' = m/x = 10/2 = 5$，构成了如图 5.4-3 所示的 2 段分布式泵系统，因为减少了每段的用户数，从【例 5.4-3】可见，节能率有了较大提高。这一点与《公共建筑节能设计标准》GB 50189—2015 规定：阻力相差"较大"的界限推荐值可采用 0.05MPa，选择二级泵系统是类似的，当然数值不一定相同。

另外，因为 c1 泵相当于与首泵串联，可称串型分布泵；因为它将系统进行分段，从而减少每段的用户数，也可将它称为分段泵。所以：分段泵＝串型分布泵。

【例 5.4-3】求图 5.4-3 所示 2 段分布式泵系统 f3 的节能率，并与 f2、f1 比较。

【解】利用 Excel 的计算：首先对所有泵站进行优化设计，使所有泵的 $n_s > 100$，其他计算过程和结果见表 5.3-1 第 41～55 行：分段分布式泵系统 f3。同时还将 f3、f2、f1 的

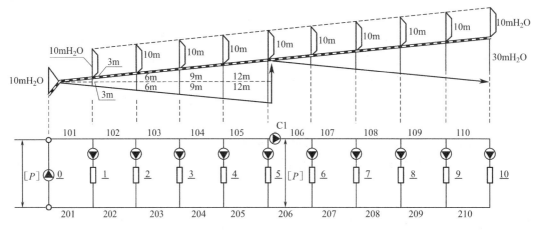

图 5.4-3　典型 2 段分布式泵系统举例（首泵和加压泵 $[P] \approx 0.1 H_{so}$）

节能率都集中表示在表 5.1-1 中，以利比较。从表 5.1-1 可见：当 $m \geqslant 10$，增加分段泵可提高节能率，即采用分段分布式泵系统 f3，明显提高了实际轴功率的节能率：$j_{nz} = 0.292$，已经向理想节能率（有效功率节能率）$j_{nu} = 0.338$，靠近了一大步。可见采用分段分布式泵系统的节能意义。

设系统分段数为 x，则每段的用户数为：

$$m' = m/x \tag{5.24}$$

如果 m/x 不为整数，例如 $m = 16$，$x = 3$，则可以分为 $m = 5 \, 5 \, 6 \cdots\cdots$，用表 5.3-1 计算都同样方便。

可见，增设分段泵可以显著提高分布式泵系统的节能率。然而，因为分段泵安装在干管上，其故障对后面的支路有决定性影响，要求具有比较高的可靠性，同时增加分段泵也会增加系统造价和维护管理，因此，分段数 x 不宜太多。

5.4.4　不宜采用典型分布式泵系统的情况

（1）如果用户分布性很小，例如定压容器、水池分户、分水器和集水器分支以及同程式系统等，因为 ΔH_g 接近 0，根据式（5.23）和图 5.4-2，$\Delta H_g / \Delta H_y$ 接近 0，则分布式泵系统节能率也接近 0。通常 $\Delta H_g / \Delta H_y < 0.1$，不宜采用分布式变频泵调节系统。但请注意：尽管 ΔH_g 接近 0，但如果 ΔH_y 相差很大，也是一种分布性大的非典型系统，采用非典型分布式混合系统（详见 5.7.1 节）可明显节能。

（2）节能率 $j_{nz} < 0.15$，不宜采用分布式泵系统。

（3）因为调节阀的造价和维护管理费比变频泵低得多，所以如果要求造价/维修费低，而且全年运行时间短的系统，不宜采用分布式泵。

（4）系统流量很小，例如第三级（家庭用户）流量通常很小，此时离心泵的效率很低，而且可能选择不到合适的泵。此时，如果需计量调控，可采用容积泵。

对不宜采用典型分布式变频泵调节系统的情况，通常可采用分布式泵阀系统和分布式混合系统。

5.5　典型分布式泵阀系统额定工况的优化设计

5.5.1　概述

众所周知：对于需要调节的单用户（多用户并联集中调节相当于单用户），采用变频泵调节系统通常比泵＋控制阀系统节能。对于需要分别独立调节的多用户系统，从 5.4.4 节可以看到，许多情况下又不宜采用分布式泵系统，而且因为控制阀的造价和维护管理费比变频泵低得多，所以在实际应用时，对不宜采用分布式泵系统的情况，通常可采用分布式泵阀系统。

所谓分布式泵阀调节系统，是一种采用分段泵（也可称为串型分布泵）的多控制阀系统，如图 5.5-1 所示为 2 段分布式泵阀系统，它类似于图 5.4-3 所示 2 段分布式泵系统：总用户 $m=10$，分段数 $x=2$，每段用户 $m'=m/x=5$。它们不同之处在于：

（1）图 5.4-3 的各用户采用变频泵调节，所以称为典型 2 段分布式泵系统；图 5.5-1 的各用户采用控制阀调节，所以称为典型 2 段分布式泵阀系统；

（2）分布式泵系统的用户的额定工况阻力为 ΔH_y，而泵阀系统设计工况的阻力为 $\Delta H_y'=\Delta H_y+\Delta H_v$，因为 $\Delta H_v=P_v(\Delta H_y+\Delta H_v)$，$\Delta H_v=\Delta H_y P_v/(1-P_v)$，所以泵阀系统的用户阻力：

$$\Delta H_y'=\Delta H_y[1+P_v/(1-P_v)]=\Delta H_y/(1-P_v)\geqslant\Delta H_y \tag{5.25}$$

式中，ΔH_v——控制阀的全开阻力。

$$P_v=\Delta H_v/\Delta H_y' \tag{5.26}$$

为泵阀系统的阀权度，如果设计时 ΔH_y 已经考虑了 ΔH_v，则 $P_v=0$。

从式（5.25）可见，因为调节阀增加了阻力，所以分布式泵系统（如图 5.4-3 所示典型 2 段分布式泵系统）通常比构造相同的分布式泵阀系统节能率高。

利用分段泵不但可以节能，而且使各段的用户数减少，从而使段内控制阀的水源压头差别减少，有利于合理选择控制阀和减少调节干扰。同时，如果分段泵采用变扬程控制系统＋分户控制阀，全工况控制节能将更为显著。

5.5.2　分段分布式泵阀系统节能效果

控制阀包括电动开关阀、直通调节阀、三通调节阀。

（1）分段泵＋开关阀调节系统

如果用户控制精度要求不高，可采用全开阻力非常小（对等径管道的全开阻力接近于 0）、价格特别低的电动开关球阀或蝶阀实现控制。例如对空调供暖房间温度控制，电动开关球阀得到了广泛应用。与电磁开关阀相比，电动开关阀噪声小，并可防止水击；当采用无接点电子开关时，噪声更小，寿命更长。

【例 5.5-1】如果 $P_v\approx0$（$\Delta H_v\approx0$）：①求图 5.5-1 所示典型 2 段分布式泵阀系统 f4 的节能率；②求典型 3 段分布式泵阀系统 f5 的节能率。

【解】因为电动开关球阀或蝶阀的阻力很小，对于相同管径，$\Delta H_v\approx0$，$P_v\approx0$，所以图 5.5-1 中的 $\Delta H_y'\approx\Delta H_y$。根据表 5.3-1 计算结果：①典型 2 段分布式泵阀系统 f4 的额定工况的轴功率节能率 $j_{nz1}=0.195$、$j_{nz2}=0.402$，电机节能率 $j_{nd1}=0.186$；$j_{nd1}=0.392$；只增加 1 个分段泵，节能率就超过了未经优化的传统典型分布式泵系统 f1（其 $j_{nz1}=0.153$、$j_{nd1}=0.121$），而且 f1 共有 10 个用户分布泵，造价高。

（2）典型 3 段分布式泵阀系统 f5（3 段的用户分别为 4/3/3）的额定工况的轴功率节能率 $j_{nz1}=0.255$；$j_{nz1}=0.446$，电机节能率 $j_{nd1}=0.243$、$j_{nd2}=0.435$，只增加 2 个分段泵，节能率就有了更大的提高，已经接近优化典型分布式泵系统 f2（$j_{nz1}=0.270$，$j_{nd1}=0.241$，……，共有 10 个用户分布泵）。

可见，如果控制阀的阀权度很小（$P_v \approx 0$），采用典型分段分布式泵阀系统节能率相当高，而且造价低。

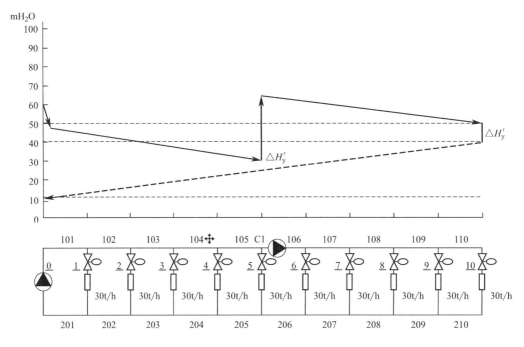

图 5.5-1　典型 2 段分布式泵阀调节系统举例（2 加压泵 $[P]=\Delta H_y'$）

（3）分段泵＋两通调节阀系统

【例 5.5-2】如果 $P_v \approx 0.2$：①求图 5.5-1 所示 2 段分布式泵阀系统 f6 的节能率；②求类似的 3 段分布式泵阀系统 f7 的节能率。

【解】如果选择阀权度 $P_v=0.2$ 的调节阀，根据表 5.3-1 计算：①典型 2 段分布式泵阀系统 f6 额定工况的轴功率节能率 $j_{nz1}=0.164$、$n_{z2}=0.309$，电机节能率 $j_{nd1}=0.155$、$j_{nd2}=0.369$，只增加 1 个分段泵节能率也超过了未经优化的传统典型分布式泵系统 f1（$j_{nz1}=0.153$，$j_{nd1}=0.121$，……，有 10 个用户分布泵）。②典型 3 段分布式泵阀系统 f7（3 段的用户分别为 4/3/3）额定工况的轴功率节能率 $j_{nz1}=0.255$、$j_{nz2}=0.402$，电机节能率 $j_{nd1}=0.243$、$j_{nd2}=0.392$，只增加 2 个分段泵节能率就有了更大的提高。如果 $P_v=0.1$，则节能率将进一步提高，所以选择阀权度尽可能小的调节阀，是提高分布示泵阀系统节能率的一个关键。

（4）分布式泵＋互补三通调节阀系统

对于要求系统流量特别稳定的系统，可选择泵＋互补三通调节阀。与直通调节阀一样，应该选择阀权度尽可能小的互补三通调节阀。不同的是，在调节过程中，系统流量不变，不控制就能自动实现恒流，系统简单，稳定性高。其设计工况的水泵节能率分析同【例 5.5-2】，但无全工况调节节能。

5.6　典型分布式系统的分布性准则 F_b 与优化设计

5.6.1　典型分布式泵系统的分布性准则 F_b

从图 5.4-3 典型分段分布式泵系统举例和【例 5.4-3】可见，利用串型泵 c1 将原来用户数为 $m=10$ 的系统（图 5.4-1）分解成了两个 $m'=m/2=5$ 的分布式泵子系统，这两个子系统的水压图相同，而且与母系统（图 5.4-1）相似。

设 x 为子系统数，则 $m'=m/x$ 为子系统的用户数。可见 m/x 和 $\Delta H_g/\Delta H_y$ 决定了子系统的水压图，而且从图 5.4-2 可见，用户数 m 和（$\Delta H_g/\Delta H_y$）对分布式泵系统的节能率有重要影响。m 和 $\Delta H_g/\Delta H_y$ 过大/过小都不宜采用典型分布式泵系统。于是可得到一个对分布式系统有重要意义的无量纲参数：

$$F_b=(m/x)(\Delta H_g/\Delta H_y) \tag{5.27}$$

F_b 反映了典型分布式系统分布性的相似性，可称为分布式系统的分布性准则。

首先，从图 5.4-2 可见，如果用户数 m 过多，$\Delta H_g/\Delta H_y$ 过大，即 Fb 过大，节能率提高很小甚至可能降低，此时用分段泵将母系统分解成子系统的方法可提高系统的节能率，见【例 5.4-3】，图 5.4-3 所示分段分布式泵系统 f3 的节能率比母系统（图 5.4-1）f2 和 f1 有了相当大的提高。这样，在实际应用时，增设分段泵就可使总用户数 m 不受限制。同时，如果 F_b 过小，分布式系统的节能率也非常小，特别是 $\Delta H_g/\Delta H=0$，即 $F_b=0$，表示用户完全无分布性，分布式泵系统的节能率为 0，不宜采用典型分布式泵系统！

根据 5.4.2 节（典型分布式循环泵供水系统的快速优化设计）中对影响节能率的因素进行综合分析，通常可取：

$$m/x>4,\ Fb=(m/x)(\Delta H_g/\Delta H_y)=2\sim6 \tag{5.28}$$

从表 5.3-1 第 41～54 行可见：同系统的两个用户数 m' 相同的子系统相对应的分布式泵站（例如 f3-1 至 f3-5 与 f3-6 至 f3-10）的计算完全相同，相对应的用户分布泵也相同。这就可大大简化设计和设备、备件的采购、安装、维修。

综合考虑性价比：如果重点考虑性能（节能和调节稳定性），则 F_b 应取较小值，此时分段数 x 较多，分段泵较多，调节稳定性较好；如果重点考虑降低造价，则 F_b 取较大值，此时分段数 x 小，分段泵较少。

5.6.2　典型分布式泵阀系统的分布性准则 Fb

与典型分布式泵系统相似，对图 5.5-1 所示的典型分布式泵阀调节系统，同样可应用相似准则为 F_b。但是，从【例 5.5-1】和【例 5.5-2】可见，典型分布式泵阀系统额定工况只能利用分段泵节能，所以 F_b 的取值应该比式（5.28）略低一些，以便利用分段泵节能和提高调节稳定性。同时，当 F_b 过小时，也不宜采用典型分布式泵系统，所以典型分布式泵阀系统和典型分布式泵系统正好能够互补。

典型分布式泵阀系统通常可取：

$$m/x > 2, \quad F_b = (m/x)(\Delta H_g / \Delta H_y) = 0 \sim 3 \tag{5.29}$$

同样，同系统的两个用户数 m' 相同的子系统相对应的控制阀完全相同。这就可大大简化设计和设备、备件的采购、安装、维修。

同样，也必须综合考虑：如果重点考虑节能和调节稳定性，则 F_b 取较小值，此时分段数 x 较多，分段泵较多，造价和维护费增加；如果重点考虑降低造价，F_b 取较大值，此时分段数 x 小，分段泵较少。

对典型分布式泵阀系统，必须选择阀权度尽可能小的控制阀。特别是如果对象惯性大，要求控制精度不高，可采用分布式泵＋电动开关阀（特别是全开阻力非常小的球阀）进行双位控制，可实现节能并且降低造价和维护管理费。

需要特别说明：对于 $\Delta H_g = 0$ 或者接近 0 的典型系统，则不必分段，m 可为任一值，特别适于采用单泵站控制阀系统，不宜采用典型分布式泵系统（$j_{nz} = 0$）。

因为变频泵的造价和维护管理费比控制阀高得多，对 F_b 比较小的典型系统，可优先采用典型分布式泵阀系统。

所以，根据式（5.28）和式（5.29），对于 $F_b = 2 \sim 3$ 的情况，如果以节能为主要目标，则可采用分布式泵系统；如果以降低造价为主要目标，则可采用分布式泵阀系统。特殊情况，也可以采用混合分布式系统等，见5.7.1节。

请注意：①适当增加分段数 x，即采用较小的分布性准则数 F_b，可减少分布式泵阀系统的调节干扰，从而提高调节稳定性；②式（5.28）和式（5.29）给出的参数仅供参考，而且只能直接用于泵站经过优化的典型分布式系统。如果利用智能设计软件可作更准确的比较。

5.7 其他分布式系统

分布式系统应用非常灵活，设计原则就是"按需分配"，分别对待，减少"大锅饭"的浪费！而且，各用户之间的差异化越大，分布式泵系统节能就越显著！

5.7.1 非典型分布式系统

为分析简单，典型分布式系统（例图 5.4-1、图 5.4-3、图 5.5-1 等）的结构规范化：各用户 $\Delta H_{yi} = \Delta H_y$、干管 $\Delta H_{gi} = \Delta H_g$，所以称其为典型分布式系统。实际上，如果 ΔH_o、ΔH_{yi}、ΔH_{gi} 等为任意值，则形成各种非典型分布式系统。

非典型分布式系统的设计非常灵活，现举例说明：

（1）ΔH_{gi} 不同，其他同典型分布式系统。此时，可先按

$$F_b = \sum \left[(\Delta H_{gi} / \Delta H_{yi}) \right] / x \tag{5.30}$$

的典型系统设计（详见 5.6.2 节）。

如果 $\Delta H_g = 0$ 或很小，可采用不分段分布式泵阀系统。

（2）如图 5.7-1 所示系统，其中第 4、8 号用户阻力特别大，其他与图 5.5-1（典型 2 段分布式泵阀系统举例）相同。

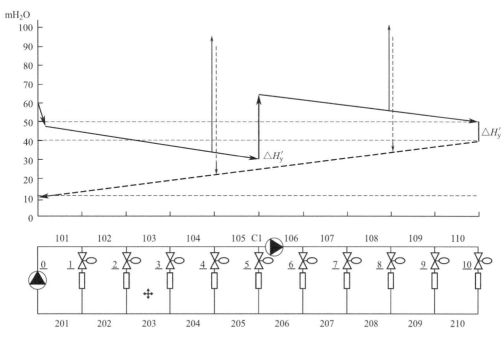

图 5.7-1　非典型 2 段混合分布式系统举例（2 加压泵 $[P] = \Delta H_y'$）

首先，系统的主要部分按所有用户都为多数 ΔH_y 进行分布式系统设计（同①）；然后，对阻力特别大的用户（第 4、8 号用户）采用分布泵。就得到了一种非典型混合分布式系统。系统包括：首泵 0，分段泵 c1，第 1、2、3、5、6、7、9、10 号用户控制阀，而第 4、8 号用户采用分布泵。

显然，如果第 4、8 号用户阻力与其他用户相差越大，节能率就越大！

注意：非典型分布式系统的节能率不能以表 5.3-1 中的传统典型高速单级单泵系统 11 为标准，而必须以能够满足图 5.7-1 中所有用户要求的传统高/低速单级单泵系统的实际能耗为标准。

这样，就有了 3 种分布式系统：分布式泵系统、分布式泵阀系统和混合分布式系统。各种系统又可根据条件进行分段/不分段，从而可满足各种用途。

可见："按需分配、分别对待"就是分布式系统优化设计的原则！

5.7.2　多级分布式系统与分户计量调控系统

前面介绍了各种二级分布式系统，其实第二级分布泵后还可有第三、第四级分布式……，这样就构成了多级分布式系统。但是，如果后级用户流量很小，离心泵效率很低，通常可采用分布式泵阀系统，如需计量调控则采用容积泵（如供热分户计量调控装置，详见 1.4.4 节和发明专利：中国，ZL201110257361.0，2015-12-02）。

5.7.3 分布式热力站换热器和混水器系统

（1）就像采用高压输电一样，采用高温供水，供热系统的一次网流量减少，分布式热力站的换热器/混水器就相当于"降温器"。如果干管压降 ΔH_g 相同则管径可减少，从而降低造价；如果管径不变，则干管压降 ΔH_g 下降，有利节能。而且供水温度越高，效果越显著！对于大型远距离供热系统，适当提高一次网供水温度，从而减少一次网循环流量，节能效果显著！

（2）混水器造价低，阻力小，有利节能，且温度变化反应快得多，对控制有利。普通换热器造价高，但一次、二次网隔离，系统调试/调适简单，稳定性好！

（3）注意设计和调试好混水系统的均压管，确保系统稳定运行。

（4）当前实施的区域供水系统（特别是区域供冷水系统），大多数采用的是供冷（热）站一级泵＋用户换热器方式，其优点是：①简化了设计工作量，全部间接连接，主管网水力工况分析、调节简单；②用户二次网调节独立。但是，该做法也带来明显的不足，主要表现为：

1）采用间壁式换热器（如普遍采用的板式换热器）方式，必定存在传热温差，特别是区域供冷水系统时，提高了用户端的冷水供水温度，也就是说，是提供较用户需求供水水温更低的出水温度条件下获得冷水机组的出力，显然，冷水机组的能效比降低；

2）间壁式换热器本身就是一个阻力器件，一般来说，一台板式换热器的一次侧和二次侧水系统都分别消耗约 50kPa 的水阻力，显然，增加了水的输送能耗，而且当供冷时，该部分阻力又将全部转化为热量，是供冷的负效应；

3）对于系统直接连接的用户，当一级泵管网提供的资用压头足够，且处于水压图的合理位置时，完全可以直供或者直接节流供应，有利于降低输送能耗。

5.7.4 开式分布式供水系统的特点

（1）如果末端为对大气开口的用户，则 ΔH_y 为对大气的相对压力；

（2）ΔH_o、ΔH_y、ΔH_g 都可能包括背压 B；

（3）特别注意：供热等循环供水系统等通常由热力公司一家设计和运行管理，所以可"自作主张"进行分布式系统设计。然而最常见的开式供水系统——城市供水（自来水）系统的外网通常由城市供水公司设计和运行管理，而小区/建筑的供水系统通常由小区/建筑委托设计单位进行设计。如果供水入口采用蓄水池与外网隔离，则小区/建筑的供水系统与外网不是分布式供水系统，可独立设计；如果小区/建筑的供水入口直接连接城市供水，就构成了分布式泵系统，通常就不能"自作主张"！必须经城市供水公司同意，而且必须采取防止破坏外网平衡运行的措施。

5.8 分布式系统的调节方案和调适简介

为了实现系统全工况调节能够稳定工作，必须做到：

（1）在设计时应该适当采用比较小的分布性准则 F_b，以减少调节干扰（详见5.6节）；

（2）采用正确的调节方案；

（3）调节特性调适（利用特性指数法进行调节特性调适见 1.3.5 节；能源审计见 1.3.6 节）；

（4）控制器参数的优化（详控制原理）。

5.8.1　单泵站、首泵站和加压泵站的调节和调适

单泵站、首泵站和分段泵站影响范围高，所以其控制方案和调适对确保系统全工况稳定工作非常重要。

（1）各种单泵站、首泵站和加压泵站通常必须采用自适应变压变扬程供水系统（自适应变压开式供水系统用压力传感器采样，自适应变压差循环供水统用差压传感器采样），调适的关键是确定最不利用户的采样/控制点的位置（见各系统图）和资用压头 $[P]$（见各系统图和表 5.1-1）。$[P]$ 通常可采用设计标准，或通过实验确定，也只涉及一个用户；即使系统改造，也只要确定最不利用户位置和 $[P]$；如果 $[P]$ 及位置不变，则什么也不必改变。而且泵站通常可采用多台泵并联，按负荷改变并联台数进行变频调节（详见 2.7 节），可提高设备的备用系数，提高可靠性、使"大马"能够自动适应"小车"，实现全工况调节节能。所以，适应非常简便。

（2）循环供水系统必须采用定压补水系统，确保整个系统不产生汽化，其关键是确定定压点[1]；分布式开式供水系统必须采用自适应变压开式供水系统，必须确保所有泵不产生汽蚀。

（3）必须对系统进行监控和自动校正：例如，对每个泵的入口压力进行采样/监控，进行报警和自动处理；对调节特性进行自动补偿（详见第 5 章）。

5.8.2　末端分布泵或调节阀的调节方案和调适

末端分布泵或调节阀直接控制对象的目标参数。确定好对象的目标参数，如果控制器采用了调节特性自动补偿（详见第 5 章），则通常就能够自动完成调适。调节阀的调适详第 3 章。

5.9　利用离心泵的通用数字化特性快速计算调节特性指数

式（2.3）提出了泵调节系统的相对当量背压 β 的概念：

额定工况相对当量背压

$$\beta = B'/H_{\text{eo}} = (B + [P])/H_{\text{eo}} \tag{5.31}$$

式中，　　　B——系统的背压；

$B' = B + [P]$——系统的当量背压；

　　　$[P]$——最不利用户（用户组/支路）需要的资用压头；

　　　H_{eo}——额定转速时的 0 流量扬程。

利用当量背压（$B + [P]$）和相对当量背压 β 的概念，各种系统的 β 见式（5.33），使各种泵集中调节系统的调节特性计算和能耗分析得到了统一（详见表 2.1）。

可见 0 流量扬程 H_{eo} 对计算相对当量背压 β 非常重要。下面介绍离心泵系统的相对当

量背压 β 的数字表达式:

根据式（5.1）求得比转速 n_s，然后可从图 5.2-1，查得流量为 0 时的 H_{eo}，就能够确定相对当量背压 β。为克服查图的误差，并且实现数字化计算，根据图 5.2-1，将离心泵的 H_{eo}/H_e 表示在图 5.9-1 中的曲线 1。根据幂函数在对数坐标中为直线的性质，可以方便地根据图 5.9-1 曲线 1 求得:

$$H_{eo}/H_e = 0.2618 n_s^{0.328} \tag{5.32}$$

代入式（5.31），可得各种系统的相对当量背压:

基本调节系统：$\beta = B'/H_{eo} = 3.82(B/H_e)/n_s^{0.328}$

自适应变扬程系统：$\beta = B'/H_{eo} = 3.82\{(B+[P])/H_e\}/n_s^{0.328}$

$H = H_e$ 恒压调节系统：$\beta = B'/H_{eo} = H_e/H_{eo} = 3.82/n_s^{0.328} \tag{5.33}$

$r = r_e$ 定速系统：$\beta = B'/H_{eo} = H_{eo}/H_{eo} = 1$

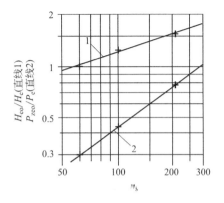

图 5.9-1 离心泵 0 流量特性

根据式（5.1）求得 n_s，再根据式（5.33）就可求得各种系统的 β，然后用 β 从图 4.4-3（无驼峰离心泵调节特性指数）查得流量调节特性指数 n_v 和相对起调转速 r_o/r_e。当然，也可将式（5.33）和式（5.1）代入式（2.11）求得 n_v，以及 $r_o/r_e = \beta^{1/2}$。

运用离心泵的数字化通用特性，可不必知道具体泵的性能图就求得调节特性指数 n_v，这可使初步设计和方案比较变得非常方便。

5.10 利用离心泵的通用数字化特性进行全工况调节的能耗分析

因为内摩擦的存在，额定转速 0 流量实际轴功率 >0，这是实际轴功率与有效轴功率（或者称理想泵轴功率）的最大差别。所以额定转速 0 流量相对实际轴功率在计算全工况调节实际功率时非常有用。式（2.28）等更可看到这一点。

根据图 5.2-1（b），将额定转速下 0 流量相对实际轴功率 p_{zeo} 表示在图 5.9-1 中曲线 2。可求得额定转速下 0 流量相对实际轴功率:

$$p_{zeo} = P_{zeo}/P_e = 0.0137 n_s^{0.754} \tag{5.34}$$

泵调速时相对轴功率调节函数式（2.28）变为:

$$p_{zt}(g_t) = \left[0.0137 n_s^{0.754} + (1 - 0.0137 n_s^{0.754}) g_t^{n_p} \right] \left[g_t^2 (1-\beta) + \beta \right]^{n_r/2} \tag{5.35}$$

通常，轴功率调速特性指数 $n_r = 2.7$，根据许多离心泵的资料和图 5.2-1，比转速 $n_s <$ 300 的离心泵，可取轴功率-流量特性指数 $n_p \approx 1$：

$$p_{zt}(g_t) = [\ 0.0137n_s^{0.754} + (1 - 0.0137n_s^{0.754})g_t][g_t^2(1 - \beta) + \beta]^{1.35} \qquad (5.36)$$

对每一个泵，可利用表 5.3-1 求得额定轴功率；然后用式（5.1）求比转速 n_s，用式（5.33）求得 β，代入式（5.36）求各泵的相对实际轴功率函数 $p_{zt}(g_t)$，就能够如【例 5.3】等一样求得各泵（站）的全工况调节实际能耗，各泵能耗相加即得到总的全工况调节实际能耗。由于运用了离心泵的通用数字化特性，可不必知道具体泵的性能图，这对初步设计及方案比较是非常有用的。

对于分布式等多泵系统，进行全工况调节能耗分析虽然不难，但很繁琐。可喜的是，根据现在的技术条件（计算机、5G 网络、资料共享、智能控制等），只要给出各用户的额定流量和控制目标（参数、精度、节能、造价、运行能耗等）及各段阻力、背压等，就能够自动进行各种系统的全工况能耗分析（包括额定工况和调节过程），从而完成方案优选和系统优化设计，并可利用智能控制（详见第 9 章）系统，自动进行系统调适与调节特性优化补偿。

总之，控制阀（开关/直通/三通调节阀）本质上是利用改变阻力进行流量调节，节流损失不可避免。所以，单泵（风机）＋控制阀系统通常比调速泵要增加能耗。但对于多用户系统，则要具体分析！在保证调节范围和调节特性指数的前提下，应采用尽可能小的阀权度，则可以大大减少节流损失；如果管路阻力很大和/或要求总流量不变，可采用互补三通调节阀，虽然能耗比较大，但能够完全消除调节干扰，系统简单，流体源可不控制。

第6章 空调供暖对象（设备）的全工况快速优化

空调供暖调节系统中，涉及的对象特性、控制目标和干扰千差万别，涉及不同信号传输速度天差地别。所以，根据对象、目标、干扰及信号传输速度等对工艺、调节、控制、计量进行配套优化设计和调适，使系统既有利于工艺，也有利于调节、控制、计量，非常重要！这种配套优化设计和调适看起来复杂，但如果在工艺系统设计时，同时进行工艺设备、调节机构（如泵（风机）和调节阀）、调节方案（如量调节、质调节……）、控制、计量方案等的配套优化设计，就能够环环相扣，需要输入的初始参数非常少，工艺与调节特性优化设计将变得简单快捷，并便于实现数字化自动优化设计，也便于在控制系统中加入系统自动调适和优化补偿，使工艺系统与控制系统的调适可自动完成。

前面已经介绍了控制环节的静态调节特性和系统优化。但是，有些环节（特别是大多数调节对象）和系统的动态特性对控制系统优化设计和调适有非常重要的作用，所以必须对控制环节和系统的全部静/动态调节特性（简称全特性）及系统的优化设计和调适加以研究。

6.1 空调供暖对象（设备）的全特性

6.1.1 全特性与静态调节特性的关系

实质上，调节特性就是控制环节/系统的输出（Y）随输入（X）及时间（t）变化的规律：$Y=f(X, t)$。为简化，通常采用分离变量法，将双参数函数 $f(X, t)$分解成两个单变量函数。通常用单位扰量（包括调节通道的调节量，或干扰通道的干扰量）作用下的输出 Y 与输入 X 的关系表示全特性：

$$Y=F(X, t)=K \cdot f(t) \tag{6.1}$$

式中，$f(t)$——输出与时间（t）的关系，属于动态特性；

$K=Y_\infty/X$——放大系数，表示在单位扰量作用下达到稳定状态时输出 Y_∞ 和输入 X 之比，与时间无关；K 实质上是静态特性。

对于干扰通道，通常放大系数 K 越小越好。例如，如果房间的保温隔热越好，室外温度变化的对室温的干扰就越小，即 K 越小，越有利于节能和室温控制。

对于调节通道，环节/系统的调节增益为 $A=\mathrm{d}Y/\mathrm{d}X$。如果 A 与输入 X 无关，即 A 为常数，则表示静态调节特性为线性。因常规控制理论只能用于常系数系统，通常认为放大系数 $K=Y_\infty/X$ 为常数。所以，对于线性（常系数）环节/系统：

$$A=\mathrm{d}Y/\mathrm{d}X \propto Y_\infty/X = K \tag{6.2}$$

显然，在许多情况下，单个控制环节（如调节机构、对象等）的静态调节特性不是线性，即 A 和 K 不是常数，而是与输入 X 有关。然而，利用调节特性指数的概念，根据式（1.21）：系统的调节特性指数 n_x 等于各环节调节特性指数相乘，如果实现静态调节特性优化设计和调适（包括优化补偿），达到 $n_x=1$，则系统的静态增益 A_x 全程为常数，即系统放大系数 K_x 为常数，是线性系统的必要条件之一。所以，在系统调节优化设计时，首先应该使系统的放大系数 K_x 为常数，即 $K_x=A_x=$ 常数，系统调节特性指数 $n_x=1$。各种变频泵（风机）和调节阀的调节特性指数和系统调节特性优化已在第 3 章至第 5 章介绍。显然，可像泵（风机）和调节阀一样，求得各种对象调节特性指数的计算公式与图，但对象种类太多，难以一一介绍，因此本书将介绍在工艺设计工况计算时，快速求对象调节特性指数的通用方法（详见 6.3 节）。

6.1.2 全特性的数字化表示

（1）求全特性的方法

控制环节和系统全特性的数字表示和试验方法有时域法、频域法及统计法，各有优缺点（见表 6.1-1，详自动控制基础）。现采用时域法简单介绍全特性。求动态特性的方法有解析法（根据物质和能量守恒微分方程求解）和试验法，对于复杂对象，则通常用试验法求解。

求对象动态特性的试验法比较   表 6.1-1

名称	求动态特性参数的方法	优点和用途	缺点
时域法	输入单位扰量 $x=1$，用图解法分析输出反应曲线	试验简单易操作,物理意义清楚;多用于 1～2 阶线性对象;常用于教学分析	作图法求解,误差比较大
频域法	输入正弦波 $x=\sin(t)$，分析输出正弦反应曲线	较准确,物理意义清楚;可用于高阶对象	必产生正弦波
统计法	直接统计分析输出 y 和输入 x 关系的大数据	根据定量/定性/模糊/语义等模型,分析输入-输出的大数据;可用于各种对象和智能控制	必须有大数据积累才能分析

（2）常用反应曲线和数字化特性举例

对象和环节的种类很多，这里只介绍常用的单双容对象和环节。

1）图 6.1-1（a）表示无滞后单容（也称一阶惯性）环节（对象）/系统的过渡响应曲线，可用一阶微分方程来描述，解微分方程，得到单位扰量作用下无滞后单容对象的输出：

$$Y=K\left(1-e^{-t/T}\right) \tag{6.3}$$

式中，K——放大系数，实质上是一个静态特性；

      T——时间常数；

      t——时间。

求一阶对象的时间常数 T 的图解法：对图 6.1-1（a）中曲线，通过 $t=0$ 点作切线，与新稳定值的交点所对应的时间即为时间常数 T。因此，时间常数 T 表示输出变量以初始最大上升速度变化到新稳定值所需要的时间。时间常数 T 的大小反映了对象受到阶跃扰动后，被控变量达到新稳定值的快慢，也就是达到新平衡状态的过程时间的长短。所以，可以说对象时间常数是表示对象惯性大小的物理量。通常，惯性也称为惰性，对于热工对象则称为热惰性。时间常数越大，表示对象惯性/惰性越大。

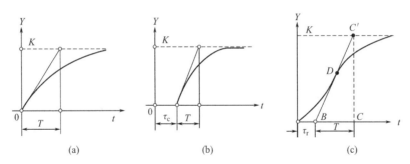

图 6.1-1　单位扰量作用下的过渡过程举例

(a) 无滞后单容对象；(b) 有纯滞后单容对象；(c) 无传递滞后双容对象

2) 图 6.1-1 (b) 表示有传递（纯）滞后 τ_c 单容环节（如对象）/系统的过渡响应曲线，亦为一阶微分方程，其解为：

$$t = \tau_c < \tau, \ y = 0; \ t \geqslant \tau, \ y = K(1 - e^{-(t-\tau)/T}) \tag{6.4}$$

式中，$\tau = \tau_c$——滞后时间；

　　　　T_c——传递纯滞后时间，也称为纯滞后时间。

τ_c 对控制系统的影响很不利，必须尽可能减少。τ_c 通常可在确定工艺方案时尽可能减少，且能够在工艺设计时方便地进行计算（详见 6.2 节）。

如果 $\tau = \tau_c = 0$，则为无纯滞后单容对象的过渡响应曲线。

从图 6.1-1 (a) 和图 6.1-1 (b) 的比较可见，(b) 图的曲线相当于 (a) 图的曲线向右平移了 $\tau = \tau_c$。

3) 图 6.1-1 (c) 表示无滞后双容对象（二阶惯性对象）的过渡响应曲线。其表达式 $y = Kf(t)$ 比较复杂，而且阶数越高，$f(t)$ 的表达式越复杂，常规控制理论分析也越复杂，智能控制的自动寻优也越复杂。所以对象相关曲线的分解/降阶非常重要：

从图 6.1-1 (c) 曲线的拐点 D 作切线，与 t 坐标轴相交于 B，与 $Y = K$ 水平线相交于 C'，从图中得到 τ_r 和 T。因为当 $t < \tau_r$，输出比较小，所以在常规控制理论中，通常认为 $t < \tau_r$，$y \approx 0$，于是可将无传递滞后双容（二阶惯性）对象简化成为具有纯滞后 $\tau_c = \tau_r$ 和时间常数 T 的单容对象。为与纯滞后 τ_c 相区别，通常将 τ_r 称为容积滞后。容积滞后因物质或能量从对象流入到流出容积之间存在阻力而产生。

这样就把一个无传递滞后的双容对象降阶成纯滞后 $\tau_c = \tau_r$ 的单容对象。

4) 同样，可以把一个有纯滞后 τ_c 的双容对象降阶成有"等效传递滞后"的单容对象。这时，"等效传递滞后"为：

$$\tau = \tau_c + \tau_r \tag{6.5}$$

例如，换热器＋空调房间（或反应釜等）组成的调节对象就可近似看作双容对象；如果传感器体积大，也可以将换热器＋空调房间（反应釜）＋传感器组成的广义调节对象近似看作双/多容对象，并根据式（6.5）进行简化，这种降阶，对简化常规控制和智能控制非常有益。

6.1.3　全特性对控制系统影响简介

(1) 通常将 K 小、T 大、τ 大的系统统称为大惯性系统，对热系统则称为大热惰性系统。对干扰而言，热惰性越大越好，如果 $K=0$、T 和 τ 无限大，干扰就不起作用了。例如，围护结构越厚，保温隔热越好，则热惰性越大，外温变化的干扰的影响就越小。如果系统的放大系数 K、时间常数 T、滞后时间 τ 全程都为常数，则称为线性系统，可按经典控制理论进行控制系统动态优化设计和调适（如确定 PID 控制器的参数 K_p、T_i、T_d）。对于智能控制，如果某参数为常数，则可以降阶，从而简化自动寻优的过程。具体详见控制原理。

（2）滞后时间 τ 对控制过程会产生不利的影响。它将降低控制系统的稳定性，增大被控变量的最大偏差，拖长过渡过程的时间。所以要尽量克服滞后时间 τ 对控制的不利影响。从式（6.4）可见，实质上是相对滞后时间（τ/T）对控制过程产生不利的影响。因为相对容积滞后时间（τ_r/T）与对象本身特性有关，而传递滞后时间 τ_c 与工艺方案（如热媒、管道）、调节方案、信号传递方式等有关；同时，τ_c 的计算可以在工艺设计和确定调节方案时完成。所以，在 6.2 节将介绍如何计算和尽量减少传递滞后时间 τ_c 的方法。

（3）在第 7 章中，将以分户热计量为例，进一步介绍对象特性与工艺、调节、控制、计量的配套优化设计和调适的重要性。

（4）放大系数 K 实质上是静态调节特性，前面已经介绍了控制环节的静态调节特性指数和系统的静态优化，在 6.4 节中，将以应用最广的换热器（包括表面式空气冷却器）为例，介绍便于计算单纯传热和热湿交换的效率法，以及如何在工艺设计时计算对象的静态调节特性指数的简单方法。

（5）至于时间常数 T，虽然可以根据热工原理等进行计算，但比较麻烦，因此通常现场测量。

6.2 传递滞后时间 τ_c 的计算与优化

6.2.1 供电、供水、供热（质）系统的差别

人们往往会把供电/供水的控制、计量收费、调度管理的成功方法直接用于物质（浓度）-热量供等给系统，结果通常难以达到预期目的，有的甚至完全失败。因此，很有必要将供电、供水、供热、物质（浓度）供应系统进行比较（表 6.2-1），从而进一步具体了解各种控制系统的特点。

从表 6.2-1 可见：从控制影响的角度看，供电、供水、供热系统的重要差别在于传递（纯）滞后时间（τ_c）有极大的差别：

（1）光、电、辐射等的传播速度 $u_d=30$ 万 km/s，因此对于一般工业与民用工程，电的传递（纯）滞后时间 $\tau_c=\tau_{cd}$ 完全可以忽略。

（2）5G 网络信号本身的传递滞后时间 τ_c 为毫秒级，对过程控制通常可忽略。

（3）压力、流量变化等的传输速度为音速 u_y（水中 $u_y\approx1500\text{m/s}$，大气中 $u_y\approx340\text{m/s}$），因此，如果不考虑管道的膨胀，则压力、流量变化等的传递（纯）滞后时间为：

$$\tau_c=总管长/u_y \tag{6.6}$$

因此，对于大管网，管道很长，压力、流量变化的传递（纯）滞后比电的传递（纯）滞后时间长得多，通常必须考虑。

（4）物质（如浓度）和流体携带的热能只能以流体的输送速度 $u_q=u=\mathrm{m/s}$ 级前进：

$$\tau_{cq}=\sum(l_i/u_{qi}) \tag{6.7}$$

式中，l——管道长度。

而且，由于管道、设备的蓄热和传热损失，会增加容积滞后。

因此，对于大热（冷）管网，热源到用户的距离为数千米至十多千米，热源（首站）出口温度（热）变化与用户之间的传递（纯）滞后非常大，可达数小时至十多小时；区域热力站到用户的距离为数百米，热力站供水温度（热）变化与用户之间的传递（纯）滞后也非常大，可达数分钟至数十分钟。特别是在初次启动充水时，管道设备必须有相当长的充水过程，即初次启动充水时，水的传递（纯）滞后很大。

因此，对一般工业与民用工程：

1）光、辐射、电信号传递滞后时间 τ_c 可以忽略；特别是电热辐射供暖反应最快。所以在电价低且电力富余地区或要求反应快的情况，电加热器应该是首选。

供电、供水、供热（质）系统的比较   表 6.2-1

比较项目		供电	供水(不计水、管道膨胀)	供暖供热(热媒为水)
理想条件下比较		电源电压 V 不变	水源压力 H 不变	热源压力 H 不变,温度 t 不变
初充工质	工质速度 u	$u=30$ 万 km/s	$u=\mathrm{m/s}$ 级	$u=\mathrm{m/s}$ 级
	纯滞后 τ_c	电 $\tau_c\approx0$	水 $\tau_c=\sum(l_i/u_i)$	水 τ_c 同左,热 τ_c 因蓄热/散热,热 $\tau_c>$水 τ_c
正常连续运行调节	输送速度 u	$u=30$ 万 km/s	水中音速 $u\approx1500$m/s,大气中 $u\approx340$m/s	音速 u 同左,温度/浓度传递 $u=\mathrm{m/s}$ 级
	输送泄漏	漏电可防止	漏水可防止	水同左,户间传热/热损不可避免
	输送压降 输送温降	$\Delta V=R\times I$,线性,通常可忽略。R 为线电阻,I 为电流	$\Delta H=S\times L^2$,非线性不可略,S 为阻力系数,L 为流量	水同左;温降 Δt 非线性不可略,计算复杂
	设备工作点	$V_g=V$	$H_g=H-\Delta H=H-S\times L^2$	H_g 同左;$T_g=t-\Delta t$
	传递滞后 τ_c (详见 6.2 节)	对于一般工程 $\tau_c\approx0$	水 $\tau_c=\sum l/u$	水 $\tau_c=\sum l/u$ 热 $\tau_c\geqslant\sum(l_i/u_i)\gg$水 τ_c
	时间常数 T	纯电阻电路的时间常数 $T=0$;其他可根据电路准确计算	闭式系统(无气,不计管道膨胀)$T=0$;开式系统 T 可计算。	水系统同左;混水器 T 小,大体积设备 T 大计算误差大,通常试验确定 T
	计算特点	线路压降通常可不计。电路可准确计算,误差通常很小	管路阻力与流量平方成正比;管路阻力与供水量计算误差比较大	水系统同左;混水器传热计算简单;其他传热计算比较复杂,热量计算误差比较大
	静态调节特性 (详见 6.4 节)	电量静态调节特性能根据用电设备的性能独立确定,计算简单成熟,能够准确计算	流量调节特性涉及调速泵/调节阀特性+管路特性,计算较复杂,误差较大,通常为非线性	热量调节特性不但涉及流量调节特性,还涉及控制对象(如换热器等)特性,计算更复杂,误差更大,通常为非线性

续表

比较项目		供电	供水（不计水、管道膨胀）	供暖供热（热媒为水）
实际工作条件	实际电源 V，实际水源 H，实际热源 t	在额定负载下，因为电网大，电压调节很快，所以以电源电压 V 通常可取为常数	有压力控制-控制点 H 不变；无压力控制 H 与水泵和管路特性有关；设备工作压力还与控制点至设备的阻力有关	水系统同左；有热源温度 t 控制，可认为 t 不变，但远距离输送必须考虑输送热/冷损耗，无控制 t 与热源特性有关
	工作环境	连续运行，环境很好	城市供水/电站供水连续运行环境好	供暖季节性运行，环境较差，供暖燃煤锅炉环境更差
	运行操作工	长期工	长期工	工业供热长期工，供暖季节工
计量收费	户间隔离	可完全隔离	可完全隔离	户间传热不可避免
	计量原理	电流、电压、功率因素同步测量，计量成熟	水量计量单纯成熟	流量计量成熟，温差变化热惯性比流量大得多，两者必须同步
	仪表工作条件	干燥清洁，连续运行	纯净常温水，连续运行	循环热水有污垢，季节性运行
	居民费用大小	比较大	比较小	北方供暖费用很大
	分户计量收费现状，详见第7章	分户计量+计费简单，分户计量收费已推广	分户计量+计费等简单，分户计费收费已推广	分户计量+朝向+分摊+政策等复杂，分户计量收费未推广
普通应用举例		电暖 $\tau_c \ll$ 汽暖 < 水暖，辐射 $\tau_c \ll$ 对流供暖	电传动 $\tau_c \ll$ 液传动 $\tau_c <$ 气动 τ_c	质调节 $\tau_c >$ 量调节；流量和温差同步才能准确计量热量，详见第7章

注：1. 如果有感性/容性负载，电系统的启动/调节过程比较复杂，但可计算；
　　2. 热力站/单位或建筑热入口总热量不涉及户间传热/朝向，而且是测量总体平均值，因此计量简单成熟。

2）5G 网络传感器信号传递滞后时间 τ_c 为毫秒级，通常可忽略。

3）电动传感器/执行器的信号传递滞后时间 $\tau_c \ll$ 液压 $\tau_c <$ 气动 τ_c。

4）因为音速 $u_y \gg$ 流速 u，所以量调节 $\tau_c \gg$ 质调节。

5）混水器便宜、反应快，容积滞后时间 τ_r 小、阻力小、能耗低，如果允许两侧流体混合，则应该采用，但须认真考虑系统运行稳定性。

6）间壁式换热器两侧流体隔离不混合，设计、调适、运行稳定简单，但容积滞后时间 τ_r 比较大，价格较高、阻力比较大，能耗比较高。

7）调节/控制方案对分户热计量调控的成败有决定性的影响，将在第7章专门介绍。

6.2.2　尽量减少传递滞后时间 τ_c 的方法

传递（纯）滞后时间 τ_c 对控制系统的动态参数有非常不利的影响，可以说：如果没有滞后，自动控制就会变得非常简单。尽量减少滞后时间（包括传递滞后和容积滞后）对控制系统非常有利，通常在工艺设计和确定调节方案时就必须尽量减少传递滞后时间 τ_c，主要方法有：

（1）合理选择工艺、调节、信号传递方案；

（2）尽量减少调节机构、调节对象、被控参数传感器之间的管道长度；

（3）滞后时间过大时可进行滞后补偿（详控制原理书籍）。

6.2.3 传递滞后时间 τ_c 的计算举例

【例 6.2-1】 自适应变扬程供水系统（详见第 1 章，包括自适应变压开式供水和自适应变压差循环供水两个专利）的传感器与水泵/控制器之间的管线长度为 150m，信号传递采用（1）导线和（2）5G 网络，求正常运行时的传递（纯）滞后时间 τ_c。（3）如果管线长度为 1500m，其数值 τ_c 为多少？

【解】 因为压力变化等的传输速度为音速 u_y（水中 $u_y \approx 1500\text{m/s}$），因此，如果不考虑管道的膨胀，则根据式（6.6），压力变化的传递到传感器的纯滞后时间为：

$$\tau_{c1} = 总管长/u_y = 150\text{m}/1500\text{m/s} = 0.1\text{s}$$

对水泵控制：

（1）电信号经导线传递时间通常可不计，所以 $\tau_c = \tau_{c1} \approx 0.1\text{s}$；

（2）无线信号传递时间通常可不计，5G 网络传递（纯）滞后时间 τ_{c2} 为毫秒级，所以 $\tau_c = \tau_{c1} + \tau_{c2} \approx 0.11\text{s}$；

（3）如果管线长度为 1500m，则 $\tau_c \approx 1\text{s}$（计算见前文）。

【例 6.2-2】 调节阀与空气加热器之间管长 4m；（1）量调节：用两通阀或者分流三通调节阀改变水量，控制空气加热器后的空气温度；（2）质调节：用合流三通调节阀改变水温，控制空气加热器后的空气温度，水的流速 $u = 4\text{m/s}$。求正常运行时的传递（纯）滞后时间 τ_c。

【解】 不考虑管道的膨胀：

（1）量调节：根据式（6.6），$\tau_c = 4/1500$，非常小；

（2）质调节：根据式（6.7），$\tau_c = 4/4 = 1\text{s}$。

6.3 空调供暖设备（调节对象）的分类和全工况优化简介

6.3.1 分类

空调供暖设备（调节对象）种类繁多，因为本书主要涉及空气的热湿环境，所以这里以应用最广的换热器（或者称为热交换器）为例进行介绍。

换热器的分类方法也很多，这里只按两种流体是否接触、流动方式、调节方案等，以及是单纯热交换还是热湿（质）交换等进行分类。

在空调工程中，为了实现不同的介质（水、空气）处理过程，需要使用不同的热湿处理设备。例如，根据不同的工作特点，可将各种热湿处理设备分成直接接触式和表面式两大类，以及多种传热的组合应用。

（1）两种流体直接接触

直接接触式热湿交换设备：如混水器、喷水室、冷却塔、蒸汽加湿器、局部补充加湿装置，以及使用吸湿剂的设备等，其特点是：源介质直接和被处理的介质（水、空气）接触，热湿交换效率高，造价低。在空调工程中，喷水室的主要优点是能够实现多种空气处理过程，具有一定的净化空气能力，容易加工和制作；缺点是对水的卫生要求高，占地面积大，水系统复杂并且耗电多。现在，主要应用于纺织、玻纤行业等。

两种流体直接接触的热湿交换可分为：

1）相容流体无相变完全混合，例如同种冷热流体（水、液、气）混合器，如冷热水相混合的混水器。

2）相容流体中一种流体完全相变混合，例如蒸汽与水混合，如果蒸汽不过量（过量部分无法调节）就能够完全混合，因为蒸汽潜热≫显热，则热量近似与蒸汽量成正比，所以特性指数 $n_o{\approx}1$。

3）大部分气体接触后分离，只有部分气体发生相变混合，例如电厂、化工、制冷机的冷却塔、喷雾式空气处理器等，其中湿气体与液体之间发生热湿交换，部分蒸发或冷凝。虽然蒸发量或冷凝量的重量可以忽略不计，但是其潜热交换必须考虑，所以必须按热质交换计算。

因为两种流体直接接触换热计算比较简单，请参见各种工艺设计文献。

（2）两种流体不接触换热——表面式换热器，也称间壁式换热器，例如：

1）单纯热交换（两侧只有显热交换），如各种空气加热器、干工况表面式空气冷却器（简称干工况表冷器）等。间壁式水加热/冷却器也只有单纯热交换。

2）空气侧有热湿交换，如空调中应用最广表面式空气冷却器（简称表冷器）。

以空调系统中应用最广、计算比较复杂的表冷器为例，首先在 6.4 节介绍强制对流间壁式换热器的单纯热交换及快速优化的方法，然后在 6.5 节介绍热湿（质）交换。

这是因为：表冷器的干工况传热为单纯热交换（显热交换），其计算方法可用于各种间壁式换热器。所以，这里先介绍计算单纯热交换的效率法，然后利用热湿交换的相似性和湿空气数字化特性，导出焓值效率法和湿球温度效率法，可方便地利用表冷器干工况单纯热交换数据，完成湿工况热湿交换的设计、校核、调节特性指数等计算。表冷器的主要应用和调节方案分类见表 6.3-1。

表面式热湿交换设备的特点是：与空气进行热、湿交换的介质不和被处理介质直接接触，热湿交换通过处理设备的表面进行，效率比较低，造价比较高；但两侧介质的成分互不影响，清洁度高，工厂化批量生产、结构紧凑，安装/移动方便，占地面积小，所以得到了广泛应用。

空调工程常用的表面式空气换热器包括空气加热器和表冷器两类。空气加热器用热水或蒸汽作为热媒；表冷器则以冷水或制冷剂为冷媒，当以制冷剂为冷媒时，通常被称作直接蒸发式表面冷却器。表面式空气换热器处理空气时，能够实现等湿加热、等湿冷却和减湿冷却 3 种空气状态变化过程。

所谓空气的冷却处理，即经过冷却处理后，空气终状态的温度和焓值都比初状态降低。空气通过表面式冷却器时，状态变化有两种可能：等湿冷却和减湿冷却。当冷媒（冷水）的温度足够高，使得空气冷却器空气侧传热面的温度值高于空气的露点温度时，空气在冷却过程中含湿量不变，即为等湿冷却过程，也称为干冷却。当冷媒（冷水或制冷剂）的温度相当低，以致空气冷却器空气侧传热面的温度值低于空气的露点温度，这时空气中的部分水蒸气会凝结、析出，并附着在空气冷却器传热表面上。此时，空气冷却过程中，空气的温度、含湿量和比焓值都要下降，即为减湿冷却过程，也称为湿工况冷却。在减湿冷却过程中，空气是先进行一定量的等湿冷却，达到入口空气的露点温度后，再进行减湿冷却，所以湿工况冷却结果是一个平均值。

表冷器的主要应用及调节方案　　　　　　　　表 6.3-1

分类及参数		1-处理介质			2-热/冷源			传热系数	1-处理介质的传热效率	调节方案 n_0 见6.4.5节
		进口	出口	流量	进口	出口	流量			
单纯热交换效率 E_t	源无限	t_1	t_2	g	t_{w1}	t_{w2}	w	K	$E_t=(t_1-t_2)/(t_1-t_{w1})$	
	两侧流体无相变	定		定	调		定	定	定	质调 t_{w1}
		定		定	定		调	$f(g,w)$	$F(g,w)$	量调 w
		定		调	定		定	$f(g,w)$	$F(g,w)$	量调 g
			定	定	调		定	定	定	质调 t_{w1}
			定	定	定		调	$f(g,w)$	$F(g,w)$	量调 w
			定	定	调		定	$f(g,w)$	$F(g,w)$	量调 g
	源流体全相变 $B_r=0$	定		定	调	t_{w1}	定	定	定	质调 t_{w1}
		定		定	定	t_{w1}	调	$f(g)$	$F(g)$	量调 w
		定		调	定	t_{w1}	定	$f(g)$	$F(g)$	量调 g
			定	定	调	t_{w1}	定	定	定	质调 t_{w1}
			定	定	定	t_{w1}	调	$f(g)$	$F(g)$	量调 w
			定	定	调	t_{w1}	定	$f(g)$	$F(g)$	量调 g
热湿交换效率 E_i E_s	源无限	i_1	i_2	g	i_{w1}	i_{w2}	w	K	$E_i=(i_1-i_2)/(i_1-i_{w1})$	
	表冷器：空气含湿量有相变，源流体无相变	定		定	调	变	定	定	定	质调 t_{w1}
		定		定	定	变	调	$f(g,w)$	$F(g,w)$	量调 w
		定		调	定	变	定	$f(g,w)$	$F(g,w)$	量调 g
			定	定	调	变	定	定	定	质调 t_{w1}
			定	定	定	变	调	$f(g,w)$	$F(g,w)$	量调 w
			定	定	调	变	定	$f(g,w)$	$F(g,w)$	量调 g
	源有限全相变	t_{s1}	t_{s2}	g	t_{w1}	t_{w1}	有限	K	$E_s=(t_{s1}-t_{s2})/(t_{s1}-t_{w1})$	
		空调机组、热泵等机组须考虑压缩机、蒸发器、冷凝器的热平衡									

注：定＝不变；调＝调节变量；量调＝量调节＝调流量；质调＝质调节＝调温差。

（3）在工程实际应用中，有时也将不同传热方式组合起来使用，例如：

1）喷水表面式换热器，总是能够实现热湿交换。

2）空气侧同时有对流和辐射热交换，如辐射供暖加热器等，详见第 7 章。

6.3.2　空调供暖设备全工况优化选择设计简介

前面已经介绍：控制器、执行器、传感器的调节特性指数为 1 或已知；也介绍了调节机构，泵（风机）和调节阀的调节特性指数和优化。但是，由于调节对象的种类很多，不能像调速泵和调节阀一样作出通用的特性指数图，所以这里以表冷器热湿交换为例，介绍如何在设计工况计算时，进行设备的快速优选和计算调节特性指数。

计算表冷器热湿交换的方法也很多，本书采用计算单纯热交换的温度效率法，并且根据热湿（质）交换相似原理给出了利用单纯热交换资料计算热湿交换的简便方法——焓值效率法和湿球温度效率法。

后面可以看到：利用效率法，不但便于进行设备的快速优选，而且便于进行校核计算、调节特性计算和调适，其中湿球温度效率法特别便于进行空调机组的热平衡计算和优化。表冷器的主要应用及调节方案见表 6.3-1。

空调供暖设备全工况优化选择设计的方法有不同的层次：

（1）按优化原理进行优化

利用特性指数进行数字优化的方法已在第 1 章进行了简介：因为幂函数和指数函数的积分和微分都非常方便，所以从原理上说，利用特性指数法按优化原理进行优化设计也很方便。

（2）按传热效率进行快速优化

然而，因为各种费用的计算非常麻烦，加之地区价格差异；同时，管道、设备等的规格不连续性大（特别是定型表冷器，其定型规格及排数的不连续性更大），也难以按优化理论实现准确的优化。因此，本章采用了更加实用的快速优化的方法：辩证地理解规范和设计手册，直接利用规范和设计手册资料，利用效率法进行快速全工况优化计算（包括设计、校核、调节特性）和调适。本章将重点介绍按传热效率快速优化的方法。

（3）根据应用条件按产品样本和规范简单优化

因为定型设备等的规格不连续性大，无论产品样本和规范，对各种主要参数（水流速或流量与供水温度、空气流速或流量以及相对应的冷/热量等）通常都给出或规定了上下数值限制。但有人为安全起见，总是层层增加安全系数，设计时层层加大需要的冷/热量，所以造成了很大的浪费！

如果按产品样本和规范进行简单优化，就能够防止这种情况出现！

按产品样本和规范简单优化的要点归纳如下：

1）不能层层增加安全系数，有时会使水泵无法启动！所以在选择设计时，通常只能加一次"安全系数"。

2）如果要求可靠性非常高，可以采用 3～4 台设备并联，虽然造价和设计工况的能耗有所增加，但系统备用系数增加，可靠性增加，全工况调节节能增加，而且可以很方便地应付设计误差。

3）如果设备至冷/热源的距离远，则采用比较小的热源流量进行选择设计；反之，则采用比较大的热源流量。

4）如果设备运行时间很长，全工况运行节能更为重要，则采用比较小的热源流速和处理介质（如空气）流速，并且选择高能效等级的设备。

6.3.3　空气冷却器与空气加热器的型号规格与性能参数

（1）《空气冷却器与空气加热器》GB/T 14296—2008 对二者的分类、型号、规格、标记、试验项目、额定工况参数等进行了规定，具体见表 6.3-2 至表 6.3-4。

（2）现有空气冷却器与空气加热器的型号规格与性能参数

可以利用《空气冷却器与空气加热器》GB/T 14296—2008 进行设备制造和试验，如果有了传热试验数据，也可以方便地进行选择设计。为使用方便，本书将部分已有传热试验数据的表冷器与空气加热器的型号、规格、性能参数举例于表 6.3-5 和表 6.3-6（仅供参考，应以产品最新出厂样本为准），使用时，试验与额定工况参数应该逐步符合《空气冷却器与空气加热器》GB/T 14296—2008（表 6.3-3 和表 6.3-4）的要求。

分类表 表 6.3-2

1	换热器用途	空气加热器	(R)
		空气冷却、加热两用空气换热器	(S)
2	换热管形式	套片式	(T)
		绕片式	(R)
		轧片式	(Z)
		镶嵌片式	(Q)
		焊片式	(H)
3	基管材料	钢管	(G)
		铜管	(T)
		铝管	(L)
		复合管	(FH)
4	肋片材料	钢片	(G)
		铜片	(T)
		铝片	(L)

注：参考《空气冷却器与空气加热器》GB/T 14296—2008 表 1。

试验项目与参数范围 表 6.3-3

项目 参数	空气冷却器		空气加热器		
	冷水	低温乙二醇溶液	蒸汽	热水	热乙二醇溶液
标准空气状态面风速(m/s)	1~4	1~4	1~8	1~8	1~8
空气入口干球温度(℃)	18~38	18~38	−18~38	−18~38	−29~38
空气入口湿球温度(℃)	16~30	16~30	—	—	—
管内流体流速(m/s)	0.3~2.4	0.3~1.8	—	0.1~2.4	0.1~1.8
流体入口温度(℃)	1.7~18	−18~32	—	45~121	−18~93
盘管入口蒸汽压力(kPa)	—	—	14~1723	—	—
盘管入口蒸汽最大过热度(℃)	—	—	28	—	—
质量浓度(%)	—	10~60	—	—	10~60
翅面最低温度(℃)	>0.0	>0.0	>0.0	>0.0	—
管壁面最低温度(℃)	>0.0	>乙二醇溶液凝固点	>0.0	>0.0	>乙二醇溶液凝固点

注：参考《空气冷却器与空气加热器》GB/T 14296—2008 表 5。

额定工况参数　　　　　　　　　　　　　　　　　　　　表6.3-4

换热介质	参数	空气冷却器		空气加热器						
				低温热水			高温热水		蒸汽	
		回风	新风	回风（Ⅰ）	回风（Ⅱ）	新风	回风	新风	回风	新风
空气	入口干球温度(℃)	27	35	21	15	7	15	7	15	7
	入口湿球温度(℃)	19.5	28	—	—	—	—	—	—	—
	入口面风速(m/s)	2.5	2.5	2.5	2.5	2.5	4.0	4.0	4.0	4.0
冷热水	入口温度(℃)	7	7	60	60	60	90	90	—	—
	出口温度(℃)	12	12	50	50	50	—	—	—	—
	水流速(m/s)	—	—	—	—	—	1.0	1.0	—	—
蒸汽	入口饱和蒸汽压力(MPa)	—	—	—	—	—	—	—	0.2	0.2

注：参考《空气冷却器与空气加热器》GB/T 14296—2008 表6。

表冷器单纯传热系数 K（单位：W/m²·℃）举例　　　　　表6.3-5

型号	排数	空气(干冷)-冷水式(6.14)				空气(加热)-热水式(6.15)或式(6.16)				
	N	a_1	m_1	a_2	m_2	a_1	m_1	a_2	m_2	公式
LT	4	52.1	0.459	219.7	0.8					
B/UII	2	34.3	0.781	207	0.8					
B/UII	6	31.4	0.857	281.7	0.8					
GL/GLII	6	21.1	0.845	216.6	0.8					
JW	2	42.1	0.52	332.6	0.8	34.77	0.4		0.079	
JW	4	39.7	0.52	332.5	0.8	31.87	0.48		0.08	式(6.15)
JW	6	41.5	0.52	325.6	0.8	30.7	0.485		0.08	
JW	8	35.5	0.58	353.6	0.8	27.3	0.58		0.075	
SXL-B	2	27	0.425	157	0.8	21.5	0.520	319.8	0.8	
KL-1	4	32.6	0.57	350.1	0.8	28.6	0.656	286.1	0.8	式(6.16)
KL-2	4	27.5	0.622	385	0.8	11.16	1.0	15.54	0.276	
KL-3	6	27.5	0.778	460.5	0.8	12.97	1.0	15.08	0.13	

注：1. 本表按干工况单纯传热取值。实验表明：如肋片距小，将发生凝结水"堵塞"现象，减少传热面积，使析湿系数 ξ 略小于1，可对传热面积等加污垢/安全系数进行考虑；

2. 本表摘自文献[8]。

表冷器结构参数举例　　　　　　　　　　　　　　　　　表6.3-6

型号		UII	GLII	JW	SXL-B	KL-1	KL-2
肋片特性	材料	铜	钢	铝	铝	铝	铝
	片型	皱折绕片	皱折绕片	光绕片	镶片	轧片	轧片
	平均片厚(mm)	0.3	0.3	0.3	0.4	0.4	0.4
	片距(mm)	3.2	3.2	3.0	2.32	3.0	2.5

	型号	UII	GLII	JW	SXL-B	KL-1	KL-2
管子特性	材料	铜	钢	钢	钢	铝	铝
	外径 D(mm)	16	18	16	25	24	20
	内径 d(mm)	14	14	12	19	20	16
	管间距 j(mm)	35.33	39	34	60	46	41
	不对称 Δs	0.64,s>8-0.73	0.62			0.50	0.49
	每米传热面积 A_1(m²)	0.55	0.64	0.45	1.825	0.77	0.775
	肋化系数	12.3	14.56	11.9	30.4	15.4	15.4
定型产品主要规格尺寸	每行3参数: s——单排肋管数 H_y——有效高度(mm) $b_1=A_1/F_y$	s,H_y,b_1 4,164,17.2 8,306,17.3 12,450,17.3 18,662,17.3 24,874,17.3	s,H_y,b_1 6,258,14.9 10,414,15.5 15,609,15.7 24,960,16.0	详见样本	详见样本	s,H_y,b_1 6,299,15.3 8,391,15.6 10,483,15.8 12,575,16.0 14,667,16.1 16,759,16.2 18,851,16.25 20,943,16.3	s,H_y,b_1 10,430,18.0 14,594,17.2 18,758,18.4 22,922,18.4
	有效长度 B_y(mm)	640,790, 1090,1390, 2020	640,790, 1090,1390, 1990	详见样本	详见样本	400,600,800, 1000,1200, 1400,1600	600,900 1200,1500
	定型排数 N_1	1,2	2,4			2	2,4,6

注: 1. "下划线"为无对应的 $H_y \cdot B_y$ 组合; $F_y=H_y \cdot B_y$ 为有效迎风面积 m²; 全高 $H=H_y+60$, 全长 $B=B_y+60$;

$A_1=b_1 \cdot F_y$ 为单排传热面积;

2. 本表摘自文献 [8] 及部分产品样本。

6.4　间壁式单纯换热器的快速优选和调节特性指数计算

6.4.1　间壁式单纯换热器的温度效率

单纯换热器的计算方法有许多, 其中温度效率法是应用最方便的方法。

单纯换热器处理介质的温度效率 E_t 定义为:

$$E_t=实际显热交换量/最大可能传热量=(t_1-t_2)/(t_1-t_{w1}) \tag{6.8}$$

强制对流换热器中两种流体的流动组合有多种多样, 其中逆流换热器的传热效率最高, 交叉流次之, 顺流最低。

各种文献大都按逆流换热计算表冷器的干工况传热, 处理介质 (表冷器为干空气) 的温度效率系数为:

$$E_t=\{1-\exp[-NTU(1-B_r)]\}/\{1-B_r\exp[-NTU(1-B_r)]\} \tag{6.9}$$

实际上, 多排肋片空气加热器和表冷器等的传热实质上是一种交叉流。计算和实验表明: 如果按逆流传热计算表冷器, 通常不安全!

交叉流有多种，通常多排空气加热器和表冷器等采用逆向交叉流，最接近一侧流体（源-水）不混合，另外一侧流体（空气）有混合的复杂交叉流，此时处理介质的温度效率系数：

$$E_t = 1/B_r - \exp\{-B_r[1-\exp(-NTU)]\}/B_r \qquad (6.10)$$

式中，
$$NTU = KA/(L\rho C_p) \qquad (6.11)$$

NTU——处理介质（如空气）的传热单元数；

A——传热面积；

其中，
$$B_r = \rho L C_p/(W\rho_w C_w) \qquad (6.12)$$

为处理介质与源流体热容量比，源流体完全蒸发/冷凝（无过热/过冷），通常实际计算时可取 $B_r = 0.001$；

K——传热系数，根据换热器种类、用途有多种表示方式，例如：

① 完整的计算公式（可用于各种计算）：
$$K = 1/[1/\alpha_w + R_z + 1/\alpha_n] \qquad (6.13)$$

② 完整实验数据整理公式（金属热阻 R_z 小，合并处理，可用于各种计算）：
$$K = 1/[1/\alpha_w + 1/\alpha_n] \qquad (6.14)$$

③ 单纯热交换传热系数实验数据整理的简化公式：
$$K = a_1 v^{m_1} w^{m_2} \qquad (6.15)$$
$$K = a_1 v^{m_1} + a_2 w^{m_2} \qquad (6.16)$$

④ 源流体完全蒸发/冷凝（无过热/无过冷）的简化公式：
$$K = a_1 v^{m_1} \qquad (6.17)$$

以上式中，L、ρ、C_p、v 分别为处理介质（如空气）体积流量、密度、定压比热、迎面流速；注意，有时采用迎面重量流速 $v\rho = v \cdot \rho$ 整理数据；常温空气可取 $\rho = 1.16 kg/m^3$，$C_p = 1.013 kJ/(kg \cdot K)$，规范/手册建议：$v = 2 \sim 3 m/s$；$W$、$\rho_w$、$C_w$、$\omega$ 分别为源流体（如水）的体积流量、密度、比热、流速；常温水可取 $\rho_w = 1000 kg/m^3$，$C_w = 4.18 kJ/(kg \cdot K)$，规范/手册建议：$w = 0.5 \sim 1.5 m/s$；

$$\alpha_w = a_1 v^{m_1} \qquad (6.18)$$

表示换热器（如表冷器）外侧处理介质（如空气）放热系数；

$$\alpha_n = a_2 w^{m_2} \qquad (6.19)$$

表示换热器（如表冷器）内侧源流体（如水）放热系数，表冷器通常 $m_2 \approx 0.8$；

R_z——金属热阻，通常比较小，实测时通常合并在 $1/\alpha_n$ 中。

a_1、m_1、a_2、m_2 等可从设计手册/样本（如表6.3-5）查得。

因表冷器的湿交换发生在处理介质（空气）侧，所以必须分离出空气侧放热系数 α_w。因此，式（6.13）和式（6.14）可用于单纯热交换和热湿交换计算；而式（6.15）和式（6.16）只能用于单纯热交换计算；式（6.17）可用于源流体完全相变的蒸发器和冷凝器。

利用式（6.9）～式（6.19）可方便的完成各种计算。

6.4.2 单纯热交换器参数的快速优化的方法简介

（1）单纯换热效率的算图和分区

为计算和分析方便，作为举例，按式（6.10）做出了 $E_t = f(NTU, B_r)$ 的算图

（图 6.4-1）。对图 6.4-1 进行分区，各分区特点见表 6.4-1，该图可供定性快速优化设计参考。

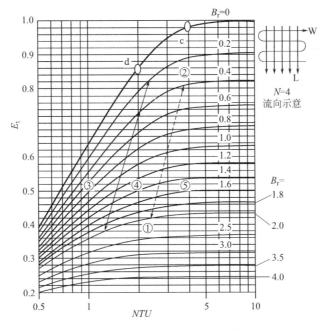

图 6.4-1　交叉流换热器单纯换热效率 E_t

图 6.4-1 中各分区特点　　　　　　　　　　　　表 6.4-1

分区号		条件/范围	特点/应用
源流体全相变		$B_r=0$ 源流体完全相变	蒸汽凝结,无过冷;液体汽化,无过热,实际可根据过冷/过热对传热面积取 $0.9\sim1.0$ 的安全系数 d 点附近造价和运行费适中,$NTU>4$,E_t 基本不变,造价增加显著,建议不用
源流体无相变	①	通常 $B_r>2$	处理流体流量 L 很大,阻力很大,E_t 很低,通常不宜选用
	②	通常 $B_r<0.4$ （$B_r<0.2$ 水路并联）	源流体流量 W 大,阻力很大,运行费偏高,通常不宜选用; 要求 E_t 高可采用水路并联,$B_r<0.2$
	③	带箭头粗实线左边	NTU 较小,B_r 较小(W 较大),造价较低,运行费较高,适于源流体管道较短、全年运行时间短、特别要求造价低的系统
	适中	带箭头粗实线-[0.2] $0.4>B_r>2$	建议在粗实线附近选设计,通常造价和运行费比较适中,水路并联可取 B_r 小些
	④	带箭头粗实线与带箭头粗虚线之间	NTU 较大,造价较高,B_r 较大(W 较小),运行费较低,适于源流体管道较长、全年运行时间长、特别要求节能的系统
	⑤	箭头虚线右边	NTU 增加,E_t 基本不变,即提高造价已经无用,不宜采用
流速		空气 $v=2\sim3m/s$,水 $w=0.5\sim1.5m/s$,速度低运行费低,速度高造价低	
注意		不能直接对效率(干工况 E_t,湿工况 E_o、E_t、E_s)加安全系数,因效率高可能选择不到产品,还可能使效率$>100\%$;通常可对 Q、L、W 或 A 等加安全系数,所以本书都认为已经对 Q、L、W 等考虑了安全系数,不再对效率考虑安全系数	

其他流动组合的换热器的计算公式有差别，但都可做出类似的算图，并且进行分区。

可以用于各种换热器，进行各种计算。厂家可以根据自己的产品性能和规格，作出更加详细、实用的换热效率 E_t 图，使用更加直接、简单、方便。

（2）快速优化的简便方法

这里介绍如何根据规范/手册和热效率图（图 6.4-1）进行快速优化设计的原理：

1）规范/手册建议：空气迎面风速 $v=2\sim3\text{m/s}$，水速 $w=0.5\sim1.5\text{m/s}$。从表 6.3-4 可见：空气侧放热系数大约 $\propto v^{0.5\sim0.8}$，水侧放热系数 $\propto w^{0.8}$，但阻力 $\propto$ 速度平方。显而易见：当全年运行时间长、要求降低运行费，可选择比较低的流速；当全年运行时间短、要求降低造价，可选择比较高的流速；一般情况可选择中间速度。

2）图 6.4-1 中的不宜选择区

第①区：$B_r>2$。处理流体流量 L 很大，阻力很大，E_t 很低，通常不宜选用。

第②区：$B_r<0.4$（$B_r<0.2$ 水并联）。B_r 减少，即水流量 W 增加，运行费显著增加，但对换热效率 E_t 的影响小，以至于影响消失。所以不能采用。

第⑤区：箭头虚线右边。根据式（6.11），传热单元 $NTU=KA/(L\rho C_p)$，其他参数已经确定，NTU 与传热面积 A 成正比，即 NTU 增加，使造价增加。但在第⑤区，传热单元 NTU 增加—造价增加—对换热效率 E_t 的影响小，以至于影响消失。所以不采用。

3）图 6.4-1 中的优先选择区域

适中选择区，即图 6.4-1 中的带箭头粗实线—$[0.2]$ $0.4>B_r>2$，建议在粗实线附近选设计，通常造价和运行费比较适中（水并联可取 B_r 小些）。

第③区：带箭头粗实线左边。NTU 较小，B_r 较小（W 较大），造价较低，运行费较高；适于源流体管道较短、全年运行时间短、特别要求造价低的系统。

第④区：带箭头粗实线与带箭头粗虚线之间，NTU 较大，造价较高，B_r 较大（W 较小），运行费较低，适于源流体管道较长、全年运行时间长、节能要求高的系统。

4）源流体全相变：图 6.4-1 中 $B_r=0$ 的粗实线

$NTU>4$，即 c 点之右，E_t 基本不变，造价增加显著，建议不采用。

$NTU=2$ 附近，即 d 点附近，造价和运行费适中。

$2<NTU<4$，即 c、d 点之间，NTU 越大，换热器造价越高，运行费越低。

$NTU<2$—即 c 点之左，NTU 越小，换热器造价越低，运行费越低。

5）源流体温度优化，见本书第 8 章。

6.4.3　单纯热交换器的快速优化选择设计步骤

（1）根据传热效率 E_t 快速进行初步优化

1）根据设计要求确定设备型号，计算需要的传热效率 $E_t=(t_1-t_2)/(t_1-t_{w1})$。

2）根据 E_t、应用条件和表 6.4-1、图 6.4-1 的分区，初步确定相对优化的 B_r 和 NTU。

开始时，通常可选择适中选择区，即图 6.4-1 中的带箭头粗实线-$[0.2]$ $0.4>B_r>2$。因为设备型号规格不连续，在后面进行调整时再进行进一步优化。

如果 E_t 过大或者过小，处于图 6.4-1 中的不宜选择区内，通常必须调整供水温度。

3）按 6.4.2 节论述，当全年运行时间长、要求降低运行费，可选择比较低的流速；

当全年运行时间短、要求降低造价，可选择比较高的流速；因为设备型号规格不连续，一般情况可先选择中间速度，在后面进行调整时再进一步优化。

（2）确定处理介质（空气）通道参数

1）求迎风面积： $F_y = H_y \cdot B_y = L/v$

式中，H_y——有效高度；

B_y——有效长度。

根据安装条件和 $F_y \approx H_y \cdot B_y$，查产品样本（例如表 6.3-6）确定的 H_y 和 B_y 或者组合：

$$F_y \approx x_h \cdot H_y i \cdot x_b \cdot B_y i$$

式中，x_h 和 x_b 为 H 和 B 方向组合台数；i 表示单台。

通常难以选择得到定型的 $F_y = H_y \cdot B_y$，必须进行微调：如果要求造价比较低，可按样本选择 $H_y \cdot B_y$ 略小于 F_y；如果要求运行费比较低，可选择 $H_y \cdot B_y$ 略大于 F_y。

2）重新计算实际风速 $v = L/(H_y \cdot B_y)$、传热系数 K。

3）根据型号等查表 6.3-5，先可按 4 排实验数据得 a_1、m_1、a_2、m_2 等参数，选择相应的传热系数计算公式 [式（6.13）～式（6.17）]，求得传热系数 K。

4）根据式（6.11），求得传热面积：$A = N \cdot A_1 = N \cdot b_1 \cdot F_y = NTU(L\rho C_p)/K$

求得排数： $N = A/A_1$

式中，　N——排数；

A_1——单排传热面积；

$b_1 = A_1/F_y$——单排传热面积 A_1 与求迎风面积 F_y 之比，可从产品样本（如表 6.3-6）查得。

通常难以得到整数排数 N，必须进行微调：如果要求造价比较低，可按样本选择略小的 N；如果要求运行费比较低，可选择略大的 N。

（3）确定源流体（水）通道优化参数

1）根据确定的 N，查表 6.3-5 得到 a_1、m_1、a_2、m_2 等，重新求 NTU，然后根据需要的 E_t、NTU 和图 6.4-1 求 B_r；

2）根据式（6.12）求水量 $W = B_r \rho_w C_w/(\rho L C_p) = \omega \cdot f_1 \cdot b$

进水排数 $b = B_r \cdot \rho_w \cdot C_w/(\rho \cdot L \cdot C_p \cdot \omega \cdot f_1) \leqslant N$

式中，$f_1 = s\pi d^2/4$——单排通水面积；

b——进水排数；

s——单排肋管数，如果多台组合则为组合后的单排肋管数；

d——肋管内径。

N、b、d、s 可从产品样本（例如表 6.3-6）查到。

3）优化参数

通常进水排数 b 不是整数，通常 b 取附近的较大整数 b'。

因为 $W = w \cdot f_1 \cdot b$，则：

如果 $(b'-b)/b' = 10\%$（用于干工况）、20%（用于湿工况），则相当于用水量增加了污垢的影响，不必再调整。

如果 $(b'-b)/b'$ 过小或者更大，可在保证 $F_y = B_y \cdot H_y$ 不变的条件下，改变 H_y，从

而改变 f_1，进而调整 b，使 $(b'-b)/b'=10\%$（用于干工况）、20%（用于湿工况），以考虑污垢的影响。

（4）解题方法

1）人工：用 Excel，输入公式，改变参数，自动改变结果，相当方便；

2）半自动：用 Excel VBA，同上，并且可自动调整，因此更方便；

3）全自动：开发设计软件，并把各种产品型号规格、性能等资料都存入了计算机，只要填写已知条件，就可全自动完成快速优化设计。

4）对于特定型号，例如生产厂家，可以做出优化选择设计图，更加简单方便！

请注意：许多文献通常对 E_t 安全系数，当 E_t 较低时，这样做是可行的；但当 E_t 较高时可能使排数 N 过多，或者因效率高可能选择不到产品。所以不能直接对效率（干工况-E_t，湿工况-E_o、E_i、E_s）加安全系数，通常可对 Q、L、W 或 A 等加安全系数。所以本书对各种效率，都认为已经对 Q、L、W 或 A 等考虑了安全系数，不再对效率考虑安全系数。至于污垢系数，已经在上面进行了讨论：增加 10%（用于干工况）、增加 20%（用于湿工况）。

6.4.4　单纯换热器的校核计算

实质上，设计计算和校核计算互为逆运算：设计计算就是确定换热器的型号和规格参数，使传热量 $Q_{100}=$ 工艺要求的 Q_s；校核计算已知换热器的型号和规格参数，校核其传热量 Q_{100} 是否满足设计要求 Q_s。利用温度效率 E_t 可方便地计算：

$$Q_{100}=L_{100} \cdot \rho \cdot C_p(t_{1_{100}}-t_{2_{100}})=L_{100} \cdot \rho \cdot C_p \cdot E_{t_{100}}(t_{1_{100}}-t_{wl_{100}}) \quad (6.20)$$

式中，下标$_{100}$——设计工况，输入参数为 100% 时的输出参数。

根据型号规格参数查表（表 6.3-5 和表 6.3-6），按式（6.22）求得 NTU，按式（6.2）求得 B_r，按式（6.10）（图 6.4-1）求得 $E_{t_{100}}$，按式（6.28）可求得 Q_{100}。

6.4.5　单纯热交换器的调节特性指数

由于调节对象通常是无泄漏设备，所以只要在设计或校核计算时，根据调节方案，改变调节参数，求得中间工况的 Q_{50}，就可求得 $q_{50}=Q_{50}/Q_{100}$，根据式（1.18）求得调节特性指数：

$$n_o=\log(q_{50})/\log 0.5$$

式中，下标$_{50}$——输入参数为 50% 时的输出参数。

调节特性指数计算有两类不同情况（表 6.3-1）：

（1）处理介质进口温度不变：$t_1=t_{1_{100}}$。如恒温房间温度控制，热交换器进口温度为恒温房间回风温度：

$$Q_{50}=L_{50}\rho C_p(t_1-t_{2_{50}})=L_{50}\rho C_p E_{t_{50}}(t_1-t_{wl_{100}})$$

与式（6.20）相比，可得处理介质进口温度不变时的调节计算通用公式：

$$q_{50}=Q_{50}/Q_{100}=(L_{50}/L_{100})(E_{t_{50}}/E_{t_{100}})[(t_1-t_{wl_{50}})/(t_1-t_{wl_{100}})] \quad (6.21)$$

实际应用时，有以下调节方法：

1）变源流体（水）温度——质调节：$L_{50}/L_{100}=W_{50}/W_{100}=(E_{t_{50}}/E_{t_{100}})=1$

$q_{50}=(t_1-t_{wl_{50}})/(t_1-t_{wl_{100}})=0.5$，根据式（1.18）：

$$n_o=\log(q_{50})/\log 0.5=1 \quad (6.22)$$

2）变源流体（水）流量 W：$L_{50}/L_{100}=0.5$，而 $(t_1-t_{wl_{50}})/(t_1-t_{wl_{100}})=1$

所以，

$$q_{50}=(E_{t_{50}}/E_{t_{100}}) \tag{6.23}$$

3）变处理流体（空气）流量 L：$(t_1-t_{wl_{50}})/(t_1-t_{wl_{100}})=1$

$$q_{50}=(L_{50}/L_{100})(E_{t_{50}}/E_{t_{100}}) \tag{6.24}$$

（2）处理介质出口温度不变 $t_2=t_{2_{100}}$，如新风处理，恒温供水等控制：

$$Q_{50}=L_{50}\rho C_p(t_{1_{50}}-t_2)$$

$$t_{1_{50}}=Q_{50}/(L_{50}\rho C_p)+t_2$$

$$Q_{50}=L_{50}\rho C_p E_{t_{50}}(t_{1_{50}}-t_{wl_{100}})=L_{50}\rho C_p E_{t_{50}}[Q_{50}/(L_{50}\rho C_p)+t_2-t_{wl_{100}}]$$

$$Q_{50}=E_{t_{50}}Q_{50}+(L_{50}\rho C_p)(t_2-t_{wl_{100}})$$

$$Q_{50}=L_{50}\rho C_p(t_2-t_{wl_{100}})/(1-E_{t_{50}})$$

与式（6.20）相比，可得处理介质出口温度不变的调节计算通用公式：

$$q_{50}=Q_{50}/Q_{100}=(L_{50}/L_{100})[(t_2-t_{wl_{100}})/(t_{1_{100}}-t_{wl_{100}})]/[E_{t_{100}}(1-E_{t_{50}})] \tag{6.25}$$

实际应用时，同样有以下几种调节方法：

1）变源流体（水）温度：$L_{50}/L_{100}=W_{50}/W_{100}=E_{t_{50}}/E_{t_{100}}=1$

$$q_{50}=(t_{1_{100}}-t_{wl_{50}})/[(1-E_{t_{100}})(t_{1_{100}}-t_{wl_{100}})] \tag{6.26}$$

变源流体（水）流量：$L_{50}/L_{100}=1$，$(t_2-t_{wl_{100}})/(t_{1_{100}}-t_{wl_{100}})=$常数

$$q_{50}=(E_{t_{50}}/E_{t_{100}})/\{(t_2-t_{wl_{100}})/[(1-E_{t_{50}})(t_{1_{100}}-t_{wl_{100}})]\} \tag{6.27}$$

2）变处理流体（空气）流量，

$$L_{50}/L_{100}=0.5，(t_2-t_{wl_{100}})/(t_{1_{100}}-t_{wl_{100}})=常数$$

$$q_{50}=0.5(L_{50}/L_{100})[(t_2-t_{wl_{100}})/[(1-E_{t_{50}})(t_{1_{100}}-t_{wl_{100}})]] \tag{6.28}$$

可见在设计工况计算时，可以方便地求得 q_{50}，从而求得调节特性指数。当然，对于特定设备，厂家可以做出调节特性指数图（举例见 6.4.6 节），使用就更加方便了。

6.4.6 特定单纯热交换器的调节特性指数图举例

对于特定的单纯热交换器，厂家可以做出调节特性指数图，更加方便使用。举例如下：

（1）常用热水供暖-暖气片的调节特性指数

暖气片内侧为热水，外侧为空气自然对流时的传热量 Q 通常用下式计算：

$$Q=a(\Delta T)^m \tag{6.29}$$

式中 A——换热面积；

a、m——系数；

ΔT——内外平均温度。

不同的暖气片的 a 和 m 可以在设计手册或样本上查到。例如，我国常用的铸铁暖气片的 $m=1.11\sim1.24$。对于调节计算，可以用平均温差 $\Delta T=(t'_g+t'_h)/2-t_n$：

$\because$ 传热 $\qquad Q=[(t_g+t_h)/2-t_n]^m$

设计工况 $Q_{100}=[(t'_g+t'_h)/2-t_n]^m$，最小工况 $Q_0=0$

$\therefore q_r=q=Q/Q_{100}$，$q^{1/m}=[(t_g-t_h)-2t_n]/[(t'_g-t'_h)-2t_n]$

$\because$ 通常采用量调节，即改变流量，$t_g=t'_g$ 不变，于是 $t_g-t_h=t'_g-t_h$

$$\therefore \quad q^{1/m}=[-(t_g'-t_h')+2(t_g'-t_n)]/[-(t_g'-t_h')+2(t_g'-t_n')] \quad (6.30)$$

又根据热平衡：$Q=GC\ (t_g'-t_h')$，$Q_{100}=G'C\ (t_g'-t_h')$

$$q= Q/Q_{100}=g(t_g'-t_h')/(t_g'-t_h')(t_g'-t_h')/(t_g'-t_h')=q/g \quad (6.31)$$

式中，t_g、t_h、t_n——供水、回水、室内温度；

　　　'——设计工况；

　　　C——水的比热容。

设：
$$\phi=(t_g'-t_h')/(t_g'-t_n) \quad (6.32)$$

式（6.30）右边分子分母同时除以 $(t_g'-t_n)$，并将式（6.31）和式（6.32）代入式（6.30），得到：

$$q^{1/m}=(2-\phi q/g)/(2-\phi) \quad (6.33)$$

根据特性指数的定义，取 $m=1.1$（实线）和 $m=1.5$（虚线）作图于图 6.4-2。

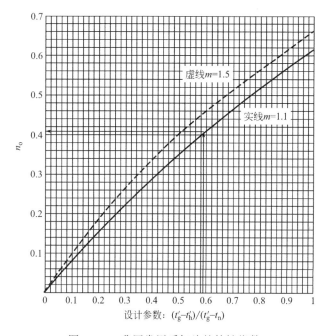

图 6.4-2　我国常用暖气片的特性指数

常用暖气片的特性指数（图 6.4-2）的物理意义分析：

1) 对于同一个房间，$(t_g'-t_h')/(t_g'-t_n)$ 越大，表示设计供水流量越小，特性指数越大。但是，因为回水温度 t_h' 不能低于室温 t_n，即 $(t_g'-t_h')/(t_g'-t_n)\leqslant 1$，所以只作出了 $(t_g'-t_h')/(t_g'-t_n)\leqslant 1$ 的特性指数图。

2) 图中的曲线通过了坐标 0 点。它表示了一种假想工况，其物理意义是：如设计供回水温差 $t_g-t_h=0$，则设计流量必须无限大。因此 $n_o=0$ 实质上只能实现开关控制，即：$g=0$，$q=0$；$g=1$，$q=1$。可见特性指数为 0 表示了理想的开关（ON-OFF）调节特性。

（2）混水器的温度调节特性指数和设计注意事项

混水器的应用如图 6.4-3 所示。通常热（冷）源流体供水温度不变：$t_{0j}=t_{0j}'=t_{1j}'$；混合后总流量不变 $L_1=L_0'$；如果热源资用压力满足要求，则用调节阀调节流量，如果热源资用压力不够，则用调速泵调节流量。循环水必须用调速泵，根据用户条件，循环泵还可安装在 B、C 位置。调速泵和调节阀的安装位置有多种组合。设计时必须认真考虑水压平衡，运行时也必须调节好水压平衡，否则可能无法正常工作。

$$\because Q = C \cdot \rho \cdot L_0 \cdot (t_{0j} - t_{0c}) = C \cdot \rho \cdot L_1 \cdot (t_{1j} - t_{1c}),$$

则相对水温：$\Theta = q = (t_{1j} - t_{1c})/(t_{0j} - t_{0c}) = (t_{1j} - t_{1c})/(t_{0j} - t_{0c}) = L_0/L_1 = g$

$\therefore \Theta = q = g$，相对水温变换成特性指数：$n_o = 1$ (6.34)

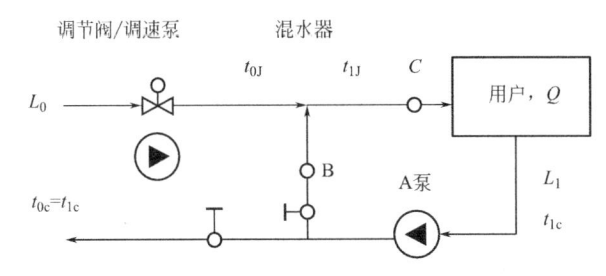

图 6.4-3 混水器（调节阀和调速泵二选一）

读者可根据自己的需要，特别是生产厂家可以根据自己的产品性能，作出相应产品的特性指数图，使用就非常方便了。

常用环节和调节对象的特性指数索引已在表 1.2-1 中列出，可供参考。

6.5 表冷器湿工况热湿交换的计算与优化

计算表冷器湿工况热湿交换比较麻烦，所以方法很多。这里介绍计算表面式空气冷却器的简便方法——焓值效率法和湿球温度效率法（推导过程和实验验证见文献 [12]）。

6.5.1 基本原理——利用热湿（质）交换相似性与湿空气性质

因 1kg 水的汽化潜热大于 2000kg 空气变化 1℃ 的显热，所以，虽然在计算空气流量时可以不考虑空气含湿量，但在计算热量时必须考虑潜热（含湿量）；而且，空气的含湿量（湿度）对人体舒适度有很大的影响；所以，必须认真考虑空气的含湿量和湿度。

同时，因按重量计表冷器中湿交换非常弱，所以根据热湿（质）交换相似原理和大量实验证明，存在反映热湿交换相似准则 Lewis 比例：

$$a/\sigma = C_p \tag{6.35}$$

式中，a——显热交换（单纯热交换）系数；

σ——湿表面湿交换系数。

因此，全热交换 $\mathrm{d}Q = (a\Delta t + \gamma\sigma\Delta d)\mathrm{d}A$

$$= \sigma(C_p\Delta t + \gamma\Delta d)\mathrm{d}A = aC_p(\Delta i)\mathrm{d}A$$

式中，γ——水的汽化潜热。

表明，可用湿空气的焓作为全热交换的"势"（就像把温度作为单纯热交换的"势"一样），于是可定义焓效率：

$$E_i = (h_1 - h_2)/(h_1 - h_{wl}) \tag{6.36}$$

　　而且，根据干工况实验数据，就能完成湿工况计算。

　　实际上，凝结水可使片管间接触热阻减少/肋片加厚有利于传热；但如果肋片距离小，则凝结水可能使空气阻力略增加，流量略减少，还使传热面积略减少，不利于传热；综合考虑：湿工况污垢影响应该比干工况大一些。

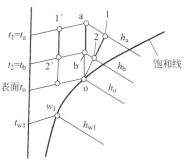

图 6.5-1　热湿交换图解

6.5.2　计算热湿交换的图解法

　　根据图 6.5-1，设表面状态为 o 点，a-b-o 为等湿量线，在 a-b-o 线左面，空气无水分析出，就是干工况，只有单纯热交换，用 E_t 计算；在 a-b-o 线右面，空气有水分析出，即湿工况，发生热湿交换，用 E_i 或 E_s 计算。a-b-o 为临界工况，既可按干工况（用 E_t）计算，也可按湿工况（用 E_i 或 E_s）计算。即：

$$C_p E_t (t_a - t_{w1}) = E_i (h_1 - h_{w1}) = C_{1w} E_s (t_{s1} - t_{w1}) \tag{6.37}$$

　　饱和湿空气的相对比热：$C_{1w}/C_p = (h_1 - h_{w1})/(t_{s1} - t_{w1})$ 　　　　(6.38)

式中，C_{1w}——饱和湿空气比热，单位与干空气比热 C_p 一致，可用 h-d 图求得。

　　根据常用范围（$t_{w1} > 2℃$，$t_{s1} = 14 \sim 28℃$，$\Delta t_s = 4 \sim 16℃$）饱和湿空气性质，求得饱和湿空气的相对比热：

$$C_{1w}/C_p = (h_1 - h_{w1})/(t_{s1} - t_{w1}) = 1.78 (Y_o/Y)^{0.73} (t_{s1} - t_{w1})^{-0.15} \exp(0.0386 t_{s1}) \tag{6.39}$$

式中，Y、Y_o——大气压、标准大气压，$Y_o = 101325Pa = 760mmHg$。

　　所以，按图 6.5-1 用图解法求得临界工况（t_a-t_b-t_o），就能够按临界工况的单纯热交换效率法计算求得湿工况的全热交换，或者说：按临界工况的单纯热交换计算可完成表冷器湿工况热湿交换的选择设计、校核计算和调节特性指数计算（见 6.4.3 节和 6.4.4 节）。

6.5.3　热湿交换焓值效率法的数字解

　　然而，湿交换只发生在外表面，所以表面平均温度 t_o 必须满足要求，才能实现要求的湿工况。为此，采用了空气的接触效率：

$$E_o = (h_1 - h_2)/(h_1 - h_o) = 1 - \exp[-a_1 v^{m_1} N A_1/(L_\rho C_p)] \tag{6.40}$$

　　因为 h_o 为平均值，相当于源流体全相变；即图 6.4-1 中 $B_r = 0$ 的粗实线。

　　根据热/湿交换的相似原理和饱和湿空气的相对比热，利用干工况单纯热交换数据（E_t 和 E_o）计算表冷器湿工况热湿交换效率 E_i 的简便方法（推导过程和实验验证请见文献［12］）：

$$(C_{1w}/C_p)(E_o/E_t - 1) = E_o/E_i - (E_i/E_o)^{(1/0.85-1)} = E_o/E_i - (E_i/E_o)^{0.1765} \tag{6.41}$$

　　将式（6.39）表示在图 6.5-2 的 $E_o/E_i = 1.3 \sim 6$ 的范围内，可得到：

$$E_o/E_i - (E_i/E_o)^{0.1765} = 1 + 0.955 E_o/E_i \tag{6.42}$$

　　于是得到简单的线性公式：

$$(C_{1w}/C_p)(E_o/E_t - 1) = 1 + 0.955 E_o/E_i \tag{6.43}$$

$$E_o/E_i = 1.047[(C_{1w}/C_p)(E_o/E_t - 1) - 1] \tag{6.44}$$

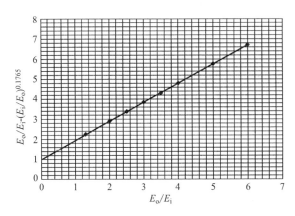

图 6.5-2 式（6.49）的图形表示

用 E_o 和 E_i 可以方便地完成表冷器湿工况的选择设计、校核计算和调节特性指数计算。同时，也可以方便地进行干湿工况的数字化判断：

$$干工况：C_p E_t (t_1 - t_{w1}) > E_i (h_1 - h_{w1}) \tag{6.45a}$$

$$临界工况：C_p E_t (t_1 - t_{w1}) = E_i (h_1 - h_{w1}) \tag{6.45b}$$

$$湿工况：C_p E_t (t_1 - t_{w1}) < E_i (h_1 - h_{w1}) \tag{6.45c}$$

6.5.4 快速优化设计

（1）确定湿工况参数 E_i、E_o。

（2）按 E_o 确定湿空气通道参数：v、N、F_y、A：

1）确定 v

空气侧：$\alpha_w = a_1 v^{m_1} = a_1 (L / F_y)^{m_1}$

2）根据 E_o，按图 6.4-1（$B_r = 0$）确定湿空气侧比较合理的：

$$NTU_o = \alpha_w N A_1 / (\rho L C_p) \tag{6.46}$$

然后，按图 6.4-1 中 $B_r = 0$ 的粗实线进行快速优选：

① $NTU > 4$，即 c 点之右，E_t 基本不变，造价增加显著，建议不采用；

② $NTU = 2$ 附近，即 d 点附近，造价和运行费适中；

③ $2 < NTU < 4$，即 c/d 点之间，NTU 越大，换热器造价越高，运行费越低；

④ $NTU < 2$，即 c 点之左，NTU 越小，换热器造价越低，运行费越低；

⑤ 确定排数 N' 并且进行调整；

⑥ 按（2/4/6/8）取值 $N \approx N'$，要求造价低取较小 N，要求水量少取较大 N；

⑦ 如果 $N < 2$，取 $N = 2$；如果 $N > 8$，取 $N = 8$；

⑧ 如果相差太多，可调整 v 和 $F_y = B_y \cdot H_y$，使 $E_o' \approx E_o$，求 E_t。

（3）水路设计同干工况。

6.5.5 快速计算表冷器的调节特性指数

调节计算：再求得 50% 调节参数的 $E_{i_{50}}$ 和 Q_{50}，可以求得调节特性指数：

$$E_{o_{50}}/E_{i_{50}}=1.047\left[(C_{1w}/C_p)(E_{o_{50}}/E_{t_{50}}-1)-1\right] \tag{6.47}$$

求得 $E_{o_{50}}/E_{t_{50}}$ 就可求得 $E_{o_{50}}/E_{i_{50}}$ 和 $E_{i_{50}}$，如果空气流量 L 不变，则 E_o 不变，更加简单。

因为在调节过程中，可能变成干工况，但调节特性是近似的，所以为简单起见，根据图 6.5-1 按空气进口状态 1 和出口状态 2，求得 a、b、o 点，就可将湿工况转化为按临界工况、按干工况计算调节特性指数，见 6.4.5 节。

6.6　直接蒸发空调（热泵）机组的热平衡计算与性能[3]

6.6.1　直接蒸发空调（热泵）机组中的热湿交换的特点

如果蒸发器的蒸发温度已知并且保持不变，则蒸发器（即表冷器）中的热湿交换比水冷式表冷器简单得多。

然而，在计算水冷式表冷器时认为进水温度不变，即水源是无限的；而直接蒸发空调（热泵）机组的冷/热源（制冷压缩机）是有限源，所以如果不进行特别的控制，其蒸发温度、过热度和冷凝温度都会随负荷的增加而有所升高。所以，直接蒸发空调（热泵）机组的制冷（制热）量不能采用单独计算蒸发器（冷凝器）的传热来确定，而必须根据冷/热源（制冷压缩机）、蒸发器传热、冷凝器传热的热平衡计算才能确定。

6.6.2　计算热湿交换的湿球温度效率法

因在 h-d 图中，等湿球温度线基本与等焓线平行，所以可定义并求得湿球温度效率：

$$E_s=(t_{s1}-t_{s2})/(t_{s1}-t_{w1})=\Delta t_S/(t_{s1}-t_{w1})$$
$$=\left[(h_A-h_B)/C_{sab}\right]/\left[(h_A-h_w)/C_{saw}\right]$$
$$=E_i(C_{saw}/C_{sab})$$

根据式（6.39）：

$$C_{saw}/C_{sab}=(t_{s1}-t_{w1})^{-0.15}/(t_{sA}-t_{sB})^{-0.15}=\left[(t_{sA}-t_B)/(t_{s1}-t_{w1})\right]^{0.15}=E_s^{0.15}$$

所以：

$$E_s=(t_{s1}-t_{s2})/(t_{s1}-t_{w1})=E_i^{1.1765} \tag{6.48}$$

对于直接蒸发空调（热泵）机组，上面各式中的 $t_{w1}=$ 蒸发温度 t_z，计算就更加简便了。

6.6.3　直接蒸发空调（热泵）机组的热平衡计算

因为直接蒸发空调机组中发生了两个相似的过程：①蒸汽压缩制冷机：蒸发器内侧发生了制冷剂饱和蒸发过程；②表冷器：蒸发器外侧发生了饱和湿空气中的饱和水蒸气的凝结过程。

利用这两个过程的相似性，对简化直接蒸发空调机组的计算、实验非常有利！计算和实验表明：对于同一台设备，当大气压、风量和冷凝温度不变时，处理空气的湿球温度差 Δt_s 基本为常数。于是可以用计算和实验得到：

空调机组的性能：$\Delta t_s=f_2(E_s,\Delta t_o)$；

进行设计计算时：$E_s = F_1(\Delta t_o, \Delta t_s)$；

调节计算：①如果调节流量 G，则计算或者测量 $G = G \cdot 50\%$ 的 Δt_{s50}；②如果调节转速 r，则计算或者测量 $G = r \cdot 50\%$ 的 Δt_{s50}；从而求得调节特性指数；

式中，$\Delta t_o = Q_o/(b \cdot J \cdot G \cdot C_p)$——名义工况蒸发温度下空气可产生的最大干球温度降；

而 $\Delta t_o = Q_o/(G \cdot C_p)$，为标准大气压、名义制冷工况下空气可产生的干球温度降；

$b = (Y_o/Y)^{0.73}$——大气压系数，标准大气压时，$b = 1$；

C_p——空气定压比热容；

E_s——湿球温度效率，按式（6.48）求得，E_t 计算按图 6.4-1（$B_r = 0$ 的优化区）；

G——空气质量流量；

n_1——冷凝温度系数，与冷凝温度有关，见表 6.6-1；

J——取 $1.1 \sim 1.2$，考虑蒸发器结垢过热度、t_{s1} 等的影响；新设备（一般使用不超过 2 个制冷期），过热度小取比较小的值 $J = 1.1$；通常 t_{s1} 低（过热度小），旧设备，过热度大取比较大的值 $J = 1.2$；通常 t_{s1} 高（过热度增加）；

Q_o——制冷机的名义工况制冷量；注意 Q_o、G 和 C_p 单位必须统一；

Y，Y_o——大气压，标准大气压 $Y_o = 101325\text{Pa} = 760\text{mmHg}$。

冷凝温度系数 n_1　　　　　　　　　　　　表 6.6-1

冷凝温度 t_1（℃）	25	30	35	40	45	50
系数 n_1	1.27	1.18	1.09	1.00	0.93	0.86

6.6.4　定型机组综合性能图与快速选择

对于定型机组，Q_o 不变，而且在标准大气压时 E_s 只与风量 G 有关，所以 Δt_s 只与风量 G、冷凝温度等有关。于是可在一张图上表示多个定型机组的综合性能图，更加便于选择设计（举例详见文献 [13]）。

对于厂家，可以做出更准确的综合性能图，充分考虑过热度的影响和能效等级，还可增加自然风控制、冬季加湿控制等，并且采用全工况舒适节能恒体感温度控制，就能进一步实现更加便于用户快速优选、全工况舒适节能。

请注意：虽然进口湿球温度增加时，同一台空调机组的 Δt_s 基本不变，但压缩机的功率增加，过热度可能增加。所以不同地区/不同进口湿球温度的空调机组的优化配置应该有所不同。

6.7　调节对象和系统的调适

通常进行的是系统调适，而不是单独进行调节对象的调适。请详见 1.5 节和 1.6 节，这里介绍几点注意事项：

（1）换热器等控制对象是无泄漏环节，但是，如果调节机构有泄漏，则控制对象也就变成了有泄漏。或者更广义地说：如果输入有泄漏，则本质无泄漏的环节也变成有泄漏了，这种泄漏可称为无泄漏环节"被泄漏"。无泄漏环节"被泄漏"时的调节范围和调节特性指数的计算请见 3.3.4 节。

（2）进行调试/调适时，室外不一定是设计工况，换热器进口空气参数（t_1，h_1）和/或水温（t_{wl}）不一定是设计工况参数。没有关系，因为利用传热效率法同样可以方便地实现系统的调适。这是因为：干工况时 $Q = E_t(t_1 - t_{wl})$，而湿工况可用临界工况计算，即 $Q = E_t(t_a - t_{wl})$，所以可以方便地根据（$t_1 - t_{wl}$）=（$t_a - t_{wl}$）换算得到设计工况的 Q_s。

（3）如果对象的最大输出 Q_{100} ＜设计输出 Q_s，则必须调整其他参数，对于换热器，通常可以增加水量，或者提高传热温差。

（4）调节范围和调节特性指数的改进：如果 $Q > 1.3Q_s$，则可减少设计水量，或者对调节机构上限进行限位；如果 $Q_0 > Q_{0s}$，可对调节机构下限进行限位。从而可使调节特性曲线"拉直"，使调节特性指数向 1 靠拢。

（5）可实际测量传递（纯）滞后时间。

（6）工艺与控制专业相结合，并且利用智能控制技术，就能够部分自动完成系统的各项调适和自动补偿。

第7章　全工况舒适节能供暖 分户热计量调控

7.1　供暖分户热计量收费的现状

7.1.1　政府、企业、用户都非常重视

因为水、电、气收费节能效果非常好，政府、企业、用户都满意，并且已经成为一种自觉执行的习惯。而我国严寒、寒冷地区居民冬季供暖费用多为按面积收取，形成交费后，为尽量享受暖和的室内温度，存在供暖季开启外窗的现象，因此全年分户热计量收费的节能效果也显而易见，所以政府、企业、用户都非常重视：

（1）国家出台了关于"供热分户计量收费"的系列法律、规范、规程。例如：中华人民共和国行业标准《供热计量技术规程》JCJ 173—2009 指出："供热计量的目的在于推进城镇供热体制改革，在保证供热质量、改革收费制度的同时，实现节能降耗。室温调控等节能控制技术是热计量的重要前提条件，也是体现热计量节能效果的基本手段。《中华人民共和国节约能源法》第三十八条规定：国家采取措施，对实行集中供热的建筑分步骤实行供热分户计量、按照用热量收费的制度。新建建筑或者对既有建筑进行节能改造，应当按照规定安装用热计量装置、室内温度调控装置和供热系统调控装置。因此，本规程以实现分户热计量为出发点，在规定热计量方式、计量器具和施工要求的同时，也规定了相应的节能控制技术。"

国务院、相关部委和地方政府，相继颁发了一系列有关政策、条例、决议和实施细则。各种规范、措施、试点、经验相继提出。

需要重复说明一点，《中华人民共和国节约能源法》第三十八条规定："实行供热分户计量、按照用热量收费的制度"的论述非常全面，即"供热分户计量收费"不能单独实现，"应当按照规定安装用热计量装置、室内温度调控装置和供热系统调控装置（可统称为计量调控装置）"。只有这样，才能达到节能效果，如：

1）最大限度消除冷热不均。这是当前供暖能源浪费的重要原因，而集中调节只能大致消除冷热不均。

2）激发人的节约开支意识。水、电、气收费后，人们就"精打细算"了。

3）可实现全系统全程舒适节能优化运行。

（2）分户热计量的方式主要为以下 3 种：

我国普遍采用的住宅分户热计量方法，是以住宅的户（套）为单位，以热量直接计量或热量分摊计量方式计量每户的供暖用热量。热量分摊方法使用广泛，计量时，同一个热量结算点计量范围内，用户热分摊方式应统一，仪表的种类和型号应一致。用户热量分摊

- 186 -

计量的方法主要有温度面积法、散热器热分配计法、流量温度法、通断时间面积法和户用热量表分摊法。

1）户用热量表直接计量与户用热量表分摊法

直接测量用户从供暖系统获得的用热量。该方法需要测量入户系统的流量及供、回水温度。采用的仪器为热量计量仪表，其仪表由流量、温度传感器组成，仪表安装在系统的供（或回）水管上，并将温度传感器分别安装在供、回水管路上。这种方法的特点是：原理上准确，可以防止开窗等浪费现象，而且可以根据用户要求，实现全工况舒适节能控制，两者均适用于按户分环的室内供暖系统，主要问题是表计投资高，运行故障率高（因水质造成的堵塞和表的运动部件可靠性），维护工作量大。按照《中华人民共和国计量法》应实行定期计量检定，带来工作量与运行费用的增加。

该方法可用于共用立管的分户独立室内供暖系统和地面辐射供暖系统，不适用于单管串联系统。有时存在用户作弊现象。

2）散热器分配计法

它以楼栋或者热力站热量为结算点，再利用每户安装的热分配表，采用总的热量进行比例分摊，进而计算出各用户的热量，达到分户热计量。在每组散热器上应安装一个散热器热分配计。

热分配计安装简单、适用于新建和改造的散热器供暖系统，对既有建筑供暖系统热计量改造比较方便，不必改成按户分环的水平系统。

该方法采用的热量分配表常用的有蒸发式和电子式两种：

蒸发式热量分配表有导热板和蒸发液两部分，导热板夹一般焊在散热器上，盛有蒸发液的玻璃管则放在密封容器内，比例尺刻在容器表面的防雾透明胶上。由管内液体蒸发量来确定散入室内的热量。该方法的特点是成本低，安装方便，但计量准确性较差。

电子式热量分配表，由温度传感器测出散热器表面温度和室内温度，并设有储存功能和液晶显示。对散热器温度的测量有直接测散热器表面温度或将温度元件装在散热器供、回水管路的区分。该方式的特点是：计量较准确、方便，成本比热量计量表低，采用电子远传式分配计时可在户外读值。

该方法无法防止开窗等现象。而且，如果设计或调适误差大，甚至可能出现温度低的用户多收费。

3）温度面积法

该方法基于"等舒适度等热费"的原则，从而使相同住宅面积在一个收费期设定相同的供暖温度，缴纳相同的热费，使得建筑物的自身因素的差异被消除掉了。计量装置由室内温度采集器和中央处理器组成，处理器按照规定程序进行计算，将计算结果送至热量分配器，基于"等舒适度、等热费"的原则，按照规定将供暖入口处热量表计量的总热量进行分摊。

该方法不涉及供暖系统和水质问题，抄表不入户，便于智能化运作。

对于用户长时间开窗、人为干扰室内温度采集器影响计量结果的现象，可通过系统的智能识别方案解决。

从原理方面，方法 1）比较适合我国的具体情况。下面就户用热量表直接计量与户用热量表分摊法进行介绍。分户热计量取得了不少的成果。例如：

1）不怕污垢的热水流量计和热量计"精度"不断提高，价格也不断降低。如果能够实现分户热计量收费，就能实现大批量生产，价格肯定可大大降低。

2）申请并授权了不少发明专利并积累了不少经验。

3）试点工程的设计工况的调试/调适也相当满意。

7.1.2 供暖分户热计量收费不能普及推广的原因分析

（1）技术问题

1）流量和温差同步是确保全工况热计量准确的关键

分户热计量仪表的技术鉴定是在额定工况进行，现场调试/调适只是为了满足设计工况的要求，实质上都是稳态（静态）工况，确保了流量和温差同步，所以通常都能够得到满意的结果；然而，为确保全工况舒适节能，就必须进行舒适节能控制（而且为了降低造价，往往采用开关控制），但热量、温差变化的滞后时间（包括传递滞后时间和容积滞后时间）比流量的滞后时间大得多（详见6.2节），所以如果全工况舒适节能控制处理不当，流量和温差就不可能同步，热计量结果就不可能准确（正确），当然也不能作为分户热计量收费的依据了！

另外，目前在推广供热计量技术的过程中，通常是分别安装3套装置：热计量装置、室内温度调控装置和供热系统调控装置（例如普通系统的平衡阀，或者分布式增压泵）。这样，不但系统复杂、成本高、不便维护管理，关键是3套装置工作可能不协调。这些因素的存在，已成为影响供热计量技术推广的技术瓶颈。

虽然电功率的计量涉及电流、电压、功率因素，可以说比热计量更加复杂，但因为3个因素能够方便的同步测量，问题也变得简单了。特别是现在已经有了专用测量芯片，价格也变得很低了。所以分户电计量远传计费、收费已经得到了普及。

2）关于户间传热和分摊

水、电、气、汽可以完全分户隔离，而热量具有传导性，供暖与相邻住户的邻室不能完全隔离，相互之间会发生传热，例如，如果一户长期停止供暖，热力公司直接给该住户的计量供热量为零，但是供暖的邻室会给他"供热"；供暖分户计量调控装置既要鼓励各用户关闭门窗，适当降低室内设定温度，防止过热浪费，又要限制各用户有一个基本用热量——室内设定温度，热量下限必须进行限制。这就是集中供暖必须进行限制和分摊计费的原因。

热是一种特殊的商品。在我国热价的确定不仅仅是一个技术问题，还涉及诸多社会问题和政策问题。由于供热系统的特殊性，国外供热系统发达的国家一般执行"两部制"热价的收费方式：其一为固定热费，也称容量热费，即仅根据用户的供暖面积收费，而不管用户是否用热或者用热多少收取的费用。其二为实耗热费也称热量收费（使用收费），是根据用户实际用热量的多少来分摊计算的热费。

可见，供热分户计量收费由固定费和实耗费两部分组成是国际通行的做法，只是按居住面积分摊的比例占多少，各国没有统一规定，一般在30%～50%之间。固定费用和实耗费用的比例的确定与建筑物性质、能源种类、热源形式等有关。固定费用比例高，有利于供热企业收费，但不利于用户的节能。因此，如何确定两种费用的比例，制定科学合理的修正系数，是分户计量收费的关键。

3）工作条件：供暖热水往往受到污染，而且有污垢，所以不能用计量自来水的水表测量流量；同时供暖系统是季节性工作，所以维护管理工作也较自来水、电、气系统复杂。

4）关于热计量仪表的质量和价格

因为用户特别多而分散，所以质量和价格显得非常重要。然而，北方供暖是一个有政策性补贴的工程，而且大批量生产可大大提高质量并降低造价。

近年推出的小管径（$DN15 \sim DN40$）专用一体外夹式超声流量计，安装简单，操作方便。主要特点如下：

① 无须破管和长时间停机施工，在数分钟内完成安装。

② 采用全新的外夹式设计，不用接触测量介质。可以避免传统流量计造成的压力损失及介质污染。

③ 超大屏显示。大屏液晶 256×128，背光 LCD；显示内容多样，人机友好。

标配 4～20mA 和 RS485 接口，可选配成为超声波冷（热）量表，实现能源能耗的监测与测量。

总之，分户热计量收费比分户水、电、气、汽计量收费复杂，热计量仪表比水、电、气、汽计量仪表工作条件差、价格高，因此必须认真对待。

5）关于住宅集中供冷系统的收费

随着国内可再生能源应用的大力推广，城市能源管理的现代化的推进，区域集中供冷（暖）系统，在长江流域夏热冬冷地区、华南夏热冬暖地区，已经从十余年前的少数示范案例，逐年增加。同样对于用户，特别是住宅居民用户，依旧存在计量收费问题，与供暖分户计量的有关问题和改进方向，有着十分相似之处。

（2）利益如何分配问题

北方采暖地区居民供暖的国家补贴高，分户热计量收费的节能的利益如何分配，特别是主管计量收费而且增加了工作量（工作量也包含效益！）的热力公司的正当利益如何保证等问题仍然存在。

不把"暗补"变成"明补"，不解决利益分配问题，再好的方案也难以实行。供暖多样化、个性化已经是大势所趋，计量收费也是城市现代化发展的必然方向。同时，冬季供暖也关系着民生"温度"，检验着政府管理水平。因此，对供热这种公共品性质的行业，如何顺应潮流的改革，还需要政府出台有力政策，打破利益的壁垒。由于分户供暖计价比较透明，原来计量模糊而产生的利益因此会被抹去一些，会在一定程度上影响有关企业的积极性；同时，在热力计量改造过程中增加的设备、改装的成本由谁承担，计量价格如何制定等有关问题还需要多方的协商和博弈，这些问题应该随着改革的进程，由政府和社会经济学家共同解决。

从北京等地的试点情况来看，只要操作得当，供热按量计费后，可节约 20％～30％的能源，费用也可降至原来的 70％左右。可见，"供暖分户计量收费"改革过程中遇到的这些困难都是暂时的，从长远来看，无论对于百姓，还是供暖企业、国家，都是利大于弊。

供暖问题涉及民生，能否及时落实"供暖分户计量收费"不仅检验着政府的管理水平，更关系各级政府对民众呼声的回应和尊重。所以各级政府应该尽快制定详细的实施办法，加快供热体制改革步伐，以维护广大用户根本利益，以切实推进建设资源节约型社会。

7.2 供暖调节及控制方案对热计量的成败有决定性的影响

7.2.1 热量计量与电量、水量、气量、汽量计量的差别

电量、水量、气量、汽量能够直接测量，易于修正，容易满足各种条件的工程计量要求。所以电、水、气、汽的分户计量收费比较简单，已经得到了普及；蒸汽的热量也能够用蒸汽量求得，分户计量收费也比较简单。

然而，热水供暖的热量通常采用间接测量，即：热量＝流量×温差，其关键是流量和温差必须同步！对于热力站、小区、企业等大面积供热计量，流量和温差的平均值可看作同步，所以流量-温差热计量的精度通常能够满足要求。

但是，对每个家庭小用户，通常为了降低造价，采用电动开关阀或电磁阀实现双位开关控制（图 7.2-1（a））；因为温差变化惯性比流量大得多，流量和温差不能同步（图 7.2-1（b））：上为水量变化曲线；下为加热器出口相对水温变化曲线——实线表示换热器出口相对温度 $t_w = t_{w2} - t_{wo}$（t_{wo} 为出口的平衡中心温度）；虚点线表示在加热器出口保温管道上安装的温度传感器测量得到的相对温度 $t'_w = t'_{w2} - t_{wo}$。

当控制阀开启：流量变成最大时，出口相对水温 t_{w2} 滞后时间 τ 后开始慢慢升高；当控制阀关闭：流量变为零时水温 t_{w2} 滞后时间 τ 后开始慢慢降低，而安装在加热器出口保温管道上的温度传感器测量得到的相对温度 t'_w 变化将更慢，而且保温越好下降越慢，实际上流量为零，出口温度为任何数值热量＝流量×温差＝0。因此，双位开关控制时，流量和温度不可能同步。所以，双位控制系统不能采用流量-温差法计量热量！

如果用调节阀进行连续调节，可以得到改善，但如果调节速度快，也难以同步。

如何做到流量和温差同步的关键，是使流量调节速度足够慢，温差变化尽可能接近"稳态"（越慢越接近"稳态"），从而使流量和温差经过滞后时间 τ 以后，能够基本近似同步。流量和温差的变化曲线举例如图 7.2-1（c）所示：上为水量变化曲线，下为加热器出口相对水温变化曲线，温度变化比水量变化滞后了时间 τ。这样，当水量增加时，因为

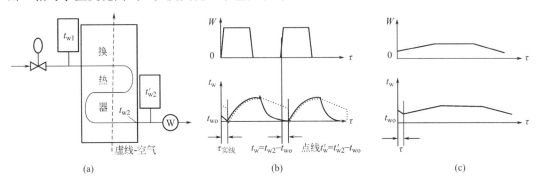

图 7.2-1　调节/控制方法对流量-温差热计量的影响分析图

（a）系统图；（b）开关控制的水量/水温曲线；（c）连续慢调节水量/水温曲线

滞后时间 τ 的存在，计算热量（水量×温差）略为偏小；反之，水量减少时，计算热量（水量×温差）略为偏大。这样，在一个正反调节周期内、一个日调节周期内、特别在一个年周期内就能够近似实现计算误差补偿。所以，只有调节速度足够缓慢而平稳，计量时间足够长，才能用流量-温差法求得热量。

7.2.2　如何确保水量和温差同步

下面介绍简单实用的方法：

（1）采用连续周期控制并且限速

实质上，即使采用连续控制，也是周期采样—周期控制；如果控制周期比较长，并且进行输出增量限制，对于热惰性相当大空调供暖房间，就能实现"缓慢调节"，达到稳定的控制。而且控制周期越长，输出增量越小，相当于调节越慢，流量和温差越接近同步。

因此，控制器的控制周期和输出增量限制值必须可以设定。计算机数字控制实质上就是采用周期控制，所以很容易做到。

（2）采用预测控制

然而，控制周期越长，输出增量越小，调节越慢，可能发生欠调，并且发生系统不稳定。防止这种不利影响的方法很多，这里介绍一种简单的方法——预测控制，即预测参数的变化提前进行控制，从而确保调节慢而稳定。常用的预测控制方法有：

1）线性预测（白色预测）：简单，但对于变化率反向时将会出现错误，见图 7.2-2 (1-2-a)，由 1-2 两点预测得到的 a 点与 3 点相差很大。

2）抛物线预测（白色预测）：较简单，可以预测变化率反向的情况，见图 7.2-2 (0-1-2-b)，由 0-1-2 这 3 点预测得到的 b 点与 3 点非常接近。通常，采用抛物线预测就能得到相当好的效果。

3）微分方程预测：比较复杂，但更准确。这种预测又可分为白色预测和灰色预测两种：白色预测需要建立微分方程，数据处理量比较少，比抛物线预测更加准确；灰色预测

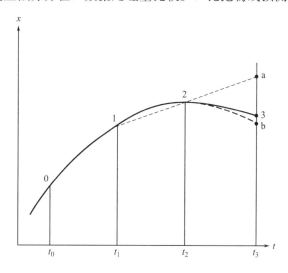

图 7.2-2　线性预测和抛物线预测比较

不需要建立微分方程，但数据处理量大，更符合实际。

4）智能预测。

（3）正确安装热量计量仪表

在通常情况下，为了满足仪表测量精度的要求，需要有对直管段的要求。有些地方安装热量表虽然提供了直管段，但是把变径段设在直管段和仪表之间，这种做法是错误的。目前有些热量表的安装不需要直管段也能保证测量精度，这种方式也是可行的，而且对于供热系统改造工程非常有用。在仪表生产厂家没有特别说明的情况下，热量表上游侧直管段长度不应小于5倍管径，下游侧直管段长度不应小于2倍管径。

分户计量，除了在系统中应有热量计量仪表外，还应增加其他附件。对于单户采用热量表计量时，入户管道上增加的是：截止阀、关闭锁定控制阀、热量计。同时，还应对单栋建筑或单元安装热量表进行热量计量，应包括以下设备：热量计、过滤器、旁通管等。

从计量原理上讲，热量计安装在供/回水管上均可以达到计量的目的，有关规范规定流量传感器宜安装在回水管上，原因是流量传感器安装在回水管上，有利于降低仪表（传感器）所处环境温度，延长电池寿命和改善仪表使用工况。而温度传感器应安装在进/出户的供回/水管上。

关于计量调控系统的正确设计，已经有比较完善的设计规范，后面还将介绍。

下面介绍两种简单实用的热量计量调控方案：

方法一：改进控制阀＋流量温差法（详见7.3节）；

方法二：采用容积泵实现计量调控（详见7.4节）。

7.3　改进控制阀＋流量温差法

关键技术是在基本不改变系统计量调控设备（电动阀、流量计、温度计等）的前提下，实现连续、缓慢而稳定的调节，从而利用流量-温差法实现准确的热计量。

（1）正确选择流量计、热量表的型号规格和性能

所有计量仪表必须满足计量法和设计规范的要求。对于已经存在的系统应该检查流量计、热量表、温度计的型号规格和性能。同时，热量计必须无磨损、不易堵塞、压力损失小；必须适合我国供热系统复杂的水质状况；具有断电数据自动保存功能；有数据远传和集中控制通信接口；有瞬时流量输出：如0～5V或4～20mA，脉冲或通信。如果达到要求，则不必更换，可保留使用！

（2）分户计量调控必须价廉物美

为降低造价，可采用三位（可控制开/关/停）开关阀或调节阀。

如果原来采用两位开关阀，则必须更换为同型号的三位开关阀或调节阀。

1）例如，下面以国家建筑标准设计图集《管道阀门选用与安装》21K201 T911/T914＝16C调节阀为例（图7.3-1和表7.3-1、表7.3-2）：

该阀有快开（双位）和调节两种类型；电动分流三通调节阀为快开（双位）型；适用介质为水-阀工作温度10～225℃，公称压力$PN<1.6MPa$，或2.0MPa；阀体采用铸铁、球磨铸铁或碳钢；宜安装在水平回水管道上，电动执行器向上。

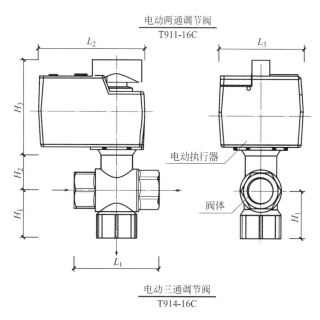

图 7.3-1　电动调节阀举例

电动两通调节阀主要参数表　　　　　　　　　　　　　　　　　　　　　表 7.3-1

公称直径 DN	流通能力 K_{vs}(m³/h)		外形尺寸(mm)				
	双位型	调节型	L_1	L_2	L_3	H_1	H_2
15	8	0.1~1.2	58	104	46	26.5	39.5
	12	0.4~4.8	58	104	46	26.5	39.5
20	20	0.5~6.8	70	104	46	30.5	39.5
25	32	0.6~8.0	92	84	67	45.0	69.0

电动三通调节阀主要参数表　　　　　　　　　　　　　　　　　　　　　表 7.3-2

公称直径 DN	流通能力 K_{vs}(m³/h)	外形尺寸(mm)					
		L_1	L_2	L_3	H_1	H_2	H_3
15	2.5	50	104	46	35.5	26.5	39.5
20	4.0	70	104	46	35.5	30.5	39.5
25	8.0	92	84	67	44.0	45.0	69.0

2）恒温控制阀（两通阀、三通阀）

用于供暖系统中散热器的流量调节。双管系统的两通恒温阀必须采用高阻力两通恒温阀；单管系统采用低阻力两通恒温阀；三通恒温阀用于带跨越管的单管系统。

① 设计选用范围

恒温阀调节温度范围为 8~28℃；最大工作压力为 1.0MPa，最大压差为 0.1MPa。

② 恒温阀压降校核计算

通过恒温控制阀的流量和压差选择恒温控制阀规格，一般可按接管公称直径直接选择恒温控制阀口径，然后校核计算通过恒温控制阀的压力降，其计算式为：

$$K_v = \frac{G}{(\Delta P)^{0.5}} \qquad (7.1)$$

式中，K_v——阀门阻力系数，由生产厂家给出；

     G——通过流量（m^3/h）；

     ΔP——阀前阀后压力差（MPa）。

③ 恒温控制器形式选择

其温包分内置型和外置型（远传型），显然，分户计量应采用后者。

（3）用流量信号代替阀位反馈信号，以室内温度或者扩展体感温度为目标，对阀门的控制（图 7.3-2）

由于用流量信号代替阀位反馈信号，可以不管阀的调节特性，即使快开特性也可以应用。这样，不做大的改变（甚至不改变硬件，只要改动控制器的软件），已安装热量计的分户热计量调控系统就能够实现全工况舒适节能计量调控了，具体做法是：

原来控制器要求的输出是相对阀位 x_c，与反馈的阀位 x 比较：$x<x_c$ 正转，至 $x \geqslant x_c$ 停止；$x>x_c$ 反转，至 $x \leqslant x_c$，停止。要求调节阀有比较好的线性特性，快开特性通常难以实现连续稳定工作。

现在控制器要求的输出为相对流量 g_c，与反馈的流量 g 比较：$g<g_c$ 正转，至 $g \geqslant g_c$ 停止；$g>g_c$ 反转，至 $g \leqslant g_c$，停止。所以，自动改善了流量调节特性。

如果增加不灵敏区，可增加系统的稳定性。

为便于推广应用，这里采用了相对流量，所以应该在调适完成后设定全开流量 L_{100}。

（4）因为房间温度反应慢，为了实现房间温度缓慢半稳，温度反馈控制回路必须采用预测控制和输出增量限制。因此，采样控制周期和输出增量限制的初值必须可以设定，并且可以在运行中进行人工或者智能优化校正。

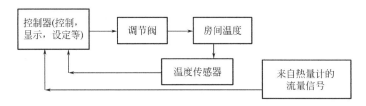

图 7.3-2　以流量信号取代阀位反馈的室温控制

7.4　供暖分户计量调控装置

容积泵作为计量泵，已经在进料系统和加油机中得到了广泛应用。而且因为同时完成了计量和加压输送等功能，使系统大大简化。

供暖分户计量调控装置采用调速容积泵（齿轮泵），同时实现体积法流量计量、分布式增压和室温控制等功能，并用流量-温差法实现热量计量，从而做到系统简单、节能、价格低（见发明专利 ZL201110257361.0，授权公告号 CN 102967002 B，授权公告日2015.12.02）。

7.4.1　供暖分户计量调控装置简介

供暖分户计量调控装置（图 7.4-1）由容积泵、电动机、智能控制器组成，具有分户热计量、室温调控和系统调控的一体化功能。其中容积泵和电动机通常连接成整体。关键技术是综合开发应用了容积泵的多种功能：容积泵既是容积法流量检测装置，又是无节流损失的有源流量调节机构，还是系统的循环动力设备。智能控制器实现如下功能：采集容积泵的转速 r、用户供水温度 t_g 和回水温度 t_h 等参数，根据容积泵的流量特性和应用条件，确定用户的循环流量 L 和供热量 H；采集室温 t_n，通过调节电动机和容积泵的转速，改变流量 L 和热量 H，使室温 t_n 自动调控到设定值；还具有电源模块、显示、设定、报警和通信功能。

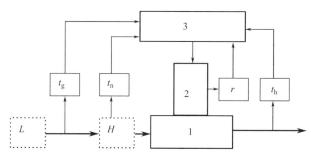

图 7.4-1　供暖分户计量调控装置示意
1—容积泵；2—电动机；3—智能控制器

7.4.2　供暖分户计量调控装置的功能特点

供暖分户计量调控装置＝热计量装置＋室内温度调控装置＋供热系统调控装置（例如普通系统的平衡阀，或者分布式系统中的末端增压泵）。

供暖分户计量调控装置把上述 3 套装置合并为 1 套装置，使它们协调工作，不但造价低、便于施工安装和维护管理，而且克服了上述所有现存的技术弊端，因此能够大力促进供热计量技术推广工作的健康发展。供暖分户计量调控装置将供暖分户热计量（作为分摊收费的依据）、室温控制和限制、系统平衡调节、无节流损失调节机构等多个功能部件集成为一个装置，在全网输配系统中实现供热平衡并解决计量收费等难题。该装置用泵取代节流调节阀，本身就有明显的节能效果；该装置采用体积法测量流量，准确稳定可靠；使用该装置能够实现：运行零节流、零过流、零过热！因此，采用该装置既确保舒适节能，又能简化系统、安装简便、降低造价！

由于容积泵既是增压泵，又是无节流损失的流量调节机构，而且是体积流量传感器，同时自动实现系统的平衡。所以该装置简单、紧凑、可靠、造价低，安装和维护管理方便。流量测量采用容积法，比间接法测量准确可靠。而且使流量、温差检测与控制方法紧密配合，能够正确进行热量计算和积算。同时，该装置可作为实现全网分布式供热系统末端装置，使全网分布式系统真正实现零节流损失、零过流、零过热！因此该装置对供暖分户计量收费、改善供热效果和建筑节能有重大意义。

特别注意：容积泵前面必须加过滤器，防止各种颗粒状杂质进入；同时，容积泵是计量设备，必须满足计量法和设计规范的要求（详见 7.6 节）。

7.4.3　供暖分户计量调控装置的控制器（图 7.4-2）

由于控制器与电机的驱动、控制、检测，供/回水温度传感器等的连线比较多，为了安装方便，控制器必须紧密靠近电机，但是又必须在室内设定、采集、显示室温，必要时显示热量和故障等。因此，供暖分户计量调控装置控制器分为两部分：

（1）计控单元（图 7.4-2 上部虚线框内）——承担控制、计量、上传数据等主要功能，包括：

1）电机的驱动、调速、测速、安全保护（取代安全阀）；

2）实现室温的舒适节能的智能控制；

3）确保温差与流量同步测量，从而确保热量计量正确/准确；

4）自动上传数据和接收，并且执行上级命令；

5）与用户操作显示单元通信。

为了接线和维修方便，计控单元必须紧密靠近电机安装，采用接插方式装配在一起，有关计量的参数用户不能改变，可以在标定时从 RS232/USB 自动写入或者人工写入。其中，电机驱动器可以根据电机功率进行更换。

请特别注意：室温控制已经非常成熟。因此，计控单元设计的关键是：如何实现温差与流量的同步测量，从而确保热量计量正确/准确。

（2）用户操作单元（图 7.4-2 下部虚线框内）——安装在室内，用户可以操作，只承担设定、采集、显示室温，上传室温和设定值，也可显示热量和故障等。

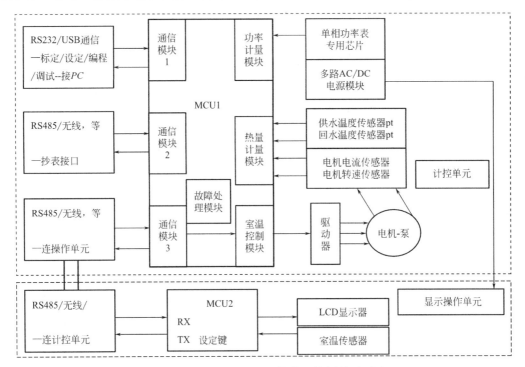

图 7.4-2　供暖分户计量调控装置控制器原理图

7.4.4 供暖分户计量调控装置中的容积泵（齿轮泵）

（1）齿轮泵的特点

"总的来说，容积泵的效率通常高于动力式泵"。回转式容积泵的流量连续、平稳，流量的输出没有脉动，结构简单（无进/排阀），尤其是外啮合齿轮泵结构最简单紧凑。而且它具有一定的自吸力，还可以正反转动，使用更加方便。齿轮泵是由电机直接带动，省去了其他往复式计量泵中将旋转运动转换为往复运动的复杂机构，泵组的体积十分小巧，传动效率更高，易损件更少，影响流量控制精度的环节也更少；它的易损件只有2个齿轮和对应的轴承，在现场只需要拆卸几个很小的螺钉就可以进行易损件的更换。齿轮泵不怕介质的一般水溶胶型污染。而且容积泵可以作为用体积法测量流量的计量泵，如在加油机、液体加料机中已经得到了广泛成功的应用。以前，齿轮泵多用作油泵，近来，纯水液压传动技术因其介质对环境无污染、来源广泛、价格低廉、节约能源、使用安全、压缩损失小、系统使用和维护成本低等一系列突出优点，正好满足了人们日益强烈的环保要求，因而它具有十分广阔的应用领域。"由于齿轮泵的结构简单，工作效率高，成本低，对介质污染不敏感等特点，在生产中应用十分广泛"。

所以，在"供暖分户计量调控装置"中开发应用了体积小、结构简单、噪声低，效率高、寿命长、易维护、价格低的微型齿轮泵。

（2）微型齿轮泵在"供暖分户计量调控装置"中的作用

微型齿轮泵是"供暖分户计量调控装置"中的关键设备，是实现基于全网分布式输配系统的供热计量新方法的重要环节。

微型齿轮泵具有多重功能：

1）用容积法测量流量的传感器；

2）室内温度调控的调节机构（取代节流调节阀，节流损失为零）；

3）分布式系统中的末端增压泵自动调节系统配合平衡，取代了平衡阀，即同时承担计量、调节、控制功能，简称计量调控功能。

总之，由于"供暖分户计量调控装置"综合应用了容积泵的计量调控功能，所以能够建立全网分布式供热，并且实现全系统零节流、零过流、零过热。

（3）供暖分户计量调控装置中的微型齿轮泵的研发简介

1）在制造技术方面，重点研究了齿轮泵的噪声机理及降噪优化设计、影响齿轮泵容积效率的因素及提升方案、齿轮泵的磨损机理及优化方案、防漏防堵设计等。新型齿轮泵壳体、浮动侧板采用耐磨性好、机械强度高及几何尺寸稳定的特种工程塑料制造。齿轮采用耐磨性好、弹性高、耐水解及几何尺寸稳定的特种工程塑料制造，实现了低噪声、高效率、长寿命、更可靠的工程应用目的。

2）在齿轮泵的应用技术方面，根据齿轮泵和离心泵的差别，提出了泵与风机的宏观等效模型，研究了容积泵的宏观相似规律，并得到了大量试验数据的证明。利用齿轮泵的宏观相似性，可以方便地完成：

① 显著简化模型泵的试验工作，加快产品开发；

② 显著简化用齿轮泵进行计量的流量标定，从而确保计量的准确性；

③ 可方便地进行分布式系统中泵的全工况运行分析和调节特性计算；

④ 方便地给出各种应用条件下容积泵的应用方案和安全保护、报警参数。

3）按计量法的要求进行标定。

实验表明有两种标定方法：

方法 1：按图 4.1-3 微型齿轮水泵实测性能进行标定：流量 $L=f(H，r)$，此时需要差压传感器测量扬程 H，转速 r 由控制器内部得到；

方法 2：标定流量 $L=f(I，r)$，因为电流 I 和转速 r 能够从控制器内部获得，不需要价格高的流量计和差压传感器，所以造价比较低。

7.5 供热智能控制系统的计量调控收费子系统

系统如图 7.4-3 所示，分 3 级（智能控制系统分级请见第 9 章）。

（1）局部级/执行级

每户安装供暖分户计量调控装置的智能控制器 HTP 为局部级/执行级，负责分户热计量和室温的智能调控。

手机利用 APP 也可作为特殊的执行级。如果需要，可以通知用户手机交费，用户手机也可执行授权的操作。

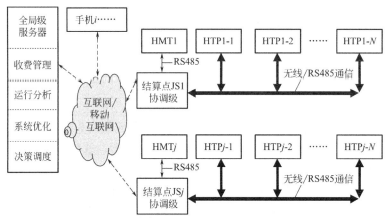

图 7.4-3　供热智能控制系统的计量调控收费子系统示意图

HTP—供暖分户计量调控装置；HMT—标准热表；JS—结算点控制器；N、I、j 为正整数

（2）热入口安装的结算点 JS 控制器为协调级

1）负责热入口的优化控制，热入口总热量的检测，各用户数据的采集、分析和上传，以及下传全局级的优化调度命令。

2）结算点内水力/热力平衡分析，校正结算点优化供热参数。例如，如果有用户室温达不到设计室温，则自动提高结算点优化供热参数的设定值——这就是一种反馈补偿校正。

（3）供热智能控制全局级的收费管理模块

为什么要把"收费管理模块"放在供热智能控制全局级中？是因为"收费管理模块"接收、存储了协调级上传大量实时数据，不但能够按结算点进行热量分摊，按家和地方的政策进行计费，而且能够供全局级的其他模块共享，并且还有详细事件、报警和处理等记录。在特殊情况下可实现供热调度，例如：热源故障或者极端天气，可统一或分区域进行优化决策和调度等。这些数据还可通过因特网和其他计算机共享。

用户的用热量和费用的确定：

1）结算点内用户的热量确定

设：结算点标准热表计量的总热量为（$\sum H$）

结算点内用户号 $i = 1$，2，3，……，结算点内用户 i 的热量为 H'_i，相加总数为 $\sum H'$。

则用户 i 计费热量为：$\qquad H_i = (\sum H) \cdot H'_i / (\sum H')$ \hfill (7.2)

2）分户计费

用户应交费：$\qquad Y_i = K_m \cdot M_i + H_i \cdot K_r \cdot K_b \cdot K_{ix}$ \hfill (7.3)

式中，i——表示点内户号（前面加上结算点编号，就是系统内的编号）；

$\quad K_m$——按面积收费率（元/m²），不考虑面积 $K_m = 0$，但是 $K_b = 1$；

$\quad M_i$——用户 i 面积（m²）；

$\quad K_r$——按热量基本收费率（元/GJ）；

$\quad K_b$——按热量基本收费比例，各地自行确定，例如 $K_b = 50\%$；

$\quad K_{ix}$——用户 i 户型/朝向系数，不考虑，$K_{ix} = 1$。

如果提出其他计费方法，都能够实现。例如：可以考虑户间传热，还可以考虑超温热量多收费等。

3）大数据管理，为全局级的其他模块提供数据共享。

7.6 供暖系统热计量的配套设计

7.6.1 配套要求

集中供暖系统实行热计量是建筑节能减排、提高室内供暖质量、加强供暖系统智能化管理的一项必要措施。室温调控等节能控制技术是热计量的重要前提条件，也是体现热计量节能效果的基本手段。《建筑节能与可再生能源利用通用规范》GB 55015—2021 规定：

（1）锅炉房和换热机房供暖总管上，应设置计量总供热量的计量装置；

（2）建筑物的热力入口处必须设置热量表，作为该建筑物供热量结算点；

（3）居住建筑室内供暖系统应根据设备形式和使用条件设置热量调控和分配装置；

（4）用于热量结算的热量计量必须采用热量表。

7.6.2 热负荷和户间传热计算

集中供暖系统中，实施分户热计量的住宅建筑和分区、分级热计量的工业建筑的供暖系统设计热负荷计算与传统集中供暖系统本质上没有区别，以下对不同点加以说明：

（1）室内设计温度参数实施住宅分户热计量后，热作为一种特殊的商品，应为不同需求的热用户提供在一定幅度内热舒适度的选择余地，而户内系统中恒温控制阀的使用也为这种选择提供了手段。

因此提出，室内设计温度参数应在相应的设计标准基础上提高 2℃，计算热负荷相应增加 7%～8%。

需要说明的是，提高的 2℃温度仅作为设计时分户室内温度计算参数，不应加到总热负荷中。

（2）户间传热计算对于相邻房间温差大于或等于 5℃时，应计算通过隔墙或楼板的传热量。在传统的供暖系统设计中，各房间的温度基本一致，可不考虑邻室的传热量。但是对于分户计量和分室控温的供暖系统，因为用户通过温控阀能达到所需要的较高的房间温度，所以与传统供暖系统不同，应适当地考虑分户计量出现的分室控温情况。否则，会造成用户室内达不到所设定的温度。尤其是当相邻住户房间使用情况不同时，如邻室暂无人居住或间歇供暖，或一楼用作其他功能，对室内温度要求较低等，这样由楼板、隔墙形成的传热量会加大热负荷。

实行计量和控温后，就会造成各户之间、各室之间的温差加大。但是在具体负荷计算中，邻室、邻户之间的温差取多少合适是目前难以解决的问题，但是如不考虑此情况，又会使系统运行时达不到用户所要求的温度。目前处理的办法是：在确定分户热计量供暖系统的户内供暖设备容量和户内管道时，应考虑户间传热对供暖负荷的附加，但附加量不应超过 50%，且不应计入供暖系统的总热负荷。

（3）由于存在户间传热，因此是否对户间隔墙和楼板进行保温，以及保温的最小经济热阻取值、围护结构保温的经济性如何，既要执行现行国家标准《建筑节能与可再生能源利用通用规范》GB 55015 的规定，同时还应满足各地推出的相关建筑节能标准，并经过经济分析和工程实践加以验证确定。

（4）其他请见相关规范和文献［2］。

7.7 对传感器特性的特殊要求

在热计量系统中：流量和温度传感器不但是控制系统的一个环节——可以用调节特性指数表示其调节特性，从而方便的进行系统的静态调节特性优化设计；同时，在热计量中流量和温度传感器是计量仪表，其特性直接决定计量的精度。所以，在这里有必要讨论一下对传感器特性的特殊要求。

7.7.1 传感器的多重功能和选择设计特点

（1）作为控制系统的感知环节，是实现控制系统的可观性和参数反馈的必要环节，必须满足控制范围、控制精度和系统静态优化的要求。因此，和其他控制环节一样，传感器的静态特性用调节特性指数表示，可使系统静态优化非常简便。

（2）作为实现工艺可视性的必要环节（为实现工艺的可视性可能还必须安装更多的传感器），必须满足工艺参数的范围和精度要求。

（3）有些传感器还同时具有计量功能，必须满足计量范围和计量精度的要求。例如，在加油机、液体加料系统和供暖分户计量调控装置中，采用容积泵实现计量功能——作为流量的传感器，而且采用容积法直接计量，简单稳定可靠。此时，容积泵还必须满足有关计量规范的要求。虽然在系统静态优化时采用传感器特性指数非常简便，但在计量时通常不能采用特性指数，必须按计量规范进行定期标定，并且考虑各种因素的影响进行校正。

总之，传感器的静态特性决定了系统的可观测性，对系统的静态优化也有直接影响，其精度对系统控制精度、计量精度有直接影响。所以选择并安装好传感器就是为了实现系统的可观性、全程稳定性和计量精度，非常重要。

7.7.2　如何根据控制目标选择传感器的种类

确保控制系统全工况可观测性，即所设计的系统必须是全工况可观测的，从而实现"生产数据可视化、生产过程透明化"。传感器的测量范围和精度（包括抗干扰能力和时间稳定性等）必须满足要求，零点和增益可调，增益最好为常数（线性）或者增益函数已知，反应灵敏高。

形象的说：这就相当于要有明亮灵敏准确的眼睛。如果传感器灵敏度、测量范围和精度不满足要求，其他条件再好也无济于事。

现在，各种传感器都有许多系列化定型产品，供各种用途选择。许多文献对传感器作了全面介绍，所以不在这里重复介绍。在这里只简单说明 3 点：

（1）传感器精度必须高于采样分辨率，采样分辨率必须高于检测精度，检测精度必须高于控制精度；用于计量的传感器必须满足计量标准的要求；传感器的时间常数必须大大小于对象时间常数。

（2）调节系统中的传感器分成 3 个层级：第一，为测量直接控制目标参数的传感器和确保安全的传感器，例如，为了实现供水温度调节，则水温传感器是必须的，同时，确保压力容器安全的压力传感器等是必须的；第二，为实现基本优化控制而测量的参数的传感器，例如，为了实现热力站供水流量、温度随室外温度改变，不但需要流量、温度传感器，而且还需要室外温度传感器；第三，为空调供暖全工况优化而测量的参数的传感器，除前面所说的传感器外，还必须测量室温、水压、流量、功率等的分布，从而还需要大量的传感器，才能积累大数据，进行全工况优化分析，实现全工况智能优化控制和优化调度。可见，真正的空调供暖智能控制，实现全工况优化是有代价的，且软件和硬件都有代价。

（3）传感器和变送器的差别。简单说：传感器也称敏感元件，现在常用的传感器是利用其电特性（电阻、电势、电流、电容、电感等）随其他物理量（如温度、压力、差压等）变化的规律进行测量。然而，这种随其他物理量变化的电量往往很微弱且为非线性，不便于输送和测量，所以需要对信号进行调理，即放大和线性化处理等，完成这些处理功能的独立部件通常称为变送器。由于电子元件/部件的集成度不断提高，现在通常也把变送器（或信号调理器）和敏感元件统称为传感器，并且按输出信号分为：模拟传感器和数字传感器。模拟传感器的输出有 $4\sim20\text{mA}/0\sim10\text{mA}$ 电流型和 $1\sim5\text{V}/0\sim5\text{V}$ 电压型，通常把 $0\sim10\text{mA}/0\sim5\text{V}$ 输出称为 I 型传感器，$4\sim20\text{mA}/1\sim5\text{V}$ 输出称为 II 型传感器。数字传感器可分为：有线/无线串口数字通信型、脉冲型等。

调节对象的相对输出可以对应各种目标 1 例如温度、压力、流量、水位、湿度等。虽然调节对象的输出是实体输出，不能随意改变，但是因为传感器只是信号变换器，其输入量程就可以根据目标进行对应调整。

（4）对同样的控制对象，控制目标不同则选择不同的传感器，即使对相同的控制目标，也可选择不同的传感器。

例如，如果控制对象是换热器（锅炉也是换热器），虽然都是直接控制换热量，但其最终控制目标可能不同，则传感器的种类可能不同，例如：

1）如果最终控制目标为温度，则采用温度传感器完成信号变换：

$$v_r = (t - t_0)/(t_{100} - t_0) = (q - q_0)/(q_{100} - q_0) = (Q - Q_0)/(Q_{100} - Q_0) \quad (7.4)$$

式中，Q、Q_{100}、Q_0——控制对象的输出热量、最大热量、最小热量；

q、q_{100}、q_0——控制对象的输出相对热量、最大相对热量、最小相对热量；

t、t_{100}、t_0——控制目标与 q、q_{100}、q_0 相对应的温度。

在实体控制环节——调节对象中，其输出 Q_0、t_0 是实实在在的"泄漏"，必须满足工艺的需要。但是对于信号变换环节——传感器的输入，Q_0、t_0 只是用于标度/量程的起点，可以根据需要调整。这就是实体控制环节和信号变换环节的一个重要差别。

例如：传感器的输入可以按式（7.3），输出信号可以是 Ⅰ 型（0～5V，0～10mA）：$V_0 = 0$，或者 Ⅱ 型（1～5V，4～20mA）：$V_0 = 1V$，也可是数字式，或者其他标度。在这里 Q_0、t_0 和 V_0 毫无"泄漏"之意，只是用于标度、量程的起点，可以根据需要调整。

2）如果最终控制目标为饱和蒸汽压力，则可采用：

① 压力传感器完成信号变换：

$$v_r = (P - P_0)/(P_{100} - P_0) \quad (7.5)$$

式中，P、P_{100}、P_0——饱和压力；此时压力传感器的特性指数 $n_t = 1$，而且反应非常灵敏。

② 因为饱和蒸汽压力与饱和温度一一对应，所以也可以采用温度传感器其优点是成本非常低，可靠性高；缺点是非线性（特性指数 n_t 不等于 1）、热惰性比压力传感器大。

这时，可以根据 P_{50}、P_{100}、P_0 相对应的饱和温度 t_{50}、t_{100}、t_0 用式（1.15）求得特性指数 n_t。

3）同一个传感器用于不同目标，则特性指数可能不同，例如：

① 用差压传感器控制差压，则特性指数 $n_t = 1$；

② 用差压传感器控制流量，则特性指数 $n_t = 2$。

由于控制目标和传感器的种类非常多，就不一一举例了。

7.7.3 对传感器特性的特殊要求

除了测量范围和调节特性外，传感器的精度对工艺参数的测量精度和系统控制精度有直接影响。所以，这里有必要对传感器的特性作一个比较全面的说明。

（1）量程（测量范围）满足要求

与其他环节一样，传感器的设计量程和设计测量范围：即对应调节对象的设计要求的上限（最大）值 q_{100} 与下限（最小）值 q_0 必须满足要求，见式（9.1）、式（9.2）。如果上限值过低、下限值过高，则调节范围不满足要求，部分区域不可观；如果上限值过高、下限值过小，会降低传感器的分辨率和精度。

量程选择以流量计为例：通常不可完全按照管道直径直接选用，应按照流量和压降选用。理论上讲，流量计的额定流量是最大流量，在供热负荷没达到设计值时，流量不应达到额定流量。因此，热量测量装置在多数工作时间里在低于设计流量的条件下工作，由此根据经验建议按照 80% 额定流量选用热量表。目前热量表选型时，忽视热量表的流量范围、设计压力、设计温度等与设计工况相适应，不是根据仪表的流量范围来选择热量表，而是根据管径来选择热量表，从而导致热量表工作在高误差区。一般表示热量表的流量特性的指标主要有起始流量 q_{vm}（有的资料称为最小流量）；分界流量 q_{vt}，即最大误差区域向最小误差区域过渡的流量；最大流量（额定流量）q_{vmax}。选择热流量表，应保证其流量经常工作在 q_{vt} 与 q_{vn} 之间，通常取设计流量 $q_{vs} \approx q_{vmax} \times 80\%$。如果 $q_{vs} > q_{vmax} \times 95\%$，则全工况调节时可能超量程；如果 $q_{vs} < q_{vmax} \times 65\%$，则全工况调节时计量误差增大。

（2）线性度好

线性度指传感器输出量 y 与输入量 x 之间的关系曲线接近直线的程度；也可定义为输出量的增量 dy 与相应的输入量增量 dx 之比为接近常数的程度。这个比值 dy/dx 通常称为增益，增益为常数表示线性度很好，全程有一致的灵敏度、精度和分辨率。如果传感器的灵敏度不够/线性度不好，则往往通过电路进行放大/校正（或补偿），这个电路和传感器就组成了"变送器"。

线性度好（特性指数＝1），或者特性指数已知，这对其他控制环节和控制系统，只要近似满足就行了，所以前面介绍的特性指数的近似计算和补偿方法，完全能够满足系统静态优化设计的要求。但是传感器的线性度还直接影响测量的精度，所以通常不能用前面介绍的近似计算或者近似补偿了，或者说：可以用传感器的特性指数进行系统的优化设计，但是不能用特性指数进行传感器的线性化，而必须根据要求的测量/控制精度进行相应准确的计算、补偿和标定。所以有必要简介一下传感器的精度。

（3）精度

传感器的精度是指测量结果的准确/可靠程度。测量误差越小，则精度越高。传感器/变送器的精度必须高于控制精度。

传感器的精度可用其量程范围内的最大基本误差与满量程输出之比的百分数表示，其基本误差是传感器在规定的正常工作条件下所具有的测量误差，由系统误差和随机误差两部分组成。

工程技术中为简化传感器精度的表示方法，引用了精度等级的概念。精度等级以一系列标准百分比数值分档表示，代表传感器测量的最大允许误差。

如果传感器的工作条件偏离正常工作条件，还会带来附加误差，温度变化附加误差就是最主要的附加误差。

传感器的精度是测量中各类误差的综合反映，还包括以下各项：

1）灵敏度：其定义为输出量的增量 dy 与相应输入量增量 dx 之比，即增益。它表示单位输入量的变化所引起传感器输出量的变化。显然，增益越大，表示传感器越灵敏。

2）迟滞和重复性：传感器在输入量由小到大（正行程）及输入量由大到小（反行程）变化期间，其输入输出特性曲线不重合的现象称为迟滞。也就是说，对于同一大小的输入信号，传感器的正反行程输出信号大小不一定相等，这个差值称为迟滞差值。

重复性：重复性是指传感器在输入量按同一方向作全量程连续多次变化时，所得特性曲线不一致的程度。

迟滞性和重复性差一方面会增大传感器的误差，即降低传感器的精度，同时增加传感器的纯滞后时间。

3）分辨率：传感器能检测到输入量最小变化量的能力称为分辨力或者分辨率。对于某些传感器，如电位器式传感器，当输入量连续变化时，输出量只作阶梯变化，则分辨率就是输出量的每个"阶梯"所代表的输入量的大小。对于数字式仪表，分辨率就是仪表指示值的最后一位数字的分辨率所代表的值。当被测量的变化量小于分辨率时，数字式仪表的最后一位数不变，仍指示原值。分辨率也可以用满量程输出的百分数表示。

对于计算机（单片机）控制系统，传感器的模拟信号要经过模拟-数字转换器（简称A/D 转换器）将模拟信号（A）转换成数字信号（D）。A/D 转换器能检测到输入量的最小变化量称为分辨率，A/D 转换器的分辨率通常用二进制位数表示：例如 8 位 A/D 的分辨率为 $2^8 = 1/256$，10 位 A/D 的分辨率为 $2^{10} = 1/1024 = 0.1\%$。

4）稳定性和漂移：稳定性表示传感器在一个较长的时间内保持其性能参数的能力。理想的情况是不论什么时候，传感器的特性参数都不随时间变化。但实际上，随着时间的推移，大多数传感器的特性会发生改变。这是因为敏感元件或构成传感器的部件，其特性会随时间发生变化，从而影响了传感器的稳定性。稳定性一般以室温条件下经过一规定时间间隔后，传感器的输出与起始标定时的输出之间的差异来表示，称为稳定性误差。稳定性误差可用相对误差表示，也可用绝对误差来表示。

漂移：传感器的漂移是指在输入量不变的情况下，传感器输出量随着时间变化。产生漂移的原因有两个方面：一是传感器自身结构参数；二是周围环境（如温度、湿度等）。最常见的漂移是温度漂移，即周围环境温度变化而引起输出量的变化，温度漂移主要表现为温度零点漂移和温度灵敏度漂移。

温度漂移通常用传感器工作环境温度偏离标准环境温度（一般为20℃）时的输出值的变化量与温度变化量之比。

与迟滞性和重复性差一样，漂移一方面会增大传感器的误差，即降低传感器的精度，同时增加传感器的纯滞后时间。

综合以上分析可知，量程/测量范围、线性度和精度是传感器的最重要的指标。精度是一个综合指标。请注意灵敏度、分辨率、稳定性和精度之间的关系和差别。显然，传感器的灵敏度和分辨率、迟滞性与重复性、稳定性和漂移等产生的误差之和必须小于精度所要求的误差（详误差理论）。

通常必须满足：A/D 转换器的分辨率高于传感器的分辨率，传感器的分辨率高于传感器的精度，传感器的精度高于控制精度。对于供热控制，通常采用 10 位 A/D 转换器，分辨率就能满足要求。过高的分辨率将产生脉动"干扰"，给滤波带来"麻烦"，特别是给微分调节带来"麻烦"。

5）传感器的动态特性：

① 传感器的迟滞和漂移等，一方面会增大传感器的误差，即降低传感器的精度，同时增加传感器的纯滞后时间。同时，如果传感器安装的位置不当，例如离调节机构很远，也会产生纯滞后。另外，执行器的"空称"（即上升和下降特性曲线不重合）实际上也相当于产生了纯滞后。这些纯滞后和管道的传递滞后，对控制系统工作很不利，所以必须在静态设计时将它们降低到最小。这些纯滞后可以分别在各环节中考虑，也可以合并在控制对象中考虑。

② 传感器的时间常数 T 越大，通常会降低传感器的灵敏度，因此 T 越小越好。然而

对于脉动的参数，例如压力，则增大时间常数（如加稳压罐），可以起到滤波的作用。

7.7.4　传感器的特点小结

（1）同一个控制环节，对于不同的用途，必须用不同的方法进行研究和标定。对于传感器尤其如此。

例如，可以用传感器的特性指数进行控制系统的优化设计，但是不能用特性指数进行有测量精度要求的传感器的线性化（即使用差压测量流量，也不能简单利用差压的开方计算流量），而必须根据精度要求按有关计量标准进行准确计算、标定和补偿。同样，容积泵可以用特性指数进行系统优化设计，但是如果还要作为计量流量的传感器，就必须按有关计量标准要求进行标定、补偿和管理。

（2）不同的控制环节有不同的特点。例如，由于反馈控制系统能够消除误差，却不能消除传感器本身的误差，所以对传感器的要求与其他环节不同。

（3）同一个参数在实体控制环节和信号变换环节的作用也不同，例如在实体控制环节，调节对象的输出 Q_0、t_0 是实实在在的"泄漏"，必须满足工艺的需要；但是作为信号变换环节，传感器的输入 Q_0、t_0 只是用于标度/量程的起点，可以根据需要调整，毫无"泄漏"之意。

（4）同一个控制环节（如传感器）用于不同目标，其特性指数也可能不同。例如，用差压传感器控制差压，则特性指数 $n_t=1$；用差压传感器控制流量，则 $v=q^2$，特性指数 $n_t=2$。所以，学习和应用时，必须具体情况具体分析！

（5）本书给出了控制环节/系统的特性指数和实现控制系统静态优化的特性指数法，并给出了常用实体控制环节（例如调速泵（风机）、调节阀、换热器等）的特性指数资料图（表），使调节性能的表示、控制环节的优选和控制系统的静态优化等实现了简化、数字化和实用化。从而能够方便的进行系统优化设计和设备优选，使其既具有优良的供热性能，又确保控制系统的全程可控性，并确保系统增益为常数。这不但为常规线性控制系统动态优化提供了必要条件，而且使智能控制系统的动态优化降阶简化。

（6）最后重复指出：附表 1.1 列出了常用控制环节（包括传感器）的调节特性指数索引，一目了然，实用性强，可供参考！

第8章 供暖系统全工况集中优化控制与热源全工况优化

因为供暖负荷和空调负荷均与室外温度有关，所以，可以根据目标和室外条件等对空调供暖系统与冷热源进行全工况集中优化设计和运行调节，例如：

（1）如果实现了分户全工况舒适节能控制，特别是实现了分户计量调控，可进行热力站、冷热源全工况优化控制：最简单的方法就是采用自适应变扬程供水系统，请见4.2.3节。

（2）如果没有实现供暖分户计量调控，可进行供暖全工况舒适节能集中优化控制：

1）如果控制范围小，而且离热入口很近，可以采取对代表房间进行反馈控制。为了考虑差异性，集中控制设定温度 t_j＝房间设定温度 t＋差异性增量 Δ，根据情况，可在调适时确定。

2）如果控制范围大，而且（或者）离热力站/热入口很远，通常难以采取对代表房间直接进行室内温度反馈控制，只能对热力站/热入口的供水流量、温度进行全工况优化节能集中控制。如果增加值班供暖和/或睡眠供暖，可进一步节能，将在8.1节介绍。

前面介绍的节能就是看节省了多少热（冷）量。然而，大家通常知道：对同样的热（冷）量，不同品种、品质或品位的能量（热/冷量）的价值（价格）是不同的，所以下面还打算介绍：

（3）热力学第二定律与空调冷/热源进一步优化节能原理（详见8.2节）。

（4）集中供热系统热源的优化（详见8.3节）。

（5）锅炉控制的作用、任务、难点与优化（详见8.4节）。

（6）供热系统多热源联网优化运行（详见8.5节）。

以上，都可以用很低的代价，取得可观的全局性的节能效果。

8.1 供暖热力站/热入口的全程优化节能集中控制

8.1.1 供暖热力站/热入口的全程优化集中控制的目标

供暖全程优化集中控制的目标就是对管辖范围内的用户总体实现"按需供热"，使用户室温合格率达到要求，并且能耗最小等。集中控制的优点是造价低，容易实现；缺点是无法控制每个用户之间的平衡，所以必须先调节好流量和热量平衡，并且加以锁定。

影响供暖室内温度的因素很多（表1.1-1）。如果能够实现供暖分户计量调控，就可以分别对每户室温采用反馈控制，不论有多少影响因素，也能够消除其对用户供暖温度的综合影响，因此，在末端采用供暖分户计量调控是实现全程优化供热的最好方案。

然而，因为供暖面积大，全面实现供暖分户计量调控需要有一个过程。如果设计工况用户间的水力/热力平衡已经调节好，则可利用总热力站（首站）或者区域热力站/热入口集中对供水流量和供水温度进行调节，从而集中控制区域内用户的总供热量，实行"按需供热"，使供暖室内温度在允许范围内，这就可以用很小的代价取得相当好的节能效果。这就是供暖热力站/热入口的全程优化集中控制的目标。

然而，因为是集中调节，首先必须调节并锁定好水力/热力平衡，在调节过程中也必须确保不破坏调节好的平衡，流量调节将受到限制，且流量 L 必须大于确保不破坏平衡的最小流量 L_p。所以，要实现这个目标的附加条件是：设计工况的用户间的水力/热力平衡已经调节好，而且在集中调节时不能打破这种平衡。

另外，因为代表室温的距离通常相当远，实时控制数据采集周期还必须为秒级，因此通常不能利用公共网络，如果敷设专线则成本比较高。同时，大热网的首站温度（热）变化与用户之间的传递（纯）滞后非常大，可达数小时至十多小时；区域热力站供水温度（热）变化与用户之间的传递（纯）滞后也非常大，可达数分钟至数小时。对这样大的传递（纯）滞后，根本无法采用反馈控制，直接控制室温。因此，通常难以用热力站集中调节直接对供暖代表室温进行反馈控制，只能够控制热力站的出口流量和温度达到优化值，才能间接集中控制室温，总体实现"按需供热"。当然，后面将看到，用户的室温可作为检查和校正集中控制的根据。

这样，确定热力站等的全程优化的供水流量和供水温度就成了热力站集中控制的关键。而且，这两个全程优化工艺参数对常规控制是必须的，对智能控制则是用来保证开机正常运行的初始参数。

8.1.2　供暖热力站/热入口的全程优化集中调节方案

因为流量过小时，可能破坏系统的平衡，所以不能用量调节实现全程优化节能集中调节，通常只能用以下集中调节的具体方案：

1）质调节：供水流量不变，调节供水温度（详见 8.2 节）。

2）质量并调：在不破坏水量分配平衡的条件下，改变水量和水温（详见 8.3 节）。

3）周期性间隙调节，使平均热量满足要求。其方法是在一定的周期内改变供热（开水泵）的时间，因为房间具有热惯性，当温度适度波动时，还会有益于人体舒适感。通常适用于比较小的系统，大系统可能产生比较大的调节干扰。因为变频技术的普及，此处就不介绍了。

方案 1）在以上 3 种控制方案上增加值班供暖和/或睡眠供暖，可进一步节能。实际上，只要给出值班和/或睡眠的室内温度和时间，就可以按方案 1）和 2）的方法实现。

所以，本节重点介绍方案 1）和 2）。

8.1.3　供暖热力站的全程优化集中调节的数学模型

采用供暖系统的多变量静态热平衡方程组，根据室外温度、系统设计参数，就可以确定全程优化供回水温度。文献［1］介绍了集中运行调节，给出了数学模型及相关公式，例如：

平均水温：　　　　　$t_{ps}=t_a+0.5(t'_{gs}+t'_{hs}-2t'_a)[(t_a-t_o)/(t'_a-t'_o)]^{1/(1+b)}$　　　　（8.1）

供水温度：　　　　　$t_{gs}=t_{ps}+0.5[(t'_{gs}-t'_{hs})(G'/G)](t_a-t_o)/(t'_a-t'_o)$　　　　（8.2）

如果考虑室内负荷的差别，在调适时，可在 t_{gs} 上增加 $\Delta \geqslant 0$。

回水温度： $\qquad t_{hs}=t_{ps}-0.5[(t'_{gs}-t'_{hs})(G'/G)](t_a-t_o)/(t'_a-t'_o)$ （8.3）

式中， $\qquad b$——传热指数；对暖风机，风量、水量不变，传热系数不变，$b=0$；

$\qquad\qquad$ 对四柱暖气片，自然对流，$b=0.35$；

$\qquad\qquad G$——流量；

$\qquad\qquad t_a$——室内空气温度（℃）；

$\qquad\qquad t_{gs}$——供水温度（℃）；

$\qquad\qquad t_{hs}$——回水温度（℃）；

$t_{ps}=0.5(t_{gs}+t_{hs})$——平均水温（℃）；

$\qquad\qquad t_o$——室外空气温度（℃）；

$\qquad\qquad '$——设计工况。

显然，如果流量不变，即式（8.1）至式（8.3）中的 $G'/G=1$，就能够实现热力站优化供水温度控制。

当然，因为集中控制是一种近似控制，所以也可以建立且取其他数学模型。

对于供冷能源站，只要把供、回水温度计算公式交换，并且 $\Delta \leqslant 0$。

8.1.4 热力站全程优化供水温度控制（质调节）

（1）控制框图见图 8.1-1。

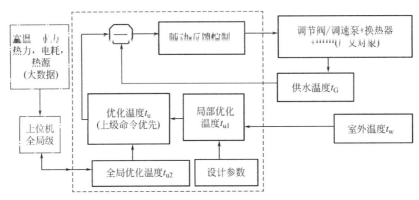

图 8.1-1 热力站全工况优化供水温度控制系统

注：点线框内为控制器，点划线框为上位机

供暖热力站集中控制采用随动-反馈控制，就是对主要干扰（室外温度变化和围护结构特性等）进行自动补偿的前馈控制＋供水温度反馈控制。具体做法是：根据设计工况和室外温度等求得最佳供水温度 T_u，然后以最佳供水温度 T_u 为目标值实现反馈控制。它真正的目标是为了确保室内温度达到要求。

因为流量不变，取 $G=G'$，根据式（8.2），求得最佳供水温度。

（2）控制系统

优化供水温度反馈控制，可以采用常规控制或者智能控制。例如采用 PI 比例积分控制，无论常规控制或者智能控制，都必须确定控制器的比例系数 K_p 和积分时间 T_i。但是有 3 个非线性影响因素：供水温度控制系统静态增益 A_t、滞后时间 τ_t 和时间常数 T_t。常规控制必须是线性系统即这 3 个系数必须为常数；无论是常规控制还是智能控制，减少滞后时间都有利于控制；减少变量数和线性化，都能够简化控制系统降阶/简化。

1）使静态增益 A_t 为常数，即温度调节特性为线性（见 1.4.4 节），这是常规控制的要求，对智能控制也就减少了一个必须优化的因素；

2）将换热器尽量接近温度调节机构安装，将温度传感器尽量接近换热器安装，应该采用热惰性很小的温度传感器，以便尽量减少滞后时间 τ_t；

于是就可以方便地确定比例系数 K_p 和积分时间 T_i 了。

（3）质调节全工况节能分析

令 $G=G'$，式（8.4）与式（8.3）相减：

$$t_{gs}-t_{hs}=(t'_{gs}-t'_{hs})(t_a-t_o)/(t'_a-t'_o) \tag{8.4}$$

设计工况：$(t_a-t_o)/(t'_a-t'_o)=1$，所以设计 $Q'=G'(t'_{gs}-t'_{hs})$

停止调节：$Q_{停止}=0$。

从式（8.4）可见：$t_{gs}-t_{hs}$ 随 t_a-t_o 呈线性变化，而且流量不变，所以全工况总节能（热量）率为：$0.5(Q'-Q停止)/Q'=50\%$。

如果考虑室内负荷的差别，在调适时，可在供水温度上增加 $\Delta \geqslant 0$，则总节能（热量）率略有减少，例如可取为 40%。

8.1.5　热力站/热入口集中全程优化供水流量控制

（1）热力站集中全程优化供水流量控制框图见图 8.1-2。

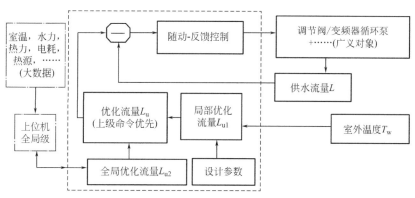

图 8.1-2　热力站全程优化供水流量集中控制系统
注：点线框内为控制器，点划线框为上位机

（2）关于热力站全程优化供水流量集中控制的重点说明

1）热力站全程优化供水流量集中控制采用随动-反馈控制，就是对主要干扰（室外温度变化和围护结构特性等）进行自动补偿的前馈控制＋供水流量的反馈控制。具体做法是：根据设计工况和室外温度等求得最佳供水流量 L_u，然后以最佳供水流量为目标值实现反馈控制，即以最佳供水流量 L_u 作为流量控制的设定值，自动改变变频循环泵转速 P_L，控制二次网的供水流量（差压），既确保供水量 L（差压 C_Y）达到最佳供水流量 L_u，其目的是尽可能节约电能，并且不破坏已经调节好的流量分配。简称量调节。

2）因为变频循环水泵的流量与转速成正比，所以，可不用流量计就能简单确定供水流量，因此变流量调节非常简单！

3）必须保证不破坏已经调节好的流量分配的方法。

管道和设备中通常紊流，如果能够确保全部管道和设备中流动状态不变，就能够不破坏已经调节好的流量分配。

因为流量过低可能造成水力失调，因此热力站供水流量必须大于一定的量（例如，大于设计流量的 50%，相当于供回水差压大于设计差压的 25%）。因此，热力站循环流量控制（量调节）主要是以循环水泵节省电能为目标，不能全工况集中控制用户供暖温度。为了全工况集中控制用户供暖温度，还必须用变供水温度控制（质调节）完成。所以，在确定优化供水流量时必须考虑：不打破水力（热力）平衡。例如，如果室外温度 T_w 从 $-10\sim$ 20℃，通过分析确定：当室外温度 $t_o \geqslant 5$℃，可设定流量 $L_{u_1}=50\%$，然后随着外温下降，$L_u = L_{u_1}$ 随外温直线变化至 100%（见图 8.1-3 中的虚线）。

特别注意，为了不打破水力（热力）平衡，单纯流量集中调节不能完成全工况优化控制，所以，还必须用变供水温度控制（质调节）完成。所以必须采用质与量并调控制方案。

（3）节电分析

因为对循环水泵系统，当管道不变时：水泵功率∝流量×扬程，扬程∝阻力∝流量²，所以水泵功率与流量的 3 次方成正比，如图 8.1-3 中下面的实线所示。图中两条实线之间的面积就是进行供水流量优化控制的理论节电量——可达 70%，考虑调速时效率可能下降的影响，循环水泵节电 50% 以上是有把握的。因为循环泵功率大，所以循环泵变流量调节的节电效益很高！

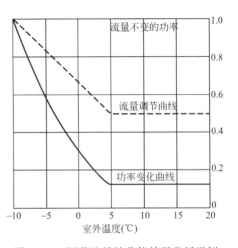

图 8.1-3 调节流量的节能效果分析举例

8.1.6 热力站集中全工况优化质量并调供水控制

为了不打破水力（热力）平衡，单纯流量集中调节不能完成全工况优化控制，所以必须采用质、量并调控制：

（1）量调节见 8.1.5 节。水泵节电率可取 50%。

（2）质调节见 8.1.4 节。这里与单纯质调节不同之处在于 G/G' 是变化的，G/G' 按图 8.1-3 确定。根据式（8.2），流量减少，供水温度提高，全工况节省的热量不变，仍然可取 40%。

可见，质与量并调的节能效果比单纯质调节和更加明显，应优先采用。

8.1.7 热力站控制系统的硬件

（1）热力站基本控制系统框图如图 8.1-4 所示。如果采用变频循环泵，就可以不用流量传感器，而用频率计算循环流量。

（2）实现热力站基本控制系统的硬件有 3 个方案：

1）采用工业 PC+I/O 扩展，显示界面和数据管理功能强，但 I/O 扩展价格比较高，

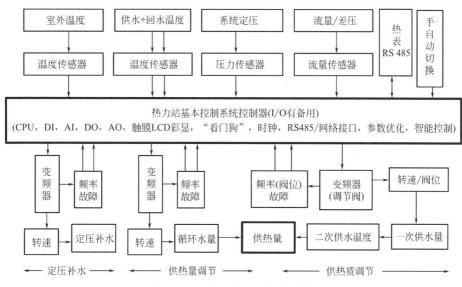

图 8.1-4　热力站基本控制系统

现场组态比较复杂。

2）采用 PLC，但现场组态比较复杂。

3）采用热力站专用控制器，价格最低，体积最小，使用最简便。它采用高集成高可靠器件，一体化设计，简单紧凑、可靠价低。集多参数采集、汉字显示、参数设定和自动控制、多种通信等功能于一体。有自诊断、自复位等功能等。

8.1.8　热力站控制器的其他功能特点

（1）可增加定压补水控制，于是可同时完成优化供水流量、优化供水温度和定压补水控制。

（2）根据用户的使用情况，自动或者强制进行正常工况（或称高工况）和值班工况（或称低工况）的切换，以便在正常工况达到设计室温，而在无人工作或者居住的时间降低要求，实现值班（低工况）供暖/空调，进一步节能。冬季的值班供水流量按图 8.1-3 取最低值，温度比较低；夏季的值班供水流量可为零，所以值班控制时节热和节电更加显著。

（3）除各种参数可以设定外，还能够对设计误差等进行校正（详见 8.1.9 节）。

对常规控制，这些参数可由人工确定；对智能控制，这些参数先由人工确定初始值，确保开机正常运行，然后由上位机（全局级）进行高级优化。

（4）为了便于系统升级，应该有多种通信功能（RS485/5G 互联网等），能和智能设备（如智能仪表）、上位计算机交换信息，同时经过授权的手机也可成为信息终端，可在任何地方根据权限了解/调度热力系统。例如，通信可采用 Modbus 协议，符合国际和国家标准，不需交使用费；也可选择其他各种通信模块，以适用于各种用户。

控制器可以升级。由于有通信功能（RS485 和网络通信），热力站基本控制系统既可以独立工作，又可以方便地升级为分布式系统和智能控制系统的基层级，许多更高级的智能控制可以由上一级完成。

（5）可采用触摸屏，汉字显示、汉字提示，操作调试简单。根据汉字设定菜单就可以完成全部设定。

（6）电源、输入、模拟输出有防强电磁干扰、防浪涌等措施。室外温度变送器还可以选择防雷击等功能。有自诊断、自复位等功能。

（7）可以采样常规或者各种改进的 PI/PID 调节，模糊控制和智能控制。

（8）控制器的设定非常简便，按"菜单"提示，按权限输入密码，密码正确，即可按汉字菜单完成各种设定。

（9）可以在线阅读安装、设定、操作、维护说明书等。

8.1.9　对设计误差的校正

因为供热系统影响因素多、热惰性大、不确定性大，设计误差不可能很小，控制热力站的供水流量和温度的计算肯定也有较大的误差，所以必须进行校正。

（1）独立工作的控制系统的人工校正

1）在调试、调适时得到相对准确的设计工况参数；

2）对代表用户室温采样，并且进行自动校正。

（2）上级调度校正

分布式系统上级和智能控制系统的全局级（详见第 9 章）具有对热力站的控制与调度功能。

对于智能控制，首先可以用设计优化流量 $L_u=L_{u_1}$ 和优化温度 $T_u=T_{u_1}$ 作为初始值，然后再根据热网和用户运行的大数据分析，确定热力站的最佳供水流量 L_{u_2} 和最佳供水温度 T_{u_2}，于是 $L_u=L_{u_2}$，$T_u=T_{u_2}$。

（3）智能控制全局级主要分析以下大数据：

1）实际室温平均值与设定值的动静态偏差；

2）水力/热力分布平衡的动静态误差；

3）围护结构与室外温度对室温的动静态影响；

4）对公用建筑，可根据上下班时间实现正班/值班供暖优化，进一步节能；

5）能耗的动态分析，使能耗最小；

6）控制系统的过渡过程；

7）其他全局性优化调度等。

（4）关于热力站全工况优化供水流量集中控制的特别注意事项：

1）因为是集中调节，必须调节好用户之间的平衡，并且锁定平衡阀。

2）无局部调节。如果有局部调节，则管道阻力系数改变，则不能完全采用上述方法。

8.1.10　热力站控制器适用的系统

（1）按换热器分

1）混水器：热惰性小，容易实现线性调节特性、造价最低；两侧流体不能分开。注意：应该认真考虑一次水量对总循环水量的影响。

2）间壁式换热器：热惰性比较大，通常为非线性调节特性、造价高；两侧流体分开；

管道阻力系数不变，此时循环流量与水泵转速成正比，所以可以用水泵的相对转速代表相对流量，可不设置流量传感器。

（2）按一次网（热源）调节机构分

1）变频水泵：分布式系统可以实现零节流损失，节电显著。

2）调节阀。

（3）按二次网调节机构分

1）变频水泵。构成分布式输配系统，可以实现零节流损失。

2）调节阀＋定速水泵。节流损失大，现在通常不采用。

（4）冬季供热和夏季冷水系统

1）冬季供热系统，为防止冻管值班流量不为零，必须确保不破坏水力平衡；

2）夏季冷水系统的值班流量可以为零。

（5）安装地点

1）首站即热源站：如果和热源直接连接，则还必须确保流量≥热源的最小流量，而且水质必须满足热源的要求。

2）区域热力站。

3）楼栋热入口。既可以按本章控制供水流量、温度；如果距离代表用户很近，还可对代表室温进行反馈控制，直接调节热入口的供水流量、温度。

8.1.11 热力站/热入口集中质量并调方案的简化

前文已经介绍了热力站/热入口集中质量并调方案，其量调节采用变频泵调节，供水量连续变化。采用的简化方案是：

（1）量调节——采用多台水泵并联，根据室外温度改变运行台数调节供水量 G，供水量阶跃变化。供水量与台数的关系见 4.7 节。

（2）质调节——供水温度的控制与前面的方案相同，不同之处在于 G/G' 是阶跃变化的。

简化系统设计/调适与前面介绍的系统的差别是：根据室外温度改变运行台数调节供水流量，并且确保不破坏水量分配平衡！

这样，不但可以不用变频器—降低成本，而且可以增加设备备用系数、克服设计误差。

8.2 热力学第二定律与空调供热冷/热源进一步优化的原理

8.2.1 热力学第二定律与"有用热能"——㶲

空调供暖主要和热量打交道，前面介绍的节能就是看节省了多少热量。

然而，人们常识也知道：对同样的热量，不同品种、品质、品位的能量的价值（价格）是不同的，例如：

电能＞热能＞燃料的化学能

高温热能＞低温热能＞余热、废热

低温冷量＞高温冷量

在我国油的化学能＞燃气的化学能＞煤的化学能

随着经济和技术的发展：水、风、太阳、地热、核能等可再生能源已获大力推广应用。

同时，如果只看热量的数量，可以说，自然界有无限多的热量（所有温度高于环境温度的物质的热量）和无限多的冷量（所有温度低于环境温度的物质的热量），然而，绝大多数冷/热量的质量（品质/品位）非常低，通常难以利用（价值非常低）或者无法利用（价值为零）。

所以，在节能技术的研究中，为了说明节能效益，单从能量（热量）的数量进行比较是不够的，还必须从能量的质量（品质、品位、价格、价值）方面进行分析。因此，虽然清洁供暖以用电最好，但电的质量、价格是最高的，或者说得到电能是最难的。所以还是应该"宜电则电，宜气则气，宜煤则煤"。更何况目前大部分电还是燃煤生产出来的。

能量的数量，一般是在同一单位（焦耳、卡等）下，用数值大小判断。

能量质量，则是以能量做功能力的大小来衡量。这里所说的做功能力，是指能量转换为机械能的大小。电能多数由机械能转换而成；其中：火电还必须先将燃料的化学能转化为热能，热能转化为机械能，才能转化为电能；水电、风电必须先将水力、风力的势能转化为机械能，才能转化为电能。

人们研究的供热、空调、制冷，主要研究热能。所谓热能的质量、品位高低，就是指热能转换为机械能的能力大小。衡量热能质量的品位高低，在热力学中常用㶲的参数衡量，有时也形象地称其为"有用的热能"。

按照《工程热力学》的基本原理，一个热力系统（如空调供暖系统）中，在某个状态参数（如温度、压力、焓等）下的工质（如热水、蒸汽），其㶲值，可按下式计算：

$$e = (h - h_0) - T_0(S - S_0) \tag{8.5}$$

式中，　　e——工质的㶲值（kJ/kg）；

　　　　　h——工质的焓值（kJ/kg）；

　　　　　S——工质的熵值（kJ/kg·K）；

h_0、S_0、T_0——分别为环境状态下的焓、熵和绝对温度。

在绘制工质性能图和分析热力系统时，通常把0℃或者20℃作为环境状态，此时环境状态的绝对温度分别为 $T_0 = 273.16K$ 或 $T_0 = (20+273.16)$ K。

从式（8.5）看出，工质所具有的热能用焓 h 表示，能够转换成机械功的"有用"的热能用㶲 e 表示。而在转换过程中，必然有 $T_0(S-S_0)$ 的能量损失。这就是以数学形式表达的热力学第二定律的本质。

在分析、研究热力系统时，主要的目的是在热能向机械能转换过程中，如何尽量减少这部分㶲损。并且利用很小的㶲转换成更多的焓（热），为空调供暖使用。

如果将水蒸气的性能图装入计算机，就可以方便地进行焓—熵—㶲分析，进而实现冷热源全工况优化。下面只定性介绍这方面的内容。

8.2.2　空调供暖可利用"低质量、低品位、低价格"热能实现全工况优化节能

在暖通行业内，分析热力系统的能效高低，一般采用热效率和㶲效率两种方法，前者

按热量数量进行分析，后者按热量的质量（即热量品位高低）进行分析。对于空调供暖，最终的服务对象是满足居民对室温的舒适需求，例如冬季扩展体感温度为18℃，夏季扩展体感温度24℃。在这样一个室温范围内，按㶲值进行计算，其㶲值是很低的，对于发电基本上是无用的废热。

这实际上就提供了如何利用"低质量、低品位、低价格"热能的方案和方法。例如：

（1）热电联产供热

热电联产供热的能效分析，一般有3种分析方法，即热量法、熵方法和㶲方法，从不同的角度分析了发电厂的热经济性。热量法以热力学第一定律为基础，从数量上计算各设备及全厂的热效率；熵方法和㶲方法均以热力学第一、第二定律为基础，揭示了热功转换过程中由于不可逆性而产生的做功能力的损失。熵方法计算做功能力损失，㶲方法计算做功能力，两种方法分别从热功过程的两个方面说明了热功转换过程的可能性、方向性和条件性。按式（8.5），即可计算有关的㶲值（或能质系数）。表8.2-1给出了不同容量火力发电厂的能效分析结果。

火力发电厂（凝汽机组）能效分析表　　　　　　　　表8.2-1

主蒸汽初参数		发电容量 P_c(MW)	分析方法	发电效率（%）	锅炉损失（%）	冷凝器损失（%）	汽轮机不可逆循环损失（%）	管道、机电损失（%）
P_0(MPa)	t_0(℃)							
3.5	435	6 12 25	热量法	23.0	15.0	54.7	6.4	1.73
			㶲法	26.0	59.8	5.1	6.9	2.23
16.5	555	300	热量法	34.5	9.0	44.9	10.2	1.39
		600	㶲法	34.5	56.4	2.5	5.2	1.4

注：资料来源：郑体宽. 热力发电厂 [M]. 北京：中国电力出版社，2001.

从表8.2-1可以看到：从发电效率上看，无论热量分析还是㶲分析，两种发电效率差别很小，当 P_0=16.5MPa 时，发电效率都为34.5%。

如果从发电工艺的各个环节看，则两种不同分析方法，其结果有明显的差别。其中管道、汽轮机、发电机部分的机械、散热损失，因数量少，只占总能量损失的1%～2%，因此，两种方法的数量差别不大。但对热源（锅炉）、冷源（冷凝器等）等关键环节，两种分析方法的差别则是很大的。对于电站锅炉，当燃烧效率为85%时（小型发电机组），其热量损失为15%；当燃烧效率为91%时（大型发电机组），热量损失为9%。总之，热量损失并不是很大。但若进行质量分析，即㶲分析时，无论小型发电机组还是大型发电机组，㶲损失都在56%～60%之间，所占比例相当可观。

再看冷源，通过冷凝器、冷凝塔、散至大气中的热量，无论发电机组大小，其数量都在45%～55%之间，而这部分热量若从㶲值上分析，却只占2.5%～5.0%。两种分析方法的差别如此之大，正说明这两种分析方法的观察角度不同。㶲值（即能质）分析法，考虑的是热量转变为机械能（电能）的能力大小，即能量的品位高低问题。

热力学第二定律告诉我们："热量"的温度越高，品位越高，越容易转变为机械能和电能。煤在锅炉中燃烧，理论燃烧温度可达2000℃，而发电机组的主蒸汽温度最高也就是550～600℃之间，可从2000℃降至550℃，这中间存在的近1500℃的温差，是做功能力损失的主要原因，也是锅炉㶲效率不高的根本原因。再观察冷凝器，一般冷凝器中的乏气压力为 0.005~0.006MPa，其饱和温度约为 36℃，虽然其热量占总热量的 50% 左右，但由于温度过低，做功能力差，其㶲值只占 2%~5%。所以，对于高品位的能源，应该多从质量上分析，对于低品位能源，则应多从数量上分析。

通过上述分析不难发现，要提高发电效率，就必须提高发电机组的㶲效率，着眼点必须放在提高电站锅炉的主蒸汽参数上，目前大力发展亚临界（主蒸汽参数 16.57MPa/538℃/538℃）、超临界（主蒸汽参数 24.12MPa/538℃/538℃）的发电机组，其出发点就是基于这样的目的。但是由于汽轮机金属材料的受热限制，主蒸汽参数不能无限提高，因此，火力发电的发电效率目前最高只能达到 40% 左右。

再观察冷源部分，从冷凝器排至大气的热量，从质量上看，㶲值很小，只有 2%~5%，虽然热量大，但对提高发电效率的作用不大。因此，再提高㶲效率的意义不大。但是，如果实现热电联产供热，由于乏汽的利用，可以使发电厂的热量利用系数提高到 80%以上，节能效益和经济意义十分明显。说明低品位的热能还是大有用武之地的。从中我们可以认识到：不同品位的能源，应该有不同的使用价值。把高品位的煤、天然气拿来直接燃烧供热，是最不合理的"大材小用"，是最大的能源浪费，也是实现"双碳"目标中，有地区禁止新建燃气热水锅炉用于供暖的原因。同样，把大量的低品位的工业余热当"垃圾"处理，弃之不用，也是当今最大的能源浪费。"物尽其才""能有所用"，发展包括热电联供在内的工业余热供热，应该是资源的最佳配置。工业余热是低品位热能的最大源泉，发展工业余热供热，是节能减排，实现低碳经济的重要技术环节。

显然，还有化工等企业的大量余热、废热可以利用。

热电厂是联合生产电能和热能的发电厂。联合生产电能和热能的方式，取决于采用供热汽轮机的形式。供热汽轮机类型有：

1）背压式汽轮机排汽压力（背压）高于大气压力，全部排气用于供热。机组不需要庞大的凝汽器和冷却水系统，构造简单、投资少、运行可靠。缺点是发电量取决于供热量，不能同时满足热、电负荷变动的要求。背压式汽轮机的热能利用效率最高，达 80% 左右，适用于热负荷全年稳定的企业自备电厂或有稳定的基本热负荷的区域性热电厂。

2）抽汽背压式汽轮机从汽轮机中间级抽取局部蒸汽，供必要较高压力品级的热用户，同时保留必需背压抽汽供热。它仍属于背压式机组的范畴，其经济性与背压式汽轮机相似，热、电负荷相互制约的缺点依旧存在。

3）抽汽凝汽式汽轮机从汽轮机中间级抽取局部蒸汽供热用户使用。分有单抽汽和双抽汽两种，后者是抽取两种压力的蒸汽供不同用户的蒸汽需求。该类型机组的优点是热、电负荷变化的适应性强，当热用户所需的蒸汽负荷突然降低时，多余蒸汽可以经过汽轮机抽汽点以后的末级继续做功发电。它适用于负荷变化幅度较大、变化频繁的区域性热电厂。其缺点是热经济性比背压式机组差，而且辅机较多，投资较大、热效率低下、运行成本高。

综上所述，以热电厂作为热源，实现热电联产，热能利用效率高。它是发展城镇集中供热、节约能源的最有效措施之一。实施时，应根据外部热负荷的大小和特征，合理选择供热汽轮机的形式和容量，以充分发挥其优点。

（2）热泵技术在供热中的应用

1）吸收式热泵

吸收式热泵供热的最大优点是充分利用冷凝器冷却水和汽轮机低压抽汽产生 130℃/

25℃的高温热水供热，不但合理利用了低品位热能，而且大大提高了供、回水温差（温差为 105℃），进一步提高了管网供热的输送能力，其节能效益和经济效益明显。

目前，吸收式热泵一般指溴化锂吸收式热泵。热媒可以是蒸汽也可是热水。主要由发生器、蒸发器、冷凝器、吸收器和节流装置等组成。在发生器中，溴化锂溶液被热水或蒸汽加热，水蒸发为水蒸气，再经过冷凝、蒸发等过程，实现制冷、制热。其中溴化锂溶液中的水为制冷剂。

利用吸收式热泵供热，已有不少实际工程，主要工作原理为：在热电厂首站，利用发电机组冷凝器中的冷却水（约 35℃）和汽轮机低压抽汽，通过吸收式热泵、板式换热器组合，产生 130℃/25℃ 的高温热水，向供热系统供热。各热力站同样通过吸收式热泵和板换组合，将 130℃/25℃ 的一级网热水交换成 65℃/50℃ 的二级网供回水温度供热。

吸收式热泵供热的热电厂首站和各换热站的工艺流程见图 8.2-1。

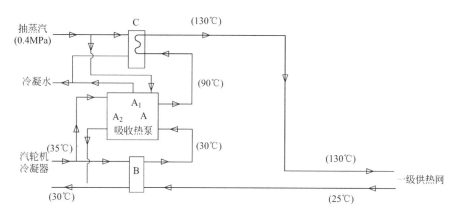

图 8.2-1　热电厂首站吸收式热泵机组流程

应该指出，溴化锂溶液在热泵循环过程中，其浓度必须在 58%～62% 之间，否则会结晶，这就限制了其优势的发挥。应该承认溴化锂吸收式热泵，不能算是最理想的热泵机组，要实现大规模的工业余热供热，必须开发更有效的热泵机组。

2）电动式热泵

电动式热泵的作用与吸收式热泵一样，在"双碳"目标下，结合风电、光电等已经成为北方地区供暖大力推进的政策。

8.3　集中供热系统热源的优化

8.3.1　集中供热系统的热媒

（1）热水热媒的特点

在集中供热系统中，以水作为热媒与蒸汽相比，有下述优点：

1）热能利用率高。由于在热水供热系统中没有凝结水和蒸汽泄漏，以及二次蒸汽的热损失，因而热能利用率比蒸汽供热系统高，实践证明，一般可节约热能 20%～40%。

2）可以改变供水温度来进行供热调节（质调节），又可以进行量调节，既能减少热网热损失，又能较好地满足变化工况的要求。

3）蓄热能力高，舒适感好。由于系统中水量多，水的比热大，因此，在水力工况和热力工况短时间失调时，也不会引起供暖状况的很大波动。

4）输送距离长，供热半径大，有利于集中管理。

（2）蒸汽热媒的特点

以蒸汽作为热媒，与热水相比，有如下优点：

1）适用面广，能满足多种热用户的要求，特别是生产工艺使用蒸汽要求。

2）与热水网路输送网路循环水量所耗的电能相比，汽网中输送凝结水所耗的电能少得多。

3）蒸汽在散热器或热交换器中，因温度和传热系数都比水高，可以减少散热设备面积，降低设备费用。

4）蒸汽的密度很小，在一些地形起伏很大的地区或高层建筑中，不会产生如热水系统那样大的静水压力，用户的连接方式简单，运行也较方便。

（3）热媒供热参数

热水供热系统热媒参数，目前国内城市集中热水供热系统的设计供水温度一般采用110～150℃，回水温度不应高于60℃。长输管线（自热源至主要负荷区且长度超过20km的热水管线）设计回水温度不应高于40℃。若采用吸收式大温差换热机组替代二次侧常用板式换热器，利用一次网供热水，作为驱动能源，可将一次网回水温度降低至20℃。

蒸汽供热系统的蒸汽参数主要取决于生产用热设备所需要的压力。

（4）其他

如管道内的最大允许流速等，必须符合现行国家标准《城镇供热管网设计标准》CJJ 34—2022的规定；连接锅炉房等热源的管网补水水质，应符合现行国家标准《供热工程项目规范》GB 55010的规定。

8.3.2 集中供热系统的热源形式

在集中供热系统中，目前采用的热源形式有：热电厂、区域锅炉房、地热、工业余热和太阳能等，最广泛应用的热源形式是热电厂和区域锅炉房。近年来，还出现了小型核能供热。

1）热电厂集中供热（本书略）

2）区域锅炉房

区域锅炉房供热系统属于热、电分产分供，与以热电厂为热源的热电联产的供热系统相比较，其热能利用率较低。区域锅炉房根据其制备热媒的种类不同，分为蒸汽锅炉房和热水锅炉房。但是，当符合下列条件之一时，应设置区域锅炉房：

① 居住区和公共建筑设施的供暖和生活热负荷不属于热电站供应范围的。

② 用户的生产供暖通风和生活热负荷较小，负荷不稳定，年使用时数较低，或由于场地、资金等原因，不具备热电联产条件的。

③ 根据城市供热规划和用户先期用热的要求，需要过渡性供热，以后可作为热电站的调峰或备用热源的。国内外的实践经验证明，区域锅炉房作为调峰与热电厂相结合的集中供热系统，可使热电厂运行达到最佳经济效益。

④ 蒸汽锅炉房。在工矿企业中，大多需要蒸汽作为热媒，供应生产工艺热负荷。因此，在锅炉房内设置蒸汽锅炉和锅炉房设备作为热源，是一种普遍采用的形式。根据以蒸汽锅炉房作为热源的集中供热系统的热用户使用热媒的方式不同，蒸汽锅炉房可分为两种主要形式，即向集中供热系统的所有热用户供应蒸汽的形式，以及在蒸汽锅炉房内同时制备蒸汽和热水热媒的形式。通常蒸汽供应生产工艺用热，热水作为热媒，供应供暖、通风等生活用热。热水锅炉房。在区域锅炉房内装设热水锅炉及其附属设备直接制备热水的集中供热系统。

8.4　锅炉控制的作用、任务、难点与策略

8.4.1　锅炉全程优化控制的作用

（1）减少供暖对 $PM_{2.5}$ 的影响。

北京大学陈松蹊教授带领团队，研究 5 年来（2010—2014 年）北方雾霾和供暖之间的关系（论文发表在英国皇家学会会刊 *Proceedings of the Royal Society A*），发现冬季供暖会使得 $PM_{2.5}$ 浓度增加 50% 以上，显著地加重了冬季空气污染。可见供暖对 $PM_{2.5}$ 的影响很大。

（2）燃煤锅炉是耗能大户，节能减排潜力很大。

2022 年我国原煤消耗了 42.8 亿 t，能源消耗巨大。

我国现在已经是世界上最大的能源生产国和消费国，但基于"富煤、贫油、少气"的能源资源特点形成了以煤为主的能源消费结构的现实，在我国能源消费结构中，煤炭以外的能源比重比发达国家低 30% 以上；而且，我国以煤为主的能源结构在较长时间内难以改变。

所以，燃煤锅炉是耗能大户，节能减排潜力很大。

（3）我国目前"清洁燃煤供暖"仍然是"清洁供暖"的重点工作之一

清洁供暖的定义应该是：采用清洁能源或高效能源系统，达到低能耗、低排放的供暖方式，它应该包括以降低供暖能源消耗和污染物排放为目标的供暖全过程，包括清洁供暖能源、高效输配管网和高性能节能建筑 3 个环节。

根据中国建筑科学研究院在 2017 年 5 月对中国北方城镇地区供暖热源现状的调查：供暖热源仍然为以燃煤为主，燃气、电、余热废热、可再生能源供暖为辅助的基本体系。当前我国北方地区 90% 的供暖是燃煤，根本改变以煤为主的供暖形势绝非短时期能够实现。因此，供暖的"清洁能源"，除了天然气、电热外，采用洁净煤技术实现供热厂环境清洁无污染、污染物排放达标的燃煤供暖技术，也应该属于"清洁能源"。

所以，清洁供暖应该："宜电则电，宜气则气，宜煤则煤"！实际上，我国目前发电也是以煤为主，所以"宜电则电"实质上主要还是"宜煤则煤"，只不过把燃煤迁到了离城市很远的地方；同时，"清洁供暖"还必需低成本，这样居民才可承受，这也是"宜煤则煤"的关键因素。因此，基于电暖的价格，其只能在一些特别的地方，例如电产过剩之处，或者需要把污染外移的地方，如北京等特殊城市或者特殊区域使用。

因此，在未来较长一段时间内，"清洁供暖"的重点工作，实质上还是必须放在"清

洁燃煤供暖"。

8.4.2 "清洁燃煤供暖"的难点和现状

虽然我国的燃煤电厂现在的排放控制已经能够达到甚至超过燃气排放标准要求的水平，但是如果只抓煤电，而不管将近消费我国煤炭 50% 的其他热煤用户，不解决另外 50% 燃煤用户（包括工业锅炉和供热锅炉）的超低排放和节能减排，我国的大气污染和碳减排问题是无法根本解决的。而且，工业锅炉和供热锅炉的工作条件、设备等级和管理机构及人员配备等远比电站锅炉差得多，特别是供热锅炉季节性运行，大量采用季节工，条件就更差了。

所以不能把电站锅炉成功的控制经验简单用于供热锅炉，也不能把燃气锅炉和煤粉锅炉的控制简单用于层燃锅炉。

供热锅炉全工况化节能工艺和控制都在不断改进，请见文献 [2] 和 [22] 等。

8.5 供热系统多热源联网优化运行

多热源联网优化运行，能够发扬各种热源的优点，而且符合我国煤多、天然气少的国情：发电厂全年大量高效烧煤以实现热电联产，而供热锅炉短期烧天然气以补充高供暖负荷。这样，节能效益、环保效益和经济效益都非常可观！供热系统多热源联网优化运行，既可以采用常规控制和管理，也可以采用智能控制和管理。如果采用智能控制和控制和调度，可以取得更好的效果。这里主要介绍多热源联网的必要性和主要工作内容[23]。

8.5.1 多热源联网的必要性

近年来，由于对生态、环保的重视以及能源供应的紧张，人们在探讨各种能源利用的同时，在供热界展开了何种供热方式最佳的讨论。

在我国，只要以煤为主的能源格局不改变，那么就全国范围而言，集中供热显然应该是供热的主要方式，这是不言而喻的。但现在的当务之急，应该把更多的注意力放在"如何保持和提高集中供热在市场经济中"的竞争优势上，因为"龙头老大"的地位是"争来的"不是"封下的"。提高集中供热的竞争优势，可以有很多措施，多热源联网就是其中的一项重要措施。

（1）充分发挥节能优势、提高供热的经济性

供热负荷通常分为基本负荷和尖峰负荷。我国北方采暖地区，供热天数大致在 3 至 6 个月左右，其中大部分时间运行在基本负荷下，只有 1 个月左右的时间运行在尖峰负荷下。虽然尖峰负荷全年的运行时间少，但它的小时热负荷值却很大，一般要占到设计热负荷（即最大热负荷）的 20%～50% 左右。对于单热源的供热系统，为了保证尖峰热负荷的需要，通常供热设备要设置相当大的装机容量，这是集中供热投资大的一个重要原因。

如果把单热源供热系统改造为多热源联网系统，由主热源担负基本热负荷，由尖峰热源承担尖峰热负荷，这样不但可以减少庞大设备进而减少初投资，而且可以使更多的设备在满负荷即高效率下运行，其节能效果及降低运行成本的效果是非常显著的。特别对于以热电厂为主的多热网联网供热系统，一般热电厂承担基本负荷（热化系数多为 0.5～0.8），

更能充分发挥其高效节能的优势，多年运行实践都证明了这一点。

北京市拥有全国最大的供热系统，2000年开始实行多热源联网运行。华能热电厂为主热源，供暖季全时运行，担负728Gcal/h的基本负荷，烧煤高效，热力集团购进热价12.8元/GJ；其他调峰供热厂，不再全供暖季运行，只是室外温度低于−4℃启动，全年只运行一个多月时间，均烧天然气，生产成本近80元/GJ。可见多热源联网实现了大量高效烧煤、少量烧天然气，这样既符合我国煤多、天然气少的国情，而且节能效益、环保效益和经济效益都非常可观。

（2）提高了供热系统的可调性和可靠性，改善了供热效果。多热源联网的供热系统，由于系统规模大，通常多设计为环形网，并在环网干线上配置调节阀门，这样无论热源还是管网，都增加了互补性，一旦出现故障甚至事故，都不必停运维修，只要通过正确的适时协调、调节调度，就可以达到供热需要，这种通过提高供热系统的可调性和可靠性，进而改善供热效果，是多热源联网的独特优势。

（3）促进高新技术的应用，提高管理运行水平。燃煤的集中供热系统，为了提高系统的能效，其发展趋势仍然是我们一贯坚持的扩大供热规模、提高锅炉热容量、实现大型集中供热。现在，全国范围内，锅炉容量为29MW、56MW，供热面积在几百万平方米以上的供热系统越来越多。在这种情况下，如何克服粗放经营？如何提高管理运行水平？进而提高市场经济的竞争能力？唯一的出路就是从设计、施工安装到管理运行加大供热系统的技术含量。当前，紧迫的任务，就是大型集中供热系统，应尽快实现多热源联网运行，在此基础上实行计算机自动监控、变频调速、信息管理、优化调度、计量收费等高新技术，我国的供热事业才能在经济、可靠和有效的目标中健康发展。

8.5.2 协调运行的基本原则

对于多热源联网的供热系统，往往都是比较大型的，其供热面积常常在几百万平方米以上。一般系统构成也比较复杂。除多个热源外，常有多种类型热负荷的需求；在连接方式上，可能既有间接连接，也有直接连接，还有不同功能的增压泵、混水泵。在这种情况下，为供热系统的合理运行提出了许多新课题：各热源是同时启动，还是递序启动？是联网运行还是摘网运行？同样，各泵站中水泵何时启动、何时关停？是起增压作用还是混水作用？在热源、水泵的不同工作状态下，系统的运行工况能不能满足用热的需求？所有这些问题，都应该通过管理层的协调运行来解决。根据这些年国内外运行实践，笔者认为在制定系统协调运行方案时，必须遵循以下3条基本原则。

（1）热量平衡

制定各热源协调运行方案，主要目的是确定哪个热源是主热源，哪些热源是调峰热源，各热源承担的供热量是多少，以及各热源的启动时间和运行时间。

确定多热源协调运行方案的基本依据是热量平衡，这里所说的热量平衡，应该包括3个涵义：

1）在供热期间，各热源总供热量应等于热用户总需热量；

2）在各个不同外温区段，各热源的小时供热量之和应等于同一时段内热用户的小时需热量之和；

3）在同一时段，每个热源的小时供热量应等于该热源所承担的用户的小时需热量。

在进行热量平衡的过程中，应详细绘制当地的供热负荷延续图。根据各热源的产热设备（热电厂的供热站或锅炉房的锅炉）的供热能力，结合供热负荷延续图给出的不同外温下的需热量，制定协调运行方案。总的原则是主热源承担基本热负荷，并在整个运行期间，力争全时满负荷运行。无论是主热源，还是调峰热源，各个产热设备，凡是成本低、能耗少、效率高的应优先投运，并尽可能地延长其运行时间，以提高其经济性。为了更科学、更有效的进行协调运行，通常借助优化理论编制的软件完成优化计算。笔者采用遗传算法，编制了多热源联网优化运行软件，取得了很好效果。这种遗传算法是近年来在国内外得到迅速发展的一种最优化理论，它属于并行算法，即在同一时刻，可从多个方向进行搜索，不但寻优速度快，而且避免了繁杂的数学建模。将这种优化算法，移植于多热源联网的运行方案制定上，一定有广阔前景。

多热源的产热设备其供热量常常与热用户的需热量不相匹配，特别是在供暖初期和末期，经常出现供热量多于需热量的情形，造成不必要的能源浪费。在这种情况下，国外多采用储热罐，将多余热量储存起来，在用热需求增加时，添补热源的供热量。这种储热罐，在储热时相当于一个热用户；在对外供热时，又相当于一个热源。因此，储热罐的运行方式，应该在多热源协调运行方案的制定过程中一并考虑。例如，北京热力集团基于上述原因，正在多热源的供热系统上增设一个 $6000m^3$ 的储热罐，届时，节能的方式又将增加一种新的手段。

（2）流量平衡

多热源在协调运行方案的指导下运行，供热系统的总供热量与总需热量和小时总供热量与小时总需热量的平衡比较容易实现，但各热用户的小时供热量与小时需热量的平衡却比较难实现，这里存在一个总供热量与总需热量平衡时，各热用户还要完成一个供热量再分配的问题。一般情况下，各热用户的供水温度是相等的（忽略管网温降），这时决定供热量是否满足需热量，主要取决供水量。因此，要想全面实现热量平衡，还必须进行流量平衡。这里所说流量平衡，应该包括两层涵义：①供热系统各区段总实际循环流量应该等于该区段的理想流量；②各热用户的实际循环流量应该等于该热用户的理想流量。

所谓理想流量，在设计工况下即为设计流量；在非设计工况下，则是最佳循环流量。

对于多热源联网供热系统，实现各区段的实际循环流量与理想循环流量的平衡，其目的是有效划分各热源的供热区段或供热范围。核心技术手段是确定供热系统的水力汇交点。水力汇交点一般有两种情况：一种情况是该点流体处于静止状态（通常为某一干管）；一种情况是该点成为两股流体相向流动的汇交点（一般在干管三通处）。对于均匀流动的单环供热系统，一般几个热源联网就有几个汇交点（对于多环网，每个环网至少有一个汇交点）。汇交点类似于关断阀门，相当于把一个多热源的联网系统解列为多个单热源供热系统，每个热源承担一定范围的供热面积。因此，在多热源联网时，总供热量与总需热量平衡的条件下，只要水力汇交点能按设计意图选取，那么各热源所承担的区段供热量一定会与该区段的需热量相平衡。

热用户实际循环流量与理想流量的平衡，要通过流量调节来实现：在设计工况，通过初调节实现；在非设计工况，则要通过中央和局部的变流量调节来完成。

（3）压力平衡

在现实的供热系统中，不可能在各环路、各支线都安装流量计，因此，用流量计的测试数据判断是否达到流量平衡是困难的。但是，流量和压力两个参数存在着确定的函数关系，而且其变化值的反应速度非常快，等于声音在水中的传播速度，即流量、压力的变化，可以在 1s 内传递到 1km 远的距离。因此，采用压力平衡，间接判断流量是否平衡，不但直观、有效，而且快速，是非常理想的。

多热源联网供热系统，实现压力平衡要完成的主要内容为：①使设定汇交点处的区段供水压力最低，回水压力最高；②热用户（含热力站）的实际资用压头等于其理想资用压头；③各热源承担的分区供热系统，其各个恒压点压力必须在设定的数值下运行。

上述的第①条，是为了说明采用压力平衡，寻找系统汇交点的方法；第②条是借用满足用户资用压头平衡来实现热用户流量的平衡；第③条则是保证全网压力稳定进而实现各热源间流量均匀分配的重要措施。

8.5.3　多点补水与多点定压

对于单热源供热系统，一般只有一个补水点，一个定压点；对于多热源联网供热系统，情况比较复杂：最常见的是有几个热源运行，就有几个补水点补水，几个定压点定压；当主热源单独运行时，常因其自身的补水量不足，需要其他热源同时补水定压。因此，多热源联网运行，一个重要特点是多点补水和多点定压。当然，也有特殊情况，当主热源补水量充足时，只主热源单点补水、单点定压的情形。

对于多热源的单点补水、单点定压，其操作方法和单热源的单点补水、单点定压基本上没有什么区别。这里主要讨论多点补水和多点定压的情况。在以往多热源联网运行时，往往各热源的分系统循环流量出现过大的不平衡现象（有的热源循环流量过大，有的热源循环流量过小）以及系统倒空、串气现象。这些故障的发生，基本上都是因为多点补水、多点定压的设计不合理或运行操作不当造成的。因此，多点补水与多点定压的正确设计、合理运行对于多热源联网供热系统实现流量平衡具有重要意义。

（1）多热源联网供热系统具有多个恒压点

对于单热源供热系统，具有唯一的恒压点，其位置在最靠近热源的最高建筑物的回水干管连接点上。该恒压点的压力值即静水压线值，应等于最高建筑物高度与供水温度相对应的饱和压力之和。对于多热源联网供热系统，由于水力汇交点的存在，实际上以汇交点为界，把多热源联网供热系统分成了若干个（由热源个数确定）单热源供热系统，这样，原来的最高建筑，现在只属于其中的一个单热源供热系统，而其他的单热源供热系统，将各有一个新的最高建筑。由于每一个单热源供热系统有一个唯一的恒压点，从而导致多热源联网供热系统有若干个恒压点。虽然各个单热源供热系统都具有相同的静水压线即同值恒压点压力，但在运行过程中，每个分系统都以各自的恒压点为轴心，呈现不同的水压分布（即水压图，见图 8.5-1）。从图 8.5-1 中看出，只主热源（热源 1）运行时，水压图为实线（只画出热源 1、2 之间的水压图），这时的恒压点为 O_1；当热源 1、2 同时运行时，水压图由虚线表示，则此时有两个恒压点 O_1 和 O_2。由此说明，在整个运行季节，随着室外温度的变化，供热系统联网运行的热源数目也随着变化，系统恒压点的数目也跟着变化，导致系统水力工况的变化更加繁杂。在多热源联网供热系统中，了解其具有多个恒压点这一特性，对于正确分析水力工况和正确确定多点补水定压方式显得至关重要。

（2）多点旁通定压

人们通常把供热系统循环水泵的入口点作为系统恒压点，然而这是不对的。只要细致观察循环水泵入口点，在循环泵运行与停止状态下，其压力值不是定值就是证明。基于这种误解，把循环水泵入口点作为系统定压点定压也是不对的。对于供热规模较小、热用户建筑简单的单热源供热系统，上述作法可能不致造成太多故障，但对于多热源联网的供热系统，就必须谨慎处理了。因为由图 8.5-1 可知，在所有热源循环水泵停运状态下，各个循环水泵入口点的压力都相等，即为静水压线值；此时热源 1 循环水泵入口点压力值由 a_0 表示；当只有热源 1（即主热源）启动运行时，该循环泵入口点的压力值降低变为 a_1；当热源 1、2 联网运行时，热源 1 循环水泵入口点的压力变为 a_2，此时 a_2 压力值大于 a_1 压力值，热源 2 循环水泵入口点压力为 b_2，其值低于静水压线值。从这里可以看出：不同的运行工况，各个热源循环水泵入口点的压力值不同，其值首先取决于该系统恒压点的位置距热源的距离，其次取决于该恒压点至热源回水干线的压力降。对于多热源的联网运行，由于运行的热源数目和恒压点数目、位置以及管网流量分布都是变数，导致各热源循环水泵入口点的压力随时都是变动的，因此，采用该入口点进行定压点定压，势必造成定压的失真、失控，对系统的安全性形成严重威胁。

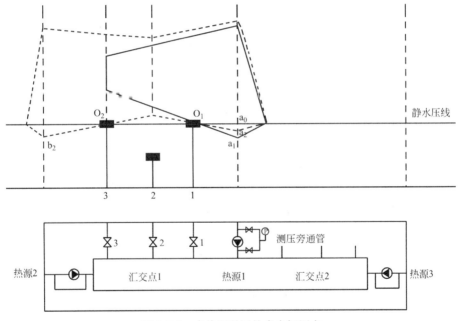

图 8.5-1　多热源联网的多个恒压点

注：右端水压图略

对于多热源联网运行的供热系统，正确的方法应该采用多点旁通同值定压。具体作法是：在各热源循环水泵的进出口设置旁通测压管（直径在 $DN25 \sim DN40$ 之间），检测旁通测压管上安装的压力传感器，通过对系统补水量的控制（补水泵最好选用变频调速控制），使旁通测压管上的压力传感器的压力始终保持静水压线值。这种定压方式的优点，是在旁通测压管上控制系统恒压点压力，从而回避了热源运行数目不同进而引起系统恒压点变动的复杂性，不但准确、简便，而且安全可靠。

当地形平坦时，只要压力条件允许，不管有多少定压点和补水点，最理想的是采用同值定压，即各个定压点都维持同一数值的静水压线值。当地形高差大，不能实现同值定压时，可采用异值定压，即建立两个或两个以上的静压区，其方法见参考。为了便于控制，补水点应靠近定压点。由于循环水泵的入口点通常是系统压力的最低点，为便于补水，补水点常常设在该点的附近。但必须注意：循环水泵入口点的压力不宜过低，除防止系统倒空外，还应避免其压力值低于补水箱的高度，进而造成补水失控。预防的措施是，调整旁通测压管上的调节阀门（前提是压力传感器的压力值不变），使循环水泵入口点压力保持在允许范围内。这种调节是在供热系统试运行期间完成的，不必在运行过程频繁操作，因而简单方便。

8.5.4　系统的工况调节

在多热源联网的供热系统中，工况调节，包括水力工况调节和热力工况调节。水力工况调节指的是在各种工况下实现系统的流量平衡，亦即压力平衡；热力工况调节，是指在各种工况下，实现系统热量平衡。供热系统的运行工况，主要包括设计工况、调节工况和事故工况：在设计外温下，按照设计负荷、设计流量运行的工况称为设计工况；在其他外温下，按照既定的调节方式，以理想负荷、理想流量运行的工况称为调节工况；在事故状态下，满足最大需求的运行工况称为事故工况。在多热源联网运行中，随着室外温度的不断变化，热源的运行数目（包括机组的台数）也跟着变化，因此工况的变动将更加复杂。在这种情况下，正确掌握工况变动规律，实施合理的调节，满足供热需求，就显得更为重要。

（1）根据多热源环网结构特点，实施调节

多热源联网特别是多热源环形联网供热系统，第一个结构特点是具有中和点即水力汇交点，其个数可由如下公式表示：

$$1 \leqslant M \leqslant R + H - 1$$

式中，M——水力汇交点的个数；

R——热源的数目；

H——系统环形回路的个数。

对于树枝状双热源供热系统，有一个水力汇交点；具有单热源一个环形回路的供热系统也只有一个水力汇交点；当热源、热负荷分布均匀时，水力汇交点的数目将等同热源的数目。多热源联网水力工况调节，首要的任务，就是根据设计方案，调整水力汇交点，其他调节应在此基础上进行。

多热源环形联网供热系统的第二个结构特点是其拓扑结构的特殊性[2,5]。按照图论网络理论，对于单热源树枝状供热系统，其热用户数即等于拓扑结构的连支数，即热用户数的流量是独立变量，只要所有热用户的流量确定，则整个系统各管段的流量可确定。换句话说，当系统结构确定后（管长、管径及阀门阀位一定），按照一定方法，只要对各热用户进行调节，即可达到其理想流量的数值。但多热源环形联网供热系统，则有明显区别：除任意一个热源外，其他热源和所有热用户皆为拓扑结构的连支，每一环形回路还必须有任意一双供回水干管为连支，才能组成全部连支向量。这就是说，除一个热源外，其他热源和热用户的流量都是独立变量，但要想确定整个供热系统各管段的流量时，还必须让每一环形回路上的一双供回水干管的流量成为独立变量，若从流量调节的角度考虑，要想使各个热用户达到要求的流量，除了对各热用户进行调节外，还必须同时对每一环形回路上选定的一对供回水干管实施调节，目的才能实现。了解多热源环形网的上述结构特点，减少其工况调节的盲目性是至关重要的。

（2）水力工况调节

水力工况调节的目的，就是实现不同调节工况下的系统流量平衡，即压力平衡。总结多年的理论分析和运行经验，调节方法可采取以下步骤进行：

1）首先制定全年运行方案：根据室外气象资料，确定初寒期、寒冷期和严寒期各个热源的运行时间、承担的供热负荷数量以及相应时间下起运的机组（发电机组或锅炉台数）台数。在此基础上，拟定循环水泵、增压泵、混水泵的运行方案，落实运行台数、运行流量和扬程大小，并制定系统水力汇交点的位置。上述运行方案的制定，最理想的方法是通过优化调度程序软件进行；如果条件不具备，可在工程设计的基础上，尽量做到量化性的估算。

2）调整系统工况，按既定的水力汇交点运行。这是实现系统流量平衡最关键的一步措施。因为只有水力汇交点调整到位，才能表明系统按计划分割（多热源联网系统分割为若干个单热源的分系统）完成。这时，各热源与所承担的热用户，其总循环流量才算达到了供需平衡。当然，在进行这一步的现场操作前，系统的定压必须正常，各循环水泵和其他功能水泵其运行台数和主要参数必须和预先制定的运行方案相一致。

整定系统水力汇交点，有多种调节方法，但最简便快速的方法是缓慢调节环形回路中供回水干管上的阀门，使设定中的水力汇交点处的供水干管上的压力值最低、回水干管上的压力值最高（在相邻区段内）；如果满足了上述压力参数的要求，则该点必定为设定的水力汇交点。当然在调节干管阀门的过程中，各热源循环水泵的主要参数也会有所变动，应相应进行适当调节。

在整个供热系统运行期间，随着热源投运的数目变化，系统水力汇交点的个数和位置也随着变动。但系统水力汇交点不必频繁的进行人工整定，只是在有数的几次大的工况变动（如热源或产热机组投运的变数大）时作适当的调整。在正常运行中，当各热源的供水温度相同时，主要监控各热源的总回水温度是否相同；如果总回水温度出现不一致，再进行水力汇交点的调整。图 8.5-2 给出了热源变动情况下，系统水力汇交点的调整示意图。

根据上面介绍的原理，采用计算机进行实时采样、数字化分析和控制，这些都会变得很方便。

3）调整热用户流量，实现供需平衡。在系统水力汇交点的调整工作完成后，一个多热源联网环形供热系统就变成了若干个单热源的树枝状供热分系统。此时系统热用户的流量调节即水力平衡问题，就变成了人们相当熟悉的技术问题了。在计量收费的前提下，在室内系统散热器旁设置的恒温阀，是热用户流量调节的核心设备。与之配套的手动平衡阀、自力式平衡阀（限流阀）、压差调节阀和电动调节阀的作用都是为恒温阀创造一个良好的工作条件。对于手动平衡阀，国外有补偿法、比例法，国内有模拟分析法、计算机法和快速简易法等调节方法可采用，一般都能达到良好效果。

（3）热力工况调节

热力工况调节，实际上是通过对供热系统供、回水温度和系统循环流量的调节，实现

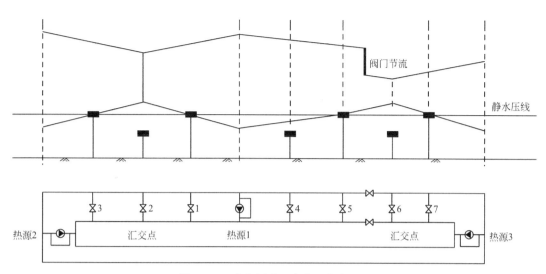

图 8.5-2 多热源联网水力汇交点调整

供热量的调节，达到供热量与需热量的平衡。在实际运行中，着重进行热源和热力站（或热用户入口）两级调节。只要供水温度按照设计的调节曲线运行，在热用户系统只进行局部的流量平衡调节，即可实现供热量调节的目的。

热力工况调节主要有质调节（即定流量调节）、质量并调（变流量调节）等方法。质调节只调节一、二次网的供、回水温度；质量并调则既调节一、二次网的供回水温度，又调节一、二次网的循环流量。质调节简单易操作，但不节电。质量并调不但节电，而且从室内系统消除垂直失调而言，是最佳的调节方法。实施计量收费的供热系统，应该优先采用质量并调。特别在变频调速技术相当成熟的现在，更应如此。热用户室内系统的形式（单、双管系统）不同，质、量并调的调节曲线也不同，但参数的计算值差别不是很大，在热源和热力站，可只按其中一种系统形式（如按双管系统）的调节曲线进行调节，调节偏差可由室内的恒温阀的调节作用提供补偿。

对于多热源联网，各热源应采用同一种调节方法，即采用相同的温度流量调节曲线，保证在同一室外温度下，各热源都有相同的供水温度。为实现这一点，除锅炉实行燃烧自动控制外，在热源处通过旁通管进行供回水的混合也不失为一种适用的供水温度调节方法。

实现各热源供水温度的一致性，主要为了便于运行管理。当各热源供水温度出现不一致时，系统的联网同样能安全运行。如果系统做到了流量平衡，则各热源的总回水温度也出现不一致，但各热源的供回水温差将相同。出现事故工况，当某一热源或某一干管不能正常运行时，将按事故工况进行调节。此时，常常采取提高某个热源（无事故）的供水温度，以最大限度减少供热量的不足，这种措施，往往能收到理想的效果。

第9章 空调供暖系统全工况 舒适节能优化与智能控制

9.1 空调供暖系统全工况舒适节能优化控制的目标、内容和分类

9.1.1 空调供暖系统全工况舒适节能优化控制的目标

空调供暖要实现全工况舒适节能，就必须进行自动控制，而且最好采用智能控制，以更好地适用空调供暖系统参数非线型和多变等特性，从而减少甚至实现自动优化调适和补偿。自动控制，特别是智能控制必须应用数字化处理。

前面主要介绍了空调供暖系统的特点和全工况舒适节能的目标、设备、调节方案等的优选，以及调节特性优化，从而为控制系统提供良好的"基因"，有利于自动控制系统的优化和简化。这对常规控制是必须的，对智能控制则可以降阶简化，而且提供了必要的初使参数，确保开机就能够正常运行，然后根据运行数据进行智能优化。所以，自动实现更高水平的全工况舒适节能，仍然是智能控制的目标！不管用了什么高级或高价的"智能控制系统"，如果不能自动实现更高水平的全工况舒适节能优化，都只是把"空调供暖智能控制"作为广告噱头而已。

例如，一个地区的供热系统就是一个大企业，分布式空调供暖输配系统本质上就是"网络化分布式生产设施"，我们应该借国家政策的东风，推动人工智能与空调供暖行业"融合创新"，培养"人工智能＋空调供暖"的"复合专业"人才，在空调供暖行业逐步实现"生产设备网络化、生产数据可视化、生产过程透明化、生产现场无人化，提升工厂运营管理智能化水平"。

人工智能的含义非常广泛，其中生产过程的智能控制是人工智能的重要应用。随着数字化技术的发展以及物联网、互联网的推广应用，智慧建筑能源系统（包括供暖、通风与空调系统）正不断获得广泛的应用。

本章讨论空调供暖自动控制，而不是泛泛的自动控制，所以首先必须熟悉空调供暖系统的特点和空调供暖控制的内容与目标，以便在学习自动控制、空调供暖控制、空调供暖智能控制时，特别注意研究空调供暖系统的特点，并使自动控制适应空调供暖系统的特点，从而真正实现空调供暖控制的目标。至于完整的自动控制理论，请参考有关自动控制、智能控制、人工智能等的专著。

只有充分发挥空调供暖专业自身知识的优势，抓住空调供暖系统的特点，确定全工况优化的空调供暖工艺方案和全工况优化的空调供暖工艺参数，并与控制专业一起，确定全工况优化的空调供暖控制方案，将复杂的控制系统进行分解、降阶，才能使空调供暖智能

控制变得简单、适用、经济、可行。

所以，全工况优化的空调供暖工艺方案和全工况优化的空调供暖工艺参数是空调供暖智能控制成败的前提或"基因"。当然，要实现全工况优化空调供暖的目标，也离不开全工况优化的控制方案和全工况优化的控制参数，离不开计算机。简言之：实现全工况优化空调供暖是目标，全工况优化的空调供暖工艺方案和工艺参数是前提，全工况优化的空调供暖自动控制方案和控制参数是手段，计算机、互联网、大数据、人工智能等都是工具！

请特别注意"全工况优化"五个字。"全工况优化"表示"全过程/全年/全范围的静态优化与动态优化"，这是与传统设计（通常只考虑设计工况）不同之处！用计算机进行设计和控制就应该努力做到全工况优化，也只有采用计算机才可能做到全工况优化，同时，只有自动实现全工况优化才能算空调供暖智能控制。

在研究和实施空调供暖智能控制时，空调供暖与控制专业人员必须互相尊重、互相学习、互创条件、紧密结合、"融合创新"；争取更多人才能够成为"人工智能＋空调供暖"的复合专业人才。

9.1.2　空调供暖自动控制的工作内容

在生产和科学技术的发展过程中，自动控制起着重要作用。自动控制的含义是十分广泛的，表达的语意也不少，例如：没有人的直接干预而能使设备、过程自动运行并达到预期效果的一切技术手段，都可称为自动控制。

2017 年 7 月，国务院正式印发了《新一代人工智能发展规划》（下简称《智能规划》），为人工智能指明了方向：

"推动人工智能与各行业融合创新""形成'人工智能＋X'复合专业培养新模式""大规模推动企业智能化升级""推广应用智能工厂""重点推广生产线重构与动态智能调度、生产装备智能物联与云化数据采集、多维人机物协同与互操作等技术，鼓励和引导企业建设工厂大数据系统、网络化分布式生产设施等，实现生产设备网络化、生产数据可视化、生产过程透明化、生产现场无人化，提升工厂运营管理智能化水平""大力研发智能计算芯片与系统"等。

实施《智能规划》，对于空调供暖全工况舒适节能优化控制，就必须全工况自动完成以下具体工作内容：

（1）自动检测和显示，实现过程的可视性

自动检查、测量和显示反映热工过程运行工况的各种参数，如温度、流量、压力等，以监视热工过程的进行情况和趋势，及时检测参数，了解系统工况。当下的空调供暖系统，由于普遍不装或仅装少量遥测仪表，调度很难随时掌握系统的水压图和温度分布状况，结果对运行工况"情况不明，心中无数"，致使调节处于盲目状态。实现计算机自动检测，可通过遥测系统全面、及时测量空调供暖系统的温度、压力、流量等参数。由于空调供暖系统安装了"千里眼"，从而"实现生产设备网络化、生产数据可视化、生产过程透明化"，运行管理人员即可"居调度室而知全局"，全面了解空调供暖运行工况，同时，自动检测是一切调节控制的基础。

（2）自动顺序控制

根据预先拟定的程序和条件，自动对设备进行一系列操作。例如，顺序启动过程的控制等。

（3）自动故障诊断、预测与保护

在发生故障时，能自动报警，并自动采取保护措施，以防事故进一步扩大或保护设备使之不受严重破坏。

智能控制系统必须及时诊断、预测故障，确保安全运行。目前我国在空调供暖系统方面尚无完备的故障诊断系统，系统故障常常发展到相当严重程度才被发现，既影响了正常空调供暖运行，也增加了检修难度。计算机监控系统可以配置故障诊断专家系统，通过对空调供暖系统运行参数的分析，即可对热源、热力网和热用户中发生的泄漏、堵塞等故障进行及时诊断、及时指出、预测故障位置，以便及时检修，保证系统安全运行。

当然对于计算机监控系统本身也可必须进行故障诊断，发现问题，及时处理。最简单的方法是利用"看门狗"自动重新启动计算机；对于局部执行级还可用上位机监督——自动重新启动。

（4）自动调节

有计划地调整热工参数，使热工过程在给定（常规控制）/最佳（智能控制）的工况下运行。

任何过程，为满足生产的需要，保证生产的安全、经济，就要求热工过程在预期的工况下进行。但由于各种因素的干扰和影响，必须通过自动调节，克服因干扰而产生的偏离。

例如，合理调节流量，消除空调供暖而冷热不均。对于一个比较复杂的空调供暖系统，特别是多热源、多泵站的空调供暖系统，投运的热源、泵站数量或投运的方式不同，用户端的使用情况变动，对系统水力工况的影响也不同。因此，消除水力工况失调的工作，不可能仅仅依靠系统投运前的一次性初调节一蹴而就。这样，系统在运行过程中，手动调节阀将无能为力。许多情况下，自力式调节阀也无能为力。因此，只有计算机监控系统可随时通过调节阀或者变频泵，自动调节供水流量和/或供水温度，达到流量、热量的优化分配，进而消除冷热不均，实现全工况舒适节能。

通常，自动控制的定义范围比自动调节广。自动调节是最常用的一种自动控制职能，自动控制的稳定性理论实际上通常指自动调节的稳定性理论。所以，往往把自动调节也称为自动控制。许多文献也把自动调节称为自动控制。

（5）优化调度

合理匹配工况，保证按需空调供暖。空调供暖系统出现热力工况失调，除因水力工况失调外，还有一个重要因素：对于集中控制系统，总空调供暖总热量与当时提供的总热负荷不一致，从而造成全网的平均室温偏高或者偏低。当"供大于需"时，空调供暖量浪费；当"需大于供"时，影响空调供暖效果。在手工操作中，保证全工况按需空调供暖是相当困难的。多热源系统的优化调度就更复杂了。计算机监控系统可以通过软件开发，配置空调供暖系统热特性识别和全工况优化分析程序。例如，可以根据前几天室外天气状况、空调供暖系统的实测供回水温度、循环流量和室外温度等，预测当天的最佳工况（供回水温度、流量）匹配，进而对热源和热力网实行智能控制或运行调度。从而实现《智能规划》提出的"提升工厂运营管理智能化水平"。

（6）健全运行档案，实现量化管理，积累大数据，为空调供暖智能控制提供机器学习

的资料

由于计算机监控系统可以建立各种信息数据库,能够对运行过程的各种信息数据进行分析,根据需要显示、打印运行日志、水压图、气耗、水耗、电耗、空调供暖量等各种运行控制指标。还可存贮、调用供回水温度、室外温度、室内平均温度、压力、流量、故障记录等历史大数据,以便查巡、研究和控制系统进行智能学习。由于计算机的能力大大提高,因而可健全运行档案,为量化、优化管理的实现提供了物质基础。

由于我国空调供暖系统的智能控制和智能管理往往跟不上空调供暖规模的发展,大多数系统仍处于半手工、手工操作阶段或局部自动控制阶段,从而影响了集中空调供暖优越性的充分发挥。主要反映在:缺少全面的参数测量手段和空调供暖大数据积累,难以对运行工况进行系统的分析判断;系统工况失调难以消除,造成用户冷热不均,仍然是造成浪费的主要原因;空调供暖系统未能在最佳工况下运行;不能预警和及时诊断报警,影响可靠运行;数据不全,难以优化、量化管理等。所以智能控制和智能管理大有发展的空间。

9.1.3　自动控制的分类与发展过程及控制策略简介

自动控制的分类和发展过程见表 9.1-1。

(1) 最早出现的常规模拟控制

常规模拟控制采样模拟器件,线路复杂、体积大、价格高,通常一个控制回路只能控制一个单变量,即单参数(如温度、压力、流量等)。例如,20 世纪 60 至 70 年代,一个基地式 PID 控制器的体积大约 $500mm \times 500mm \times 500mm$,一个普通人抱起很费力,价格大于当时一个工程师一年的工资。同时,开始出现常规控制理论。

(2) 常规数字控制

随着数字芯片—特别是计算机/单片机—的出现,常规数字控制飞速发展,可以方便的实现各种复杂控制,可进行优化控制,多变量组合控制——如本书第 2 章介绍的全工况舒适节能恒扩展体感温度控制。

由于双向数字通信的出现,出现了分布式常规控制系统;常规控制理论也进行了许多改进,通常称为现代控制理论。可以说,这是一种常规控制向智能控制的过渡过程。

(3) 智能控制(后文具体表述)

控制原理的分类和发展　　　　　　　　　　　　表 9.1-1

分类及发展		上层	中层	底层/局部/执行
常规控制	模拟控制			独立,单参数模拟量控制
现代控制	数字控制 独立式			独立,单/多变量控制,可局部优化
	分布式	中央管理系统	中间监督管理(可选)	独立监控,可局部优化 双向通信,按上级命令工作
智能控制(必须数字控制)	独立式			单/多变量智能控制(双向通信)
	智能分级	组织级/全局级 全局-高智能	协调级(可选) 中间协调管理	局部/执行级,简单智能优化控制 双向通信,按上级命令优化工作

9.1.4　常规控制和智能控制

（1）自动控制

自动控制的含义十分广泛，前文已经指出：对任何设备和过程，没有人的直接干预而能自动地运行，并达到人们所预期效果的一切技术手段都称为自动控制。

简言之：自动控制包括所有由机器自动完成的操作。例如按一定的目标自动改变设备状态（如启动、停止、待机、故障等），以及自动调节某（些）参数保持在一定的范围内，或者按一定的规律变化等，后者有时也称为自动调节。可见自动控制的范围比自动调节更广，即自动控制包括了自动调节。由于自动控制理论通常针对自动调节，所以通常把自动调节也称为自动控制。

自动控制的发展经过了很长的时间，近年发展非常快。主要是微电脑，特别是单片机（单片微处理器）的应用，大大推动了自动控制的发展；尤其是能够方便地实现优化控制和智能控制，并且大大简化了系统和降低了造价，使自动控制能够普及到各行各业——"上天、下地、入海，工业、农业、服务业，家电、穿戴、玩具……"，无处不在。而且在许多机电一体化产品中，自动控制已经"不独立"存在了，例如几乎所有家电产品都嵌入了自动控制系统，这时控制系统称为"嵌入式自动控制系统"。

（2）常规控制和智能控制简介

自动控制分为常规控制和智能控制。常规控制是自动控制的初级阶段，智能控制是自动控制的高级阶段。常规控制理论又分为经典控制理论和现代控制理论。现代控制理论是对常规控制理论的改进，也可以称为智能控制的初阶。

在智能控制出现以前，自动控制（automatic control）是指在没有人直接参与的情况下，利用外加的设备或装置，使机器、设备或生产过程的某个工作状态或参数自动地按照预定的规律运行。智能控制出现后，这里定义的自动控制通常被称为"常规控制"或者"传统控制"，采用常规控制理论（或称经典控制理论）。

智能控制（intelligent control）是在无人干预的情况下，能自主地驱动智能机器实现控制目标的自动控制技术。

常规控制和智能控制都是自动控制。但是仔细看来，常规控制只能"自动地按照预定的规律运行"，而智能控制"能自主地实现控制目标"。通俗地打一个比方，常规控制只能"自动地按预定的道路行走"，而智能控制"能自主地寻找最好最快的道路行走"。

智能控制与传统/常规控制有密切的关系，不是相互排斥的。常规控制往往包含在智能控制之中，智能控制也可以利用常规控制的方法来解决"低级"的控制问题。开始，智能控制是力图扩充常规控制方法，并建立一系列新的理论与方法来解决更具有挑战性的复杂控制问题。

控制理论发展至今已有100多年的历史，经历了"经典控制理论"和"现代控制理论"的发展阶段，现在已进入"智能控制理论"阶段。

智能控制理论的研究和应用是现代控制理论在深度和广度上的拓展。20世纪80年代以来，信息技术、计算技术的快速发展及其他相关学科的发展和相互渗透，也推动了控制科学与工程研究的不断深入，控制系统向智能控制系统的发展已成为一种趋势。

智能控制是在经典和现代控制理论基础上进一步发展和提高的。智能控制具有交叉学科和定量与定性相结合的分析方法和特点。智能控制的提出，一方面是实现大规模复杂系统控制的需要；另一方面是现代计算机技术、人工智能和微电子学等学科的高度发展，给智能控制提供了实现的基础。1985 年，在美国首次召开了智能控制学术讨论会，1987 年又在美国召开了智能控制的首届国际学术会议，标志着智能控制作为一个新的学科分支得到承认。

常规控制/传统控制（conventional control）包括经典反馈控制和现代控制理论。它们的主要特征是基于精确的系统数学模型的控制。或者说，常规控制只能根据线性数学模型按事先确定的策略实现自动控制。常规控制适于解决线性、时不变等相对简单的控制问题。

然而，实际系统（对象）具有复杂性（如多变量、大系统）、非线性、时变性、不确定性（甚至变结构）和不完全性等特点，一般无法获得精确的数学模型，甚至连近似的数学模型也难获得。

智能控制可不需要建立数学模型，能自动识别对象，从而具有自寻优、自适应、自组织、自学习、自诊断（甚至自修复）和自协调等能力，即智能控制能够自动识别对象，自己选择最好的策略实现自动控制，即具有人的部分"智能"。

这里说"不需要建立数学模型"，包括有关自动控制的优化模型和工艺过程/工艺参数的优化模型。当然，数字的、定性的、语义表达的、模糊的……目标和模型，对实现智能控制是非常重要的。

因为工艺过程和设备千差万别，常规控制必须人工给出优化目标值，而智能控制只要建立优化考核目标，例如，锅炉的效率和输入/输出参数的数字的、定性的、语义表达的、模糊的……关系，智能控制系统就能自动寻找优化的工艺目标值和优化控制参数。

智能控制是对传统控制理论的发展。智能控制技术是在向人脑学习的过程中不断发展起来的，人脑是一个超级智能控制系统，具有实时推理、决策、学习和记忆等功能，能适应各种复杂的控制环境。智能控制与传统的或常规的控制有密切的关系，不是相互排斥的。常规控制往往包含在智能控制之中，智能控制也利用常规控制的方法来解决"低级"的控制问题，力图扩充常规控制方法，并建立一系列新的理论与方法来解决更具有挑战性的复杂控制问题。

常规控制和智能控制的比较见表 9.1-2。

常规控制和智能控制的比较　　　　　　　　　　　　　　　　　　表 9.1-2

比较项目	常规/经典控制	智能控制
对象模型	完整的数学模型； 线型化,常系数； 确定性,静态参数	广义(数学/语意等)模型； 非线型,变系数； 不确定,越少越简化,动态
输入形式	模拟量/数字量/数字表格	常规＋多媒体
输出形式	模拟量/数字量/数字表格/打印	常规＋多媒体
控制任务	简单明确:定值控制/跟随控制	复杂:需自动规划和决策
控制理论	常规/经典控制	智能控制

比较项目	常规/经典控制	智能控制
控制策略和路线	完全按人规定的策略、路线工作	可模拟人的一些能力；有自学习、自适应、自组织、自寻优、自协调、自补偿、自修复、和判断决策能力；同时也会利用常规控制策略

注 1. 优化、先进的工艺系统是控制系统优化的"基因"；

    2. 控制环节调节特性优化、线型化、常系数，是常规控制的要求，同时可使智能控制系统降阶、简化；

    3. 合理的初使参数可保证智能控制系统开机就能正常运行，然后学习、优化；

    4. 在常规/经典控制和智能控制之间，有现代控制理论作为过度。

（3）空调供暖常规控制和空调供暖智能控制的设计要点比较（表 9.1-3）。

空调供暖常规控制和空调供暖智能控制的设计要点比较　　　　　表 9.1-3

	确定空调供暖工艺与控制系统的全工况优化方案	确定全工况优化控制参数	
		空调供暖常规控制	空调供暖智能控制
供热工艺全程优化	确定全工况优化的空调供暖工艺方案，确保全工况安全、可靠、舒适，并且经济、节能、减排！例如，以泵代阀进行调节，就能克服节流损失，就有明显的节能效果。详见 1~8 章	根据定量的全工况优化控制目标与定量的全工况优化工艺模型，自动确定全工况优化运行参数（如最佳供水量、最佳供水温等）。但由于影响因素多、计算误差大，通常无法建立准确的、定量的全工况优化模型，只能建立近似模型，因此一般只能求得近似的全工况优化运行参数	根据定量/定性/模糊/语意表达……的全工况优化控制目标与定量/定性/模糊/语意表达……的全工况优化工艺模型，通过对运行大数据的学习，自动确定全工况优化运行参数。但初始运行无大数据学习，所以可用常规控制的全工况优化运行参数作为智能控制的初始运行参数，确保开机能正常供暖，然后利用对运行大数据的学习，智能寻更优
空调供暖控制全工况优化	空调供暖与控制专业相结合：确定适合空调供暖特点的全工况优化控制方案。例如：尽量减少传递滞后，尽量将多变量系统分解成多个少变量/单变量回路；按工艺和控制的双重要求的特性进行设备优选或补偿。从而使控制系统降阶、简化、经济、可行	根据定量的全工况优化控制目标与线性控制系统模型（静/动态特性），应用常规线性控制理论计算或经验调试，整定控制器的最优运行参数。因空调供暖对象特性通常为非线性，滞后大，所以必须对非线性进行自动补偿，才能实现全工况优化运行。如变量多则应该尽量将多变量控制分解成多个少变量/单变量回路，从而降阶、简化	根据定量/定性/模糊/语意表达……的全工况优化控制目标和控制方案，可自动识别非线性对象，通过自学习，自动寻优，确定控制器的最优运行参数。但因初始运行无大数据，空调供暖滞后大，数据积累慢，可用常规控制算法、经验确定近似的初始运行参数，确保开机正常供暖，然后利用大数据自寻优。如变量多则应该尽量将多变量控制分解成多个少变量/单变量回路，或进行线性补偿，从而降阶、简化

（4）MEMS（Micro-Electro Mechanical System，微机电系统）芯片的应用与发展

MEMS 芯片是集微传感器、微机械结构器件、微执行器、微能源、信号处理和控制电路、高性能电子集成器件、接口、通信等于一体的微型器件或系统。

常见的 MEMS 产品包括 MEMS 微发动机、微泵、微振子、MEMS 光学传感器、MEMS 压力传感器、MEMS 温度、湿度传感器、流量传感器（同时测量温度、湿度）、差压传感器、水蒸气传感器、CO_2 传感器和 $PM_{2.5}$ 传感器等以及它们的集成产品。

MEMS 系统的优点是：体积小、灵敏度高、重量轻、零点漂移小、惯性小、响应时间短、功耗低、耐用性好、价格十分低廉、性能稳定等。产品采用模块化设计，易于扩展。例如，MEMS 温度传感器为非接触式测温，通过捕捉被测介质的热辐射或其他方式

传到温度传感器，传感器采用 A/D 转换特性输出数字信号。现在主流的 MEMS 温度传感器设计思路是在搭载的智能 CMOS（Complementary Metal Oxide Semiconductor，互补金属氧化物半导体，一种集成电路的设计工艺）片上集成由温度传感电路及其接口电路组成的一个温度传感器系统，在微型化、智能化程度越来越高的各电子领域获得广泛应用。

需要指出的是，专门的芯片生产公司可与用户共同开发 MEMS 特色芯片，进行创新，因此 MEMS 芯片的应用与发展，将会大力提升暖通空调专业的智能化控制水平。

9.2　基本控制策略与方法

9.2.1　常规自动调节的基本策略与方法

无论常规控制或智能控制，如果能够将多变量控制系统分解为几个基本控制策略、回路，就可使控制系统降阶、简化，从而变得经济、可行！所以这里介绍一下最基本控制策略与方法。这些基本控制策略与方法应用非常广泛，理论和实际经验都比较成熟。它们通常既可用于常规控制，而且可用现代控制原理进行改进，甚至也可用于智能控制的现场/局部控制器。因此，在这里按分类简单介绍最基本控制策略与方法，对非控制专业也很有意义。至于控制系统的稳定性理论和调试整定方法等，请见自动控制基础。

（1）按控制环路是否闭合分

1）反馈控制（也称为闭环控制）

反馈控制系统是应用最多的系统，也是经典控制理论重点研究的控制系统。已经在第 1 章进行了介绍。

2）开环补偿控制

控制装置与被控对象之间只有顺向作用，而没有反向联系（反馈）的控制过程。这时，控制器实际上成了操作器。为了操作准确，开环系统必须有比较好的线性调节特性。

3）对主要干扰进行前馈补偿的开环控制（简称前馈控制）（图 9.2-1）。例如，室外温度是供暖的主要干扰，就可以应用室外温度前馈补偿的开环控制器（回路）（简称室外温度补偿器），对供水流量和温度进行前馈补偿。已经在工程中得到了实际应用（详见第 8 章）。

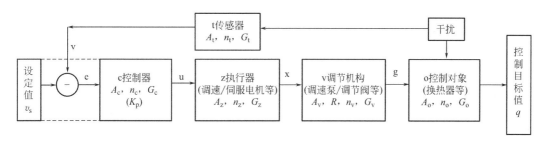

图 9.2-1　对主要干扰进行前馈补偿的开环控制

利用单变量前馈回路＋单变量反馈回路组合，可以构成复杂完善的控制系统，使多变量系统降阶、简化、可行。例如，三冲量蒸汽锅炉水位控制＝水位反馈控制（主回路）＋

蒸汽流量变化前馈补偿（用给水量增量补偿供汽量增量）＋汽压变化前馈补偿（补偿汽压突变产生的假水位上升）。这样做，无论对常规控制或者智能控制，都是非常有利的！

（2）按调节器的控制算法分

例如：ON-OFF——开关控制、三位开关控制；P——比例控制；I——积分控制；D——微分控制；PI——比例积分控制；PD——比例微分控制；PID——比例积分微分控制等。

各种控制规律不但可以用于独立的单回路控制器，也可以嵌入各种控制器。不但可以用于常规控制，也可以用于智能控制。各种控制规律都有它的优缺点，一定要根据需要选择，如果能够达到目标，最简单的方案往往最经济可靠。实际上，各种控制规律都可改进：例如，可在各种控制规律中加入不灵敏区、自整定等现代控制的做法；如果在各种控制规律中加入自动确定优化控制参数的智能算法，这些控制也可以提升为智能控制，例如智能PID；又如三速风机盘管空调控制器可采用模糊控制，就能够将多位开关控制提升为智能控制等。设偏差$e＝$实际值－设定值，控制器输出量为u（调节方向包括在系数符号中）。下面按常规控制简介它们的基本算法：

1）ON-OFF 开关调节：

双位开关控制：$e≤0$，$u＝100\%$；$e>0$，$u＝0$；

有不灵敏区$\pm e_0$的双位开关调节：

$$e<-e_0,\ u＝100\%;\ e>e_0,\ u＝0;\ -e_0≤e≤e_0,\ 保持 \tag{9.1}$$

还有多位开关调节，例如三速风机盘管有高、中、低位置。

注意：这里的 ON-OFF 开关调节是将被控参数控制在一定范围内，因此属于自动调节，与设备启动（ON）、停止（OFF）的含义不同。

因为只要一个电接点温度计/压力表，就能够实现温度/压力控制，所以在数字控制出现以前得到了广泛应用；而且因为开关调节是最简单、价格低的控制策略，所以，无论常规、现代、智能控制都在采用。在空调供暖控制中也得到了广泛应用。所以，千万不要低估其作用。

ON-OFF 开关控制可以通过改变通断时间比（PWM 称为脉冲调宽，即通断时间比例）变成连续调节。例如：高频 PWM 经过滤波可变成连续模拟量（即完成数字/模拟转换，即 D/A）。

开关控制的缺点是：控制对象功率大时对电网干扰大，如果采用继电器则噪声大，但随着无触点开关（固态继电器）的普及，例如对于电加热器，可以采用过 0 触发的固态继电器，即电压为 0 时接通/断开电源，就能够使开关调节对电网的干扰减少到 0；而且由于电加热器有热惯性，交流电的频率为 50Hz，因此改变接通交流电的波数完全可以得到连续调节的效果；同时调节输出的分辨率也很高，如果以 1s 为 PWM 调节计数周期，则调节输出的分辨率为 1%（因为 50Hz 交流电压每秒有 100 个过 0 点），如果以 2s 为计数周期，则分辨率为 0.5%，这个调节输出分辨率已经完全满足空调供暖加热控制的要求。

2）恒速调节（三位定积分控制）

$e<-e_0$，取 $e＝-e_0$；$e>e_0$，取 $e＝e_0$；$-e_0≤e≤e_0$，取 $e＝0$；

$$u＝K_i\times e\times\tau \tag{9.2}$$

式中，K_i——比例系数；e_0——不灵敏区；τ——时间。

与后面的式（9.5）比较，因为这里 $e=\pm e_0$，所以恒速调节可称为定积分调节。

恒速调节（定积分调节）非常简单，但不易稳定。可用于传递滞后很小，惰性很小的对象，例如水位控制、压力控制等。

在数字控制出现以前，因为只要两个电接点温度计/压力表，就能够实现温度/压力连续控制，所以恒速调节得到了广泛应用，而且进行了许多改进。例如，早在 1966 年作者毕业实习时，采用恒速调节＋开关调节，有两个电接点温度计，或者一个电接点温度计＋一个时间继电器，就实现了定值比例积分调节，达到了 $\pm0.1℃$ 的精度。

数字控制出现之后，恒速调节通常被积分调节取代了。

3）P 比例调节：调节量 u 与偏差成正比

$$u=K_p \cdot e \tag{9.3}$$

式中，K_p——比例系数，也称为控制器比例增益，K_p 越大，调节越快。

比例调节是有差调节，但稳定性好。自力式调节阀、平衡阀等，通常采用比例调节。

4）I 积分调节：调节量 u 与偏差对时间的积分成正比

$$u=K_i\int_0^t e(\tau)\mathrm{d}\tau \tag{9.4}$$

式中，$T_i=1/K_i$——积分时间；

$\quad\quad K_i$——积分增益，K_i 越大，调节越快；

$\quad\quad \tau$——时间。

积分控制是无差调节，但与恒速调节（定积分调节）一样，不易稳定。

5）D 微分调节：调节量 u 与偏差的变化率成正比

$$u=K_d \cdot \mathrm{d}e/\mathrm{d}\tau \tag{9.5}$$

式中，K_d——微分增益。

微分控制具有"预见性"。但是因为检测值的波动，会变成微分控制的"干扰"，所以必须进行很好的滤波处理。空调供暖控制中通常可不采用微分调节。

6）PI 比例积分调节＝P 比例调节＋I 积分调节

$$u=K_p e(\tau)+\frac{K_p}{T_i}\int_0^t e(\tau)\mathrm{d}\tau=K_p\left[e(\tau)+\frac{1}{T_i}\int_0^t e(\tau)\mathrm{d}\tau\right] \tag{9.6}$$

空调供暖控制中通常用 PI 比例积分控制。不但有常规 PI 控制，也有各种现代控制的改进 PI 控制，还有智能 PI 控制。

7）PID 比例积分微分调节＝P 比例＋I 积分＋D 微分

由于 PID 控制比较完善，克服干扰的能力比较强，所以各种文献都通常对 PID 进行了比较全面的介绍。不但有常规 PID 控制，也有现代和智能 PID 控制。

下面将以 PID 调节为例，介绍用于计算机取样控制的离散控制算法。

（3）按控制器的处理信号分

1）模拟控制，也称常规仪表控制，如单元式组合仪表控制系统。模拟式控制器为连续采样控制。模拟式控制器通常无法实现智能控制。

2）数字控制，即计算机采样控制。由于计算机技术的高度发展，数字式控制得到了广泛应用。而且，高集成单片机、单片微控制器、单片信号处理器芯片内通常已经包含了模/数转换器（A/D）、数/模转换器（D/A），因此体积小、价格低，使用就非常简便。

数字式控制通常采用计算机周期性采样控制，因此也称采用控制，它不是连续采样控制，因此控制算法必须进行离散化处理。例如，PID离散化算法有增量式算法、位置算法等。PID增量式算法离散化计算公式为：

一个采样周期的调节增量：$\Delta u(k) = u(k) - u(k-1)$

$$\Delta u(k) = K_p[e(k) - e(k-1)] + K_i e(k) + K_d[e(k) - 2e(k-1) + e(k-2)] \quad (9.7)$$

式中，k、$(k-1)$、$(k-2)$——分别为第 k、$(k-1)$、$(k-2)$ 个采样周期时刻。

通常热惰性/滞后时间越大的对象采样周期应该越长。但是，周期越长，积分增量可能很大，所以通常必须对每一次输出的增量 $\Delta u(k)$ 进行限制。

计算机数字控制有明显的优越性，可以实现常规控制和现代控制，而且能够实现不同等级的智能控制，因而得到了迅速发展。

（4）按给定值的变化情况分

1）定值控制（调节）系统

定值控制系统是给定值保持不变或很少调整（例如只在冬/夏改变设定值）的控制系统。这类控制系统的给定值一经确定后，就保持不变，直至外界再次调整它。热工、化工、医药、冶金、轻工等生产过程中有大量的温度、压力、液位和流量需要恒定，是采用定值控制最多的领域。

2）随动/跟随控制（调节）系统

如果控制系统的给定值不断随机地发生变化，或者跟随该系统之外的某个变量而变化，则称该系统为随动/跟随控制系统。由于系统中一般都存在负反馈作用，系统的被控变量就随着给定值变化而变化。

随动控制广泛应用于雷达系统、火炮系统等。热力站全工况集中控制系统优化供水温度和供水量随室外温度改变，就是随动控制系统。

3）程序控制（调节）系统

如果给定值按事先设定好的程序变化，就是程序控制系统。由于采用计算机实现程序控制特别方便，因此，随着计算机应用的日益普及，程序控制的应用也日益增多。例如，锅炉和空调供暖系统的启动可用简单开环程序控制；在热力站全工况优化集中供暖控制系统中可事先设定好程序，实现值班/正班控制等。

按被控系统中控制仪表及装置所用的动力和传递信号的介质可划分为：自力式（不需要外部动力，如自力式减压阀、平衡阀等）、气动、液动等控制系统。除自力式减压阀、平衡阀外，空调供暖系统通常采用电动控制系统，而且，由于数字控制必须应用电子计算机，所以本处只介绍电动控制系统。

9.2.2　现代控制理论的方法简介

在常规控制和智能控制之间，有许多对常规控制的改进方案，称为现代控制理论或算法，既可以看作常规控制的高级阶段，也可看作智能控制的初级阶段。

20世纪70年代以来，随着现代控制理论的发展和计算机技术的应用，国内外已越来越多地采用现代控制理论去解决工程控制问题。实践表明，现代控制算法比常规PID更能满足空调供暖控制（例如锅炉燃烧控制）的要求，更加提高了运行效率，给节能减排带来了新的前景。现代控制理论具体的方法很多，例如：

（1）按模型（如根据效率模型、层燃锅炉残氧量随负荷变化模型等）进行最优燃烧控制；

（2）对 PID 控制的改进：如自整定/设置不灵敏区，防止积分饱和等；

（3）模糊控制；

（4）灰色预测控制；

（5）示教（由人示范操作，计算机学习）控制；

（6）解耦控制；

（7）对象特性，如调节特性，滞后时间自动补偿；

（8）干扰自动补偿等。

9.2.3 智能控制算法简介

智能控制必须采用计算机，实现更高级的数字优化。然而，因为智能控制算法涉及的数学领域很广，要求数据量很大（大数据），需要大篇幅才能介绍清楚，所以，本处无法具体介绍智能控制的数字化优化，只能介绍其基本概念和方法特点，以帮助非控制专业人士进行方案选择，并且提供合理的控制目标和优化的工艺方案与初始优化运行参数，有利于智能控制系统降阶和简化，并且使智能控制系统上电就能够正常运行，然后积累运行数据，再发挥"智能"进行更加优化的智能控制。为更加全面了解智能控制，请参考有关文献。

智能控制就是想模仿人的智能，但是要完全模仿，不但价格极高，而且实际上不可能，所以只能部分模仿，或者说从某个方面进行模仿，所以就有了各种智能控制策略（算法）。

（1）专家控制系统（Expert System）

专家指的是那些对解决专门问题非常熟悉的人们，这种专门技术通常源于丰富的经验，以及他们处理问题的详细专业知识。

专家系统主要指的是一个智能计算机程序系统，其内部含有大量的某个领域专家水平的知识与经验，能够利用人类专家的知识和解决问题的经验方法来处理该领域的高水平难题。它具有启发性、透明性、灵活性、符号操作、不确定性推理等特点。应用专家系统的概念和技术，模拟人类专家的控制知识与经验而建造的控制系统，称为专家控制系统。

专家系统是利用专家知识对专门的或困难的问题进行描述。用专家系统所构成的专家控制，无论是专家控制系统还是专家控制器，其相对工程费用较高，而且还涉及自动地获取知识困难、无自学能力、知识面太窄等问题。尽管专家系统在解决复杂的高级推理中获得较为成功的应用，但是专家控制的实际应用相对还是比较少，所以还必须进行深入研究。

（2）人工神经网络（图 9.2-2）控制系统

神经网络是指由大量与生物神经系统的神经细胞相类似的人工神经元互连而组成的网络；或由大量像生物神经元的处理串联/并联互连而成。这种神经网络具有某些智能和仿人控制功能。

图 9.2-2　人工神经网络工作过程

传统计算机软件是程序员根据所需要实现的功能原理编程，输入至计算机运行即可，其计算过程主要体现在执行指令这个环节。而深度学习的人工神经网络算法包含了两个计算过程：

1）用已有的样本数据去训练人工神经网络；

2）用训练好的人工神经网络去运行其他数据。

深度学习与传统计算模式最大的区别就是不需要复杂的编程，但需要海量数据并行运算。传统计算架构无法支撑深度学习的海量数据并行运算。传统处理器架构往往需要数百甚至上千条指令才能完成一个神经元的处理，因此无法支撑深度学习的大规模并行计算需求。这种差别就提升了对训练数据量和并行计算能力的需求，降低了对人工理解功能原理的要求。或者说：需要大数据和高速并行计算能力，而"程序"相对简单。

学习算法是神经网络的主要特征，也是当前研究的主要课题。学习的概念来自生物模型，它是机体在复杂多变的环境中进行的有效的自我调节。神经网络具备类似人类的学习功能。一个神经网络若想改变其输出值，但又不能改变它的转换函数，只能改变其输入，而改变输入的唯一方法只能修改加在输入端的加权系数，神经网络的学习过程是修改加权系数的过程，最终使其输出达到期望值，学习结束。神经网络是利用大量的神经元按一定的拓扑结构和学习调整方法，它能表示出丰富的特性：并行计算、分布存储、可变结构、高度容错、非线性运算、自我组织、学习或自学习等。这些特性是人们长期追求和期望的系统特性。它在智能控制的参数、结构或环境的自适应、自组织、自学习等控制方面具有独特的能力。

神经网络可以和模糊逻辑一样，适用于任意复杂对象的控制，但它与模糊逻辑不同的是，擅长单输入多输出系统和多输入多输出系统的多变量控制。在模糊逻辑表示的系统中，其模糊推理、解模糊过程以及学习控制等功能常用神经网络来实现。模糊神经网络技术和神经模糊逻辑技术：模糊逻辑和神经网络作为智能控制的主要技术已被广泛应用，两者既有相同性又有不同性，其相同性为：两者都可作为万能逼近器解决非线性问题，并且两者都可以应用到控制器设计中。不同的是：模糊逻辑可以利用语言信息描述系统，而神经网络则不行；模糊逻辑应用到控制器设计中，其参数定义有明确的物理意义，因而可提出有效的初始参数选择方法；神经网络的初始参数（如权值等）只能随机选择。但在学习方式下，神经网络经过各种训练，其参数设置可以达到满足控制所需的行为。模糊逻辑和神经网络都是模仿人类大脑的运行机制，可以认为神经网络技术模仿人类大脑的硬件，模糊逻辑技术模仿人类大脑的软件。根据模糊逻辑和神经网络各自的特点，所结合的技术即为模糊神经网络技术和神经模糊逻辑技术。模糊逻辑、神经网络和它们混合技术，适用于各种学习方式智能控制的相关技术与控制方式结合或综合交叉结合，构成风格和功能各异的智能控制系统和智能控制器，是智能控制技术方法的一个主要特点。

学习是人类的主要智能之一，人类的各项活动也需要学习。在人类的进化过程中，学习功能起着十分重要的作用。学习控制正是模拟人类自身各种优良的控制调节机制的一种尝试。所谓学习是一种过程，它通过重复输入信号，并从外部校正该系统，从而使系统对特定输入具有特定响应。学习控制系统是一个能在其运行过程中逐步获得受控过程及环境的非预知信息，积累控制经验，并在一定的评价标准下进行估值、分类、决策和不断改善系统品质的自动控制系统。

深度学习与传统计算模式最大的区别就是不需要复杂的编程，但需要海量数据并行运算。传统计算架构无法支撑深度学习的海量数据并行运算。传统处理器架构往往需要数百甚至上千条指令才能完成一个神经元的处理，因此无法支撑深度学习的大规模并行计算需求。

学习的算法可以分为遗传算法和迭代学习等。

1）遗传算法

智能控制是通过计算机实现对系统的控制，因此控制技术离不开优化技术。快速、高效、全局化的优化算法是实现智能控制的重要手段。遗传算法是模拟自然选择和遗传机制的一种搜索和优化算法，它模拟生物界（生存竞争）优胜劣汰、适者生存的机制，利用复制、交叉、变异等遗传操作来完成寻优。遗传算法作为优化搜索算法，一方面希望在宽广的空间内进行搜索，从而提高求得最优解的概率；另一方面又希望向着解的方向尽快缩小搜索范围，从而提高搜索效率。如何同时提高搜索最优解的概率和效率，是遗传算法的一个主要研究方向。遗传算法作为一种非确定的拟自然随机优化工具，具有并行计算、快速寻找全局最优解等特点，它可以和其他技术混合使用，用于智能控制的参数、结构或环境的最优控制。

2）迭代学习

迭代学习控制模仿人类学习的方法，即通过多次的训练，从经验中学会某种技能，来达到有效控制的目的。迭代学习控制能够通过一系列迭代过程，实现对二阶非线性动力学系统的跟踪控制。整个控制结构由线性反馈控制器和前馈学习补偿控制器组成，其中线性反馈控制器保证了非线性系统的稳定运行，前馈补偿控制器保证了系统的跟踪控制精度。它在执行重复运动的非线性机器人系统的控制中是相当成功的。

（3）模糊控制系统

所谓模糊控制，就是在被控制对象的模糊模型的基础上，运用模糊控制器近似推理手段，实现系统控制的一种方法。模糊模型是用模糊语言和规则描述的一个系统的动态特性及性能指标。

模糊控制的基本思想是用机器去模拟人对系统的控制。它是受这样事实而启发的：对于用传统控制理论无法进行分析和控制的、复杂的和无法建立数学模型的系统，有经验的操作者或专家却能取得比较好的控制效果，这是因为他们拥有日积月累的丰富经验，因此人们希望把这种经验指导下的行为过程总结成一些规则，并根据这些规则设计出控制器。然后运用模糊理论、模糊语言变量和模糊逻辑推理的知识，把这些模糊的语言上升为数值运算，从而能够利用计算机来完成对这些规则的具体实现，达到以机器代替人对某些对象进行自动控制的目的。

模糊逻辑用模糊语言描述系统，既可以描述应用系统的模型，也可以描述其定性模型。模糊逻辑适用于任意复杂的对象控制。但在实际应用中，模糊逻辑实现简单的应用控制比较容易。简单控制是指单输入单输出系统（SISO）或多输入单输出系统（MISO）的控制。因为随着输入输出变量的增加，模糊逻辑的推理将变得非常复杂。所以，使系统降阶非常重要！

（4）关于 PID 的改进和智能 PID

常规 PID 控制器必须人工确定采样周期和控制参数。如果能够建立准确的线性模型，则可以根据完善的经典控制理论计算确定控制参数。然而在实际应用中，通常难以建立准确的线性模型，所以实际上通常采用经验法和凑试法确定 PID 调节参数。

在实际的应用中，许多被控过程机理复杂，具有高度非线性、时变不确定性和纯滞后性等特点，导致 PID 控制参数整定效果不理想。在噪声、负载扰动等因素的影响下，过程参数甚至模型结构均会随时间和工作环境的变化而变化。这就要求在 PID 控制中，不仅 PID 参数的整定不依赖于系统数学模型，并且 PID 参数能够在线调整，以满足实时控制的要求。首先人们对常规 PID 控制器进行了许多改进，直至发展为智能 PID。

智能 PID 控制器只要按要求接好传感器和执行器，并且设置好量程和控制目标，不需要人工设定 PID 控制参数，控制器就能自动识别对象，自动适应和补偿对象的特性，自动设定 PID 控制参数，特别是对非线性对象，则分段自动设定 PID 控制参数，从而实现全工况优化控制。智能 PID 控制器是一个研究热点，因为其在参数的整定和在线自适应调整方面具有明显的优势，且可用于控制一些非线性的复杂对象。

智能 PID 控制就是将智能控制与传统的 PID 控制相结合，是自适应的，它的设计思想是利用专家系统、模糊控制和神经网络技术，将人工智能以非线性控制方式引入到控制器中，使系统在任何运行状态下均能得到比传统 PID 控制更好的控制性能，具有不依赖系统精确数学模型和控制器参数在线自动调整等特点，对系统参数变化具有较好的适应性。

1）模糊 PID 控制

模糊 PID 控制是利用当前的控制偏差和偏差，结合被控过程动态特性的变化，以及针对具体过程的实际经验，根据一定的控制要求或目标函数，通过模糊规则推理，对 PID 控制器的 3 个参数进行在线调整。

2）专家 PID 控制

专家 PID 控制采用规则 PID 控制形式，通过对系统误差和系统输出的识别，以了解被控对象过程动态特性的变化，在线调整 PID 3 个参数，直到过程的响应曲线为某种最佳响应曲线。它是一种基于启发式规则推理的自适应技术，其目的就是为了应付过程中出现的不确定性。

3）基于神经网络的 PID 控制

神经网络有前向网络（前馈网络）、反馈网络等网络结构形式。与模糊 PID 控制和专家 PID 控制不同，基于神经网络的 PID 控制不是用神经网络来整定 PID 的参数，而是用神经网络直接作为控制器，通过训练神经网络的权系数间接地调整 PID 参数。

智能 PID 控制吸收了智能控制与常规 PID 控制两者的优点。首先，它具备自学习、自适应、自组织的能力，能够自动识别被控过程参数，自动整定控制参数，能够适应被控过程参数的变化；其次，它又有常规 PID 控制器结构简单、鲁棒性强、可靠性高、为现场设计人员所熟悉等特点。

9.3　控制系统的分级与升级

9.3.1　常规分布式控制系统的分级

分布式控制系统是随着现代大型工业生产自动化的不断兴起和过程控制要求的日益复杂应运而生的综合控制系统，它是计算机技术、系统控制技术、网络通信技术和多媒体技术相结合的产物，是完成过程控制、过程管理的现代化设备。

分布式控制系统一般具有 3 个层次：

最底层是现场控制机。每一台现场控制机监控一台或数台设备，对设备或对象参数实行自动检测、自动保护、自动故障报警和自动调节控制。它通过传感器检测得到的信号，就地进行直接数字控制（DDC）。

中间层为系统监督控制器。它负责系统中某一子系统的监督控制，管理这一子系统内的所有现场控制机。它接受系统内各现场控制机传送的信息，按照事先设定的程序或管理人员的指令实现空调系统的监测与控制对各设备的控制管理，并将子系统的信息上传到中央管理级计算机。

最上层为中央管理系统（MIS），是整个系统的核心，对整个系统实施组织、协调、监督、管理、控制的任务。

9.3.2　智能控制系统的分级

（1）三级递阶智能控制系统

三级分级递阶智能控制系统是在自适应控制和自组织控制基础上，由美国普渡大学 Saridis 提出的智能控制理论。分级递阶智能控制（Hierarchical Intelligent Control）主要由 3 个控制级组成，按智能的高低分为组织级、协调级、执行级，并且这三级遵循"伴随智能递降精度递增"原则，即下一级的智能降低，但是控制精度提高。

1）组织级（organization level）：组织级通过人机接口和用户（操作员）进行交互，可以分析整个系统的大数据，执行最高决策的控制功能，监视并指导协调级和执行级的所有行为，其智能程度最高。智能控制的核心在高层控制，即组织级智能最高，相当于系统的"组织领导"。

2）协调级（coordination level）：协调级可进一步划分为两个分层：控制管理分层和控制监督分层。相当于"中层"。

3）执行级（executive level）：执行级的控制过程通常是执行一个确定的动作。所以执行级甚至可以采用能够接受并按照全局级智能命令工作的"常规控制器"。这就为将常规控制提升为智能控制系统找到了一条路。底层智能最低，为"执行者"。

由于智能控制系统中的组织级总揽全局，所以也可以将组织级称为全局级。由于执行级只管局部，所以也可以称为局部级。

如果系统比较小，就可以将协调级的功能合并在组织级和/或执行级中，三级系统就变成了二级系统：上层为组织级/全局级，下层为执行级/局部级。

通过分级，可以方便的实现执行级的自动控制。执行级甚至可以采用常规自动控制或者低级的低价的"简易智能控制"，而将真正的全系统的优化交给全局级/组织级，执行级就可以根据上级的命令实现真正的"智能控制"。这样不但成本低，而且便于管理，还可以将现在的独立的智能或非智能控制系统（例如锅炉控制系统、热力站控制系统）加入到智能空调供暖控制系统中。

执行级/局部级最重要的工作是：在无全局级命令时，能够独立确定优化空调供暖参数并自动实现优化控制；还能按组织级/全局级的命令，实现更加高级的优化运行。所以，即使暂时无法实现全局的高级智能控制，也可以先实现局部自动控制（常规控制或者低级智能控制），只要留有软/硬件接口，待全局级智能控制建成时，局部级就可自动升级！

（2）空调供暖智能控制系统的分级

由于空调供暖系统大而分散，而且下层的结构相差很大，所以，根据智能控制系统的分级方法，智能空调供暖控制系统可采用三/二级混合系统，见图 9.3-1。

组织级/全局级具有数据管理、系统大数据分析（例如水力平衡、热平衡等）和空调供暖参数全工况优化、优化决策/调度、计费等功能模块（子系统）。如果系统小，可以用一台计算机，如果系统大，则必须采用服务器＋云数据存储＋多个操作终端。注意：为了简单起见，这里介绍的智能空调供暖控制系统的组织级/全局级的管理不包括企业管理。

图 9.3-1 中：$n = O_1, O_2, \cdots, O_n$；$x = 1, 2, \cdots$；为无符号整数。

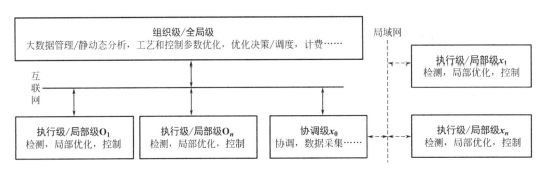

图 9.3-1 空调供暖智能控制系统的混合分级示意图

无协调级的直接执行级 $O_1 \sim O_n$，可以是一个热力站（制冷站）控制系统、一个锅炉控制系统，甚至可以是一个有网络通信功能调节阀或调速泵、传感器。

对于空调供暖分户计量调控：执行级 $x_1 \sim x_n$，是一个供暖分户计量调控装置；而协调级 x_0 是一个供暖分户计量收费结算点的控制，负责结算点的总热量检测，并且协调和采集各执行级 $x_1 \sim x_n$ 热计量数据，还可以承担热力入口的控制。

对于多热源系统：执行级 $x_1 \sim x_n$，可以是一个热源（例如锅炉）控制系统；而协调级 x_0 是负责一个大锅炉房的协调控制等。

执行级/局部级可以接受组织级/全局级的命令，实现高级的智能控制。在上层的组织级/全局级未建成或发生故障时，执行级/局部级可以独立实现自动控制——可以按近似的模型进行简单优化、参数自整定、人工示教（控制器学习）、自诊断、自补偿等比较高级的现代控制功能，对其中的单回路控制还可以采用智能控制，如模糊控制、智能 PID（自动确定 PID 优化参数），甚至也可以采用常规控制等。

显然，这样就可以充分发挥现有的局部控制系统的作用，并可将现有的局部的常规空调供暖控制系统提升为空调供暖智能控制的执行级。同时，也提供了分步实现系统智能化的方法：第一步实现执行级/局部级的自动化。执行级可以采用具有通信接口的简单、可靠、价低的常规控制器，可以独立工作，首先实现常规自动控制，也可以加入自整定、简单自优化、自诊断、智能 PID、专家控制器、神经元网络控制器等比较高级的控制功能；第二步，可以按上级的指令实现真正的智能控制。例如，各种单回路控制，以及锅炉、热力站、热入口、热用户计量调控装置等控制系统，都可以作为空调供暖智能控制系统的"执行级"。

如果系统大，也可以分成三级，例如，如果锅炉房有多台锅炉，或锅炉采用多个常规控制器，则也可在多个回路的检测和控制之上增加"协调级"。这样的优点是可以利用"协调级"，将多个常规单回路控制器改造并进入空调供暖智能控制系统。

9.3.3　通信协议

（1）通信和通信协议的重要性

控制系统分级后，上下级之间必须通信，进行数据传递。

同时，数据传递就必须按某种"规则"表达设计者的意图（相当于按"规则"写信，有时需要翻译），并且按"规则"写好地址（相当于写好信封），计算机就会打包发送（就像邮局打包发送），对方接收到后，计算机就会给设计者解包，还原原来的意图（有时需要翻译）。至于怎么打包和解包、走什么路线，设计者完全不必管。通俗地说：这种"规则"就是通信协议。注意不同协议的"规则"有所不同。

通信协议是指双方实体完成通信或服务所必须遵循的规则和约定。通过通信信道和设备互连起来的多个不同地理位置的数据通信系统，要使其能协同工作实现信息交换和资源共享，它们之间必须具有共同的语言。交流什么、怎样交流及何时交流，都必须遵循某种互相都能接受的规则。这个规则就是通信协议。

协议定义了数据单元使用的格式，信息单元应该包含的信息与含义，连接方式，信息发送和接收的时序，从而确保网络中数据顺利地传送到确定的地方。

在计算机通信中，通信协议用于实现计算机与网络连接之间的标准，网络如果没有统一的通信协议，电脑之间的信息传递就无法识别。通信协议是指通信各方事前约定的通信规则，可以简单地理解为各计算机之间进行相互会话所使用的共同语言。

（2）空调供暖控制系统几种常用通信网络与协议

通信协议非常多，空调供暖控制系统几种常用通信网络与协议见表 9.3-1。

空调供暖控制系统常用通信网络与通信协议　　　　　　表 9.3-1

分类和名称	自建网络					互联(因特)网	专用协议
	有线			短距无线		有线/无线	
	RS-485	CAN-bus	M-Bus	简单无线＋♯	ZigBee	TCP/IP	opc
简单说明	物理层协议最简单/常用	物理层/数据链路层	中程抄表	物理层协议较简单	能自动组网智能建筑	TCP/IP 是 4 层结构	用 Windows 的 OLE 技术
网络特性	单主/广播	多主网络	单主 1 对 1	单主/广播	多主网络	多主网络	多主网络

分类和名称	自建网络					互联(因特)网	专用协议
	有线			短距无线		有线/无线	
	RS-485	CAN-bus	M-Bus	简单无线＋♯	ZigBee	TCP/IP	opc
常用传输率 kbps	0.3～9.6	0.3～9.6	0.3～9.6	0.3～9.6	20～250	＝网速	＝网速
通信距离	＜1.5km	5kbps可达10km	4.8kbps达2400m	10～100m	10～100m	无限制	无限制
容错机制	Modbus采用CRC校验	检错和处理机制	检错和处理机制	Modbus采用CRC校验	检错和处理机制	检错和处理机制	检错和处理机制
其他特点	最简单,常用,不收费	不收费	不收费	不收费	不收费	协议不收费网络收费	opc计点收费/收网费
开发条件	接口芯片Modbus	接口模块含CAN-bus	接口模块含M-Bus	接口模块Modbus	接口模块含ZigBee	接口模块含TCP/IP	Windows工控系统

注：1. Modbus（Modbus protocol）为控制系统应用层报文传输通用协议，不收费，全开放；
　　2. M-Bus可为从机供200mA电源；可用电话线通信；单主1对1，从机间不能互通信息。

其中，RS232、RS485、近程无线等，通信协议最简单，只有应用层协议。CAN-bus协议分为物理层和数据链路层。

互联网通信的用户数和距离不受限制，通信协议更加复杂。TCP/IP在互联网中得到了广泛应用。TCP/IP凭借其实现成本低、在多平台间通信安全可靠以及可路由性等优势迅速发展，并成为Internet中的标准协议。在20世纪90年代，TCP/IP已经成为局域网中的首选协议，在最新的操作系统（如Windows 11、银河麒麟V10等）中已经将TCP/IP作为其默认安装的通信协议。TCP/IP协议分4层：网络接口层、网络层、传输层和应用层。TCP负责发现传输并将数据安全正确地传输到目的地；IP是给每一台联网设备规定一个地址。

实际上，用户只要管好应用层的协议即可，如果只是自己内部应用，应用层协议甚至可以自己确定；至于其他问题由透明传输通信接口模块完成。

（3）透传通信模块

虽然TCP/IP、CAN-bus、M-Bus、ZigBee等协议比较复杂，但是已经开发了各种透明传输通信接口模块（简称透传模块）产品（其中Windows已安装了TCP/IP协议），模块内部已经包含有相应的通信协议（有效数据包除外），所以用户无需了解协议的具体内容，只要编辑好数据文件并给出目标地址，透传模块就会按相应协议再打包，并且自动寻找最好的路线（路由）发送到达目的地，对方收到后，透传模块又会解包还原数据。所以应用就很简单了。透传模块工作示意图见图9.3-2。图中甲乙两台（或多台）计算机/控制器中的"有效数据包"（或者称为应用层报文）完全相同。至于如何将"有效数据包"再打包、传输、解包，用户可以完全不管。利用透传通信模块就使通信变得非常简单！

这一点，人们在收发电子邮件、微信等（文字、图像、数据）时都已经体会到了。可见通信协议说起来复杂，用起来简单。

应用层数据文件的内容就相当于电子邮件（或信），它的内容必须按一定的规则（格

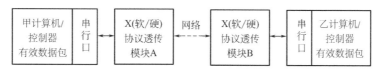

图 9.3-2　透传通信模块工作示意图

式和语法）写清楚，数据也必须按一定的规则表示，当然，这种规则可以是通用的，也可以是专用的（例如密码通信）；还必须按规则写好 Email 地址（或信封上的邮编、地址和收信人）。至于电子邮件（信）如何送到，就是网络接口层、网络层、传输层（或邮局系统、邮路……）的事情了，我们完全不必了解。所以，我们的任务就是写好需要传输的数据文件，相当于电子邮件（或微信）。

自建网络通信的总节点数通常≤255；ZigBee 主节点数≤255，每个节点可以扩展。注意，距离越远，干扰越大，芯片/模块功能等级越低，总节点数越少。而互联网的节点数不受限制。

（4）5G 无线网络开辟了通信的新天地

利用 5G 无线网络，不但可以方便地与各种设备、控制器、控制系统进行双向通信，而且可以使手机也成为控制系统的一个终端，参与授权的工作——接收显示特殊信息和/或操作。同时，5G 无线网络的延时为毫秒级，对一般工程可以忽略不计。现在，各种 5G 物联设备、传感器、透传通信模块（芯片）都可以买到。

9.3.4　计算技术的飞速发展给智能控制提供了无限可能

（1）计算机自动监控有明显的优越性，因而得到迅速发展。主要优点是：

1）计算机系统可用软件程序代替一个或多个模拟调节器，不但系统简单，而且能实现各种复杂的调节规律。

2）参数的调节范围较宽，各参数可分别单独给定；给定、显示和报警集中在控制台上，操作方便。

3）性能价格比优。

4）可联网，形成分布式系统和分级智能控制系统。

5）特别是单片机（单片计算机/单片微处理器）的集成度高、可靠性高、体积小、价格低，使计算机控制得到了空前的普及。

6）可保存和管理数据，实现系统管理。

7）可实现智能控制。有时，改变软件可将原有的常规控制提升为智能控制，而且智能控制必须使用计算机。

20 世纪 70 年代国产 PC 机内存≤640kB，而且电路板装满了一个机箱；现在，一片指甲盖大小的单片机片内的内存和计算速度都可以大大超过这个规模。计算机发展之快，给空调供暖控制智能化提供了很好的条件，也给大家特别是青年人的发展提供了很好的工具。

（2）计算机核心部件的种类和发展

目前，通用计算机的核心部件通常采用 CPU；控制器、数字传感器等的核心部件通常采用 MCU 微控制器（单片机）。计算机核心部件发展很快，而且为了不同的目标，开发出了集成度更高、速度更快、功能更强或功能特殊的不同系列的计算机核心部件，例如人工智能定制芯片 TPU 等，可构成不同用途的计算机和控制器。计算机核心部件举例见表 9.3-2，简介如下：

计算机核心部件举例

表 9.3-2

中英文名称	功能	特点和用途	代表产品
CPU 中央处理器 Central Precessing Unit	计算,逻辑运算,数据处理,输入/输出控制,使电脑协调工作	无 IO 口,广泛用于通用计算机 PC,已普及	英特尔：X86/P3/P4 等
MCU 微控制器(单片机)Micro Controller Unit	CPU＋RAM＋FLASH＋DI/DO/AI/AO＋Timer＋"看门狗"＋通信接口＋……	有的通电可运行,低价,型号多,用于控制器	PIC/ARM 等微控制器/信号处理器(DSP)等
GPU 图像处理芯片 Graphic Processing Unit	可并行处理数字矩阵,广泛用于图像处理;并行处理大量数据。是人工智能的过渡芯片	12 颗 NVIDIAD 的 GPU 可提供相当于 2000 颗 CPU 的深度学习性能	NVIDIAD 等的 GPU
TPU 人工智能定制芯片-张量处理单元 Tensor Processing Unit	为人工智能-深度学习专门定制的芯片。能并行更快处理更大量的张量数据,且功耗很小	深度学习速度可达 GPU 的数十倍,"阿尔法狗"可关进盒子,且功耗小	中国科学院计算所:寒武纪深度学习处理器芯片等

1) CPU（Central Precessing Unit）中央处理器

最早的核心部件器称为 CPU，主要用于通用计算机——PC 机。英特尔 X86 处理器芯片垄断 PC 时代。

传统计算架构一般由中央运算器（执行指令计算）、中央控制器（让指令有序执行）、内存（存储指令）、输入（输入编程指令）和输出（输出结果）5 个部分构成，其中中央运算器和中央控制器集成于一块芯片上，构成了我们今天通常所讲的 CPU。

可以用 CPU 为标准来判断电脑的档次和用途，甚至用中央处理器型号说明计算机，大家还记得 286、386、486、P3（奔腾 3）、P4 等计算机，就是用中央处理器的型号作为计算机型号。

从 CPU 的内部结构可以看到：实质上仅单独的 ALU 模块（逻辑运算单元）是用来完成指令数据计算的，其他各个模块的存在都是为了保证指令能够一条接一条的有序执行。这种通用性结构对于传统的编程计算模式非常适合，同时可以通过提升 CPU 主频（提升单位时间执行指令速度）来提升计算速度。

通用计算机扩展各种 IO 接口可实现常规控制和一般的智能控制。

但对于并不需要太多的程序指令，却需要海量数据运算的深度学习（人工智能）的计算需求，这种结构就显得非常笨拙。尤其是在目前功耗限制下，无法通过提升 CPU 主频来加快指令执行速度，这种矛盾愈发不可调和。因此，深度学习需要更适应此类算法的新的底层硬件来加速计算过程，也就是说，新的硬件对我们加速深度学习发挥着非常重要的作用。

2) MCU 微控制器（单片机/多功能信号处理器）

MCU＝CPU＋RAM＋EEPROM＋DI＋DO＋AI＋AO＋TIME＋…。集成度高，有的

单片机只要接上电源就可运行；型号多，价格低，可靠性高。主要用于控制器、数字传感器，以及嵌入各种机电一体化产品的控制器。不需要扩展就可以实现各种常规过程控制和简单的智能控制。其用途非常广泛！

3）GPU（Graphic Processing Unit）图像处理芯片。GPU 作为应对图像处理需求而出现的芯片，其海量数据并行运算的能力与深度学习需求不谋而合，因此，被最先引入深度学习——人工智能。2011 年吴恩达率先将其应用于谷歌大脑中便取得惊人效果，结果表明 12 颗 NVIDIAD 的 GPU 可以提供相当于 2000 颗 CPU 的深度学习性能。许多研究人员纷纷在 GPU 上加速其深度神经网络。GPU 是一种过渡的人工智能芯片。

4）FPGA（现场可编辑门阵列）是一种新型的可编程逻辑器件。其设计初衷是为了实现半定制芯片的功能，即硬件结构可根据需要实时配置灵活改变。尽管 FPGA 倍受看好，甚至新一代百度大脑也是基于 FPGA 平台研发，但其毕竟不是专门为了适用深度学习算法而研发，实际仍然存在不少局限：基本单元的计算能力有限，价格和功耗远高于专用定制芯片 TPU。

FPGA 是一种过渡人工智能芯片，所以表 9.3-2 中没有列出。

5）TPU（Tensor Processing Unit）人工智能定制芯片。例如，谷歌为机器学习定制的芯片 TPU 和中国科学院计算所研究寒武纪深度学习处理器芯片。它的计算速度是 GPU 的数十倍，功耗更小。采用 TPU 可使人工智能系统变得更加简单而完善。

TPU 又称张量处理单元，是一款为机器学习而定制的芯片，经过了专门深度机器学习方面的训练，它有更高效能。

因为它能加速其第二代人工智能系统 TensorFlow 的运行，而且效率也大大超过 GPU。Google 的深层神经网络就是由 TensorFlow 引擎驱动的。TPU 是专为机器学习量身定做的，执行每个操作所需的晶体管数量更少，自然效率更高。

TPU 每瓦能为机器学习提供比所有商用 GPU 和 FPGA 更高的量级指令。TPU 是为机器学习应用特别开发。当前 TPU 有了很大的发展。

深度学习与传统计算模式最大的区别就是不需要复杂的编程，但需要海量数据并行运算。传统计算架构无法支撑深度学习的海量数据并行运算。传统处理器架构（包括 x86 和 ARM 等）往往需要数百甚至上千条指令才能完成一个神经元的处理，因此无法支撑深度学习的大规模并行计算需求。

为了让大家对 CPU、GPU、TPU 有一个比较，以 AlphaGo 为例：人机围棋大战中的谷歌"阿尔法狗"（AlphaGo）使用了约 170 个图形处理器（GPU）和 1200 个中央处理器（CPU），这些设备需要占用一个机房，还要配备大功率的空调，以及多名专家进行系统维护。如果换成人工智能专用芯片（TPU），当时的 AlphaGo 就可以"关进一个小盒子"了。

（3）人工智能定制芯片是简化人工智能/智能控制的重要工具

1）定制芯片的性能提升非常明显

例如 NVIDIA 首款专门为深度学习从零开始设计的芯片 Tesla P100 数据处理速度是其 2014 年推出 GPU 系列的 12 倍。谷歌为机器学习定制的芯片 TPU 将硬件性能提升至相当于按照摩尔定律发展 7 年后的水平。需要指出的是，这种性能的飞速提升对于人工智能的发展意义重大。中国科学院计算所研究员、寒武纪深度学习处理器芯片创始人陈云霁博士在《中国计算机学会通讯》上撰文指出：通过设计专门的指令集、微结构、人工神经元电路、存储层次，有可能在3~5年内将深度学习模型的类脑计算机的智能处理效率提升万倍。提升万倍的意义在于，可以把谷歌大脑这样的深度学习超级计算机放到手机中，帮助我们实时完成各种图像、语音和文本的理解和识别；更重要的是，具备实时训练的能力之后，就可以不间断的通过观察、学习人的行为，不断提升其能力，成为我们生活中离不开的智能助理。

2）下游需求量足够就能够摊薄定制芯片投入的成本

人工智能的市场空间将不仅仅局限于计算机、手机等传统计算平台，从无人驾驶汽车、无人机再到智能家居的各类家电，至少数十倍于智能手机体量的设备需要引入感知交互能力。而出于对实时性的要求以及训练数据隐私等考虑，这些能力不可能完全依赖云端，必须要有本地的软硬件基础平台支撑。仅从这一角度考虑，人工智能定制芯片需求量就将数十倍于智能手机。

3）通过算法切入人工智能领域的公司希望通过芯片化、产品化来盈利

目前通过算法切入人工智能领域的公司很多，包括采用语音识别、图像识别、ADAS（高级驾驶辅助系统）等算法的公司。由于它们提供的都是高频次、基础性的功能服务，因此，仅仅通过算法来实现商业盈利往往会遇到瓶颈。通过将各自人工智能核心算法芯片化、产品化，则不但提升了原有性能，同时也有望为商业盈利铺平道路。目前包括Mobileye、商汤科技、地平线机器人等著名人工智能公司都在进行核心算法芯片化的工作。

（4）人工智能专用芯片的涌现是人工智能产业正式走向成熟的拐点

针对深度学习算法的全定制人工智能芯片的性能、功耗和面积等指标面向深度学习算法都做到了最优。谷歌的TPU芯片、中国科学院计算技术研究所的寒武纪深度学习处理器芯片就是这类芯片的典型代表。

以寒武纪处理器为例，目前寒武纪系列已包含3种原型处理器结构：

寒武纪1号（英文名DianNao，面向神经网络的原型处理器结构）、寒武纪2号（DaDianNao，面向大规模神经网络）、寒武纪3号（PuDianNao，面向多种深度学习算法）。

寒武纪2号在28nm工艺下主频为606MHz，面积67.7 mm^2，功耗约16W。其单芯片性能超过了主流GPU的21倍，而能耗仅为主流GPU的1/330。64芯片组成的高效能计算系统较主流GPU的性能提升甚至可达450倍，但总能耗仅为1/150。

所以，人工智能专用芯片的涌现是人工智能产业正式走向成熟的拐点。

所有这些，都为年轻一代暖通人实现人工智能、智能控制等铺就了的非常好的前景。

9.4　现有空调供暖计算机自动控制系统及其智能化升级

空调供暖计算机自动控制包括常规控制和智能控制。

9.4.1　现有空调供暖计算机自动控制系统的结构举例

空调供暖计算机自动控制系多数为常规控制系统：

（1）独立计算机数字控制系统（简称DDC系统）

独立DDC系统可以是各种单/多回路控制器（系统）。如热力站/热入口集中优化节能

控制系统（见第 8 章）、分户计量调控装置（见第 7 章）等专用控制器（系统）和通用控制器（系统）。

独立 DDC 控制器（系统）又可以有/无通信接口的 DDC 控制器。有通信接口可以联网，接受上级的指导，实现更加优化的控制。很方便升级为智能控制系统。

（2）有监督控制（简称 SCC）的系统

SCC 系统是用来指挥 DDC 控制系统的计算机系统。其原理如图 9.4-1 所示。SCC 系统的作用是根据测得生产过程中某些信息，及其他相关信息如天气变化因素、节能要求、材料来源及价格等进行计算，确定出最合理值，即优化参数，去自动调整 DDC 直控机的设定值，从而使生产过程处于最优状态下运行。

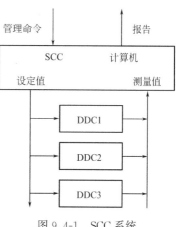

图 9.4-1　SCC 系统

由于 SCC 系统中计算机不是直接对生产过程进行控制，只是进行监督控制和决定直控系统的最优设定值，因此称为监督控制系统，以作为 DDC 系统的上一级控制系统。

由于 SCC 系统的计算机需要进行复杂的数字计算，因此要求计算机运算速度快，内存容量大，具有显示、报表输出功能以及人机对话功能。一般采用通用型或者工业控制微机。

（3）分布式计算机监控系统

分布式系统又可叫集散控制系统，与多级控制系统相似。可以将不同要求的工艺系统配以一个 DDC 计算机子系统，子系统的任务就可以简化专一，子系统之间地理位置相距可远、可近，用以实现分散控制为主，再由通信网络，将分散各地的子系统的信息传送到集中管理计算机，进行集中监视与操作，集中优化管理为辅的功能。其原理如图 9.4-2 所示。

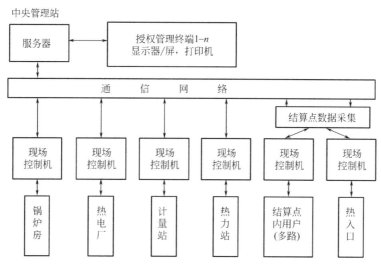

图 9.4-2　空调供暖分布式计算机监控系统举例

分布式系统中各子系统之间可以进行信息交换，此时各子系统处于同等地位。它们与集中管理计算机之间为主从关系。分布式系统的控制任务分散，而且各子系统任务专一，可以选用功能专一、结构简单的专控机。它们可由单片机构成，由于电子元件少，提高了子系统的可靠性。分布式微机监控系统在国内外已广泛应用，有各种不同型号的产品，但其结构都大同小异，皆是由微处理器（单片机）为核心的基本调节器、高速数据通信通道、上级监督控制系统等组成。

（4）多级控制系统

将各种不同功能或类型计算机分级连接的控制系统称为分级控制系统，如图9.4-3所示。从图中可以看出，在分级控制系统中除了直接数字控制DDC和监督控制SCC以外，还有集中管理的功能。这些集中管理级计算机简称为MIS级，其主要功能是进行生产的计划、调度并指挥SCC级进行工作。这一级可视企业的规模：例如大规模可设有公司管理级、工厂管理级、车间管理级；中规模可设公司管理级和工厂管理级；小规模只设公司管理级，甚至还可以取消SCC级。

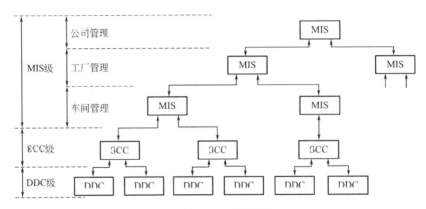

图9.4-3　分级控制系统

多级控制系统是大系统，MIS级所要解决的问题不是局部最优化的问题，而是一个工厂、一个公司的总目标或任务的最优化问题。最优化的目标可以是安全可靠、质量最好、产量最高、原料和能耗最小等指标，它反映了技术、经济等多方面的要求。对于空调供暖系统，就是最大限度实现安全舒适节能减排！

MIS级计算机，要求有较强的计算功能，较大的内存容量及外存贮容量，运算速度较高，通常选用服务器。

9.4.2　如何将原有空调供暖监控系统提升为空调供暖智能控制系统

近年来，已经有许多空调供暖系统采用了计算机自动监控系统，它们可能还不是空调供暖智能控制系统，因此，如何将原有计算机自动监控系统提升为空调供暖智能控制系统具有现实意义。

在9.4.1节介绍的现有空调供暖计算机自动控制系统的结构与在9.3.2节中介绍的智能控制系统的分级非常相似，因此很容易根据需要进行智能升级。

（1）DDC可升级为空调供暖智能控制系统的执行级/局部级

各种空调供暖DDC系统只要修改一下程序，通过通信接口与上位计算机（协调级或者组织级/全局级）进行通信，能够上传数据并接受上级的优化调度命令实现优化控制，即使该DDC控制不是智能控制，只要它的上级具有智能，该DDC控制也可以升级为空调供暖智能控制系统的执行级或者局部级。原来的常规优化参数作为初始参数，如果上级没有新的优化参数命令，则也能正确运行。

当然，如果能够将执行级/局部级DDC控制提升为智能控制就更好了。通常只要改变计算机软件就可以升级为智能控制。

（2）SCC系统可提升成为智能控制系统的协调级/全局级

因为一般采用通用型或者工业控制微机，很容易加入智能控制的功能，如专家控制系统、人工神经网络控制系统、模糊控制系统、学习控制系统（采用遗传算法等）等，可根据运行数据对预定数学模型进行自动修正，从而逐步实现真正的"最优"。这样，预定数学模型只作为初始"优化模型"，真正的"最优模型"由上级根据运行数据建立。这样，SCC系统就提升成为智能控制系统的协调级，对于小系统也可以成为全局级。

（3）多级控制系统可提升为智能空调供暖控制系统

将图9.4-3和图9.3-1比较，从硬件结构看，两者完全相似，即：DDC相当于智能控制系统的执行级/局部级，SCC相当于智能控制系统的协调级，MIS相当于智能控制系统的组织级/全局级。如果MIS级加入智能控制的功能，如专家控制系统、人工神经网络控制系统、模糊控制系统、学习控制系统（遗传算法）学习、控制迭代学习控制等，并且利用大数据分析，从而不断完善大系统的优化模型，实现真正的优化调度和管理。

（4）分布式计算机监控系统可提升为智能空调供暖控制系统

图9.4-2所示空调供暖分布式计算机监控系统与图9.3-1所示智能控制系统的分级比较，二者有完全相同的结构。因此：只要在中央管理站服务器加入全局优化智能算法，即可上升为全局级，各现场控制机可以上升为执行级。

（5）各种独立的计算机（单片机）控制系统，只要有通信功能，进行软件升级，大都可以提升为智能控制系统的执行级。

总之，现有的计算机（单片机）控制系统，大多只要进行软件升级，一般都可以有效的为智能控制系统所采用。当然，为了积累全工况优化的大数据，可能要增加必要的传感器。

9.5　智能控制全局级功能举例——供热智能信息管理系统简介

智能控制的内容很广，这里只简介供热智能信息管理系统，其关键是为了做到优化决策。一定注意：这里的关键是优化决策，没有优化决策就不能说"智能"。另外，这里虽然只介绍多热源，原则上也适用于多冷源。但应该注意：冷源的规模通常小一些，种类也少一些，但"冷"通常比"热"贵！

9.5.1　信息管理的内容

供热智能控制的组织级/全局级实质上包括信息一般管理和大数据深度处理与优化决策，通常也把这两部分统称为智能信息管理系统。请特别注意：这里的关键是优化决策。

（1）信息一般管理

信息一般管理包括：大数据存储、系统维护、计量收费、数据设定和收发权限管理等。由于大数据管理、互联网（5G）、云存储等技术已经相当成熟，只要根据供热系统的需要建立数据结构和参范围等，就可以购买到成熟的服务，从而在供热行业逐步实现"生产设备网络化、生产数据可视化、生产过程透明化、生产现场无人化，提升工厂运营管理智能化水平"。

（2）信息大数据深度处理与优化决策

大数据深度处理与优化决策是开发供热智能控制系统的难点和真价值所在，供热系统大数据深度处理与优化决策，通常还买不到成熟的产品。首先必须建立全系统的全工况优化运行模型（准确的、灰色的、模糊的、统计的……），并且根据大数据分析求解。

作为供热智能控制组织级/全局级功能示例，本节将介绍供热智能信息管理系统，简介信息/大数据深度处理与优化决策，包括供热系统在线参数预测，多热源协调运行方案优化和热网故障诊断专家系统等。

9.5.2　供热系统在线参数预测

供热系统在线参数预测可分为水力工况参数预测、热力工况参数预测等。水力工况参数预测，主要针对流量、压力等参数进行系统的在线预测。

对于大型供热系统，特别是多热源、多泵的环网系统，有时很难分解为简单的并联系统或串联系统；也很难与给水排水或燃气管道的开式系统作类比，再加之具有闭合回路的特点，当系统达一定复杂程度时，很难用手算的办法对其参数求解。在这种情况下，我们要借助"图论"理论（数学拓扑学的一个分支）分析供热系统的图形结构规律，再根据流体网络理论和已有的专业知识，建立几十、几百的数学方程组，应用优化理论在计算机上进行方程组的数值求解，进而完成参数的在线预测。包括：

（1）供热系统的结构模拟

（2）建立数学模型

在电网络中，存在基尔霍夫电流定律（kCL）和越尔霍夫电压定律（kVL），其定义分别为：流入、流出任何节点的电流之代数和为零，以及任何一个回路各支路电压降之代数和为零。对于流体网络，上述两个定律也完全适用。

（3）方程组求解

利用计算机程序，可以方便地求解。方程组的求解一般都采用数值解法，即给待解的变量 S（如流最、压降）任意假定的初始值，然后不断进行迭代计算，直至方程组所有等式左、右边的数值皆相等，则此时的数值即为方程组的解。计算机虽然运算速度快，但人们仍然希望能在有限的迭代次数中尽快获得最终答案。为此，计算机数值解法产生了许多巧妙的算法：研发了各种优化求解方法，在最少的迭代次数中找到方程组的解；用并行算法代替串行算法，加快运算速度；设定计算精度，在工程上只追求更好值，不追求最优值。

如果用比较合理的初始值代入，则可加速取得计算结果。

9.5.3　多热源供热系统协调运行方案优化

多热源供热系统协调运行方案优化问题是指一个供热系统由多个热源组成，主热源可能是热电联产供热，调峰热源可能有燃煤区域锅炉房，也可能有燃气区域锅炉房，还可能是各种热泵机组组成的热源。在这些热源中，有热电联产设备、各种锅炉设备以及热泵和机组设备。协调运行方案的优化，是要确定在整个供暖季，各热源、各机组设备的启动、停运次序，以期达到节能效益、经济效益最佳的目的。这是一个运算工作量大并相当复杂的任务。与此工作类似的还有多热源选址问题、供热系统优化结构问题等。这类问题的解决，过去多用运筹学中的数学规划求解，以后又发展采用神经网络方法求解，近些年来又兴起遗传算法求解。

9.5.4　热网故障专家系统

在供热系统运行过程中，最容易出现的故障多为堵塞或泄漏。改革开放以来，我国引进国外的直埋敷设先进技术，使其施工安装技术水平有了长足进步。国外直埋敷设在预制保温阶段，即同时敷设了电信检漏系统。而一些国内业内人员为了减少投资，自作主张，取消了电信检漏系统。20～30年过去了，直埋管道的泄漏故障频繁出现，人们才深切感知安装电信检漏系统的必要性。目前，为了从地面上检测泄漏故障，国外研发了红外检测仪、电磁检测仪，国内也已开始在实际工程上试用。

随着信息技术在供热工程上的广泛应用，供热系统的各种运行参数不但可以随时在线检测，而且能够远距离通信，建立数据库，进行大数据处理。因此，在信息管理系统的基础上研发热网故障诊断专家系统，使故障诊断智能化，应该是未来的发展方向。

故障诊断专家系统，是人工智能应用领域中最具代表性的智能应用系统。它的宗旨是研究如何模拟人类专家的决策过程，解决那些需要专家才能解决的复杂问题。因此，人工智能必将开启人-机系统共同思考问题的新时代。故障诊断专家系统，是将行业领域内专家的智慧、知识、经验变为计算机所能描述的知识，形成知识库，然后根据实际工程出现的问题调用知识库的知识，进行分析、判断，给出故障诊断的结论。描述专家的知识、经验，常采用状态空间法、模糊理论以及神经网络进行。

一个地区的供热系统就是一个大企业，供热系统本质上就是"网络化分布式生产设施"，我们应该借《新一代人工智能发展规划》的政策，推动人工智能与供热行业"融合创新"，争取成为"互联网＋供热""人工智能＋供热"等方面的复合专业人才，努力在供热行业逐步实现"生产设备网络化、生产数据可视化、生产过程透明化、生产现场无人化，提升工厂运营管理智能化水平"，才能真正实现高效供热、清洁供暖、智能供热！

如果读者有兴趣进一步了解，可参考文献［2］。

参考文献

[1] 石兆玉，杨同球．供热系统运行调节与控制［M］．北京：中国建筑工业出版社，2018．

[2] 全国勘察设计注册工程师公用设备专业管理委员会秘书处．全国勘察设计注册公用设备工程师暖通空调专业考试复习教材（2023 年版）［M］．北京：中国建筑工业出版社，2023．

[3] 魏新利，付卫东，张东．泵与风机节能技术［M］．北京：化学工业出版社，2010．

[4] 姜乃昌，许仕荣，张朝升．泵和泵站［M］．5 版．北京：中国建筑工业出版社，2012．

[5] 逢秀峰，刘珊，曹勇，等．建筑设备与系统调适［M］．北京：中国建筑工业出版社，2015．

[6] 孙优贤．自动调节系统故障的分析及处理 100 例［M］．北京：化学工业出版社，1981．

[7] 陆耀庆．实用供热空调设计手册［M］．2 版．北京：中国建筑工业出版社，2008．

[8] 杨同球．调节阀门的流量特性指数与选择［C］//1984 年全国暖通空调年会论文，1985．

[9] 陆培文，汪裕凯．调节阀实用技术［M］．2 版．北京：机械工业出版社，2017．

[10] 杨同球，宁哲夫．空调机组热平衡计算［J］．暖通空调，1976，4：19-23．

[11] 中华人民共和国住房和城乡建设部．民用建筑室内热湿环境评价标准：GB/T 50785—2012［S］．北京：中国建筑工业出版社，2012．

[12] 中华人民共和国住房和城乡建设部．辐射供暖供冷技术规程：JGJ 142—2012［S］．北京：中国建筑工业出版社，2013．

[13] 郑洁，黄伟，赵卢岸．绿色建筑热湿环境及保障技术［M］．北京：化学工业出版社，2007．

[14] 王昭俊，赵加宁，刘京．室内空气环境［M］．北京：化学工业出版社，2006．

[15] 纪允文树．建筑环境设备学［M］．北京：中国电力出版社，2007．

[16] 朱颖心．建筑环境学［M］．4 版．北京：中国建筑工业出版社，2016．

[17] 艾为学，赵建伟，陈刚，等．玉柴机器集团柔性生产线车间远程射流送风空调系统［J］．暖通空调，2005，35（3）：90-91，117．

[18] 陈杨华，陈非凡．远程射流空调机组在大空间建筑中的应用［J］．暖通空调，2014，44（11）：71-74．

[19] 赵振元，杨同球．工业锅炉用户须知道——安全节能与环保技术［M］．北京：中国建筑工业出版社，1997．

[20] 石兆玉．石兆玉教授论文集［M］．北京：中国建筑工业出版社，2015．